手 作 族 必 备

针线技艺实用大百科

刺绣、绒线绣、棒针、钩针、十字绣、绗缝、拼布、贴布

（英）卢辛达·甘德顿　多乐斯·伍德　著

贺爱平　张琳琳　毛继红　王西敏　译

精选 200 余件色彩绚丽、美轮美奂的手工作品，彰显手工艺术的奇思妙想
步步图解，展示 340 余种传统、现代针线技法，探索惬意手作的斑斓世界

河南科学技术出版社
·郑州·

Original Title: The Complete Practical Encyclopaedia of Needlecrafts

Copyright in design, text and images © Anness Publishing Limited, U.K 2006

Copyright © Simplified Chinese translation, Henan Science & Technology Press, 2010

著作权合同登记号：图字 16—2010—64

图书在版编目（CIP）数据

针线技艺实用大百科／（英）甘德顿，（英）伍德著；贺爱平等译.—郑州：河南科学技术出版社，2013.11
　　ISBN 978-7-5349-5747-5

Ⅰ.①针… Ⅱ.①甘… ②伍… ③贺… Ⅲ.①手工艺品－制作 Ⅳ.① TS973.5

中国版本图书馆CIP数据核字（2013）第051839号

出版发行：河南科学技术出版社
　　　　　地址：郑州市经五路 66 号　邮编：450002
　　　　　电话：（0371）65737028　65788613
　　　　　网址：www.hnstp.cn
策划编辑：刘　欣
责任编辑：张　培
责任校对：李淑华
封面设计：杨红科
责任印制：张艳芳
印　　刷：北京盛通印刷股份有限公司
经　　销：全国新华书店
幅面尺寸：215 mm×280 mm　印张：32　字数：700 千字
版　　次：2013 年 11 月第 1 版　2013 年 11 月第 1 次印刷
定　　价：198.00 元

目　录

前 言

Introduction

针线技艺一直都是我们生活中必不可少的一部分，从远古时期开始，就以各种形式在世界各地发展创新。千百年间，持家少不了要为家人做衣缝补，缝纫是不可缺少的技能。在当今世界，学些手工技艺，做些针线活，不仅能使我们摆脱店铺产品的千篇一律，为自己制作更彰显个性的服饰，还能把爱家布置得独特而有品位，为家人和朋友制作新颖独到的礼品。近年来，新型材料层出不穷，如水溶布、金属光泽的绣线以及热熨黏合纸等，使针线活儿变得既简单又充满情趣。本书利用了许多现代技术，同时保留了传统精华，汇集刺绣、绒线绣、棒针编织、钩针编织、十字绣、绗缝、拼布和贴布中令人着迷的技艺和作品，为你全面展示神奇的手工世界。

刺绣

Embroidery

刺绣也叫装饰性刺绣，是一门古老的技艺，现在以各种独特的风格被重新演绎，针与线的结合产生了无限的创造力。几乎所有的布料、各种不同的衣物和用品上都可以刺绣，手绣、机绣均可。这一部分除了介绍基本的刺绣技法外，还展示了令人喜爱的新颖作品，可用来布置房间，亦可当作馈赠佳品。

9

工具和材料
Tools and Materials

现在各种布料、各种绣线应有尽有，运用丰富的想象力，能够创作出千姿百态的绣品。所需的基本工具并不很多，每个针线筐都备有珠针、缝线及下列工具。当然还需要蒸汽熨斗，以使作品得到完美呈现。

从上至下：3 种平纹亚麻布，1 种非平纹亚麻布。

绣线

绣线色系宽泛，颜色众多。丝线和金葱线质感突出，但最常用的还是 6 股棉绣线，绣缝细小部位时，还可以劈开使用。珠光绣线一般是单股，光泽较突出。羊毛绣线包括精纺绒线和 3 股波斯纱线，专门用来刺绣。机绣线有的光泽很突出，也有金属色线，有些甚至是间隔染成的段染线。

布料

普通亚麻布常用来自由刺绣。但单纱平纹亚麻布可以用于计支绣缝，也可用于抽拉线作品。纹路均匀，针迹看起来整齐一致。还有几种双纱平纹亚麻布。最细的是挪威哈丹格（Hardanger）布，22 支，即每 2.5 厘米有 22 条织线。14 支阿依达（Aida）布适用于十字绣，初学者用 6 支宾卡（Binca）布最理想。市场上还可以买到带织边的小块亚麻布。

从左至右：带装饰蓝边的和带装饰红边的阿依达亚麻布，普通亚麻布。

绣架、绣绷

大件作品用可调节的绣架或卷轴绣架，其他作品适合用绣绷。买时可带上支架，绣时双手都可以工作。圆形塑料绣绷配有金属内圈，非常适合机绣。

工具与附件

绣针有长有短，粗细不等，最常用的是大孔绒线绣针。刺绣针较粗，针头较钝，而绳绒用针较大，针头较锋利。

布剪的刀刃较长，剪裁布料时必不可少。小巧的绣花剪用来修剪线头。纠正错误拆线时，拆线器总能派上用场。顶针则用来保护手指。

在布料上做记号或画线时，少不了水消笔或平头的消失笔。炭铅笔和布用转印纸用来把图案从纸上转印到布料上。

从上至下：哈丹格布，绿色和白色阿依达布，宾卡布。

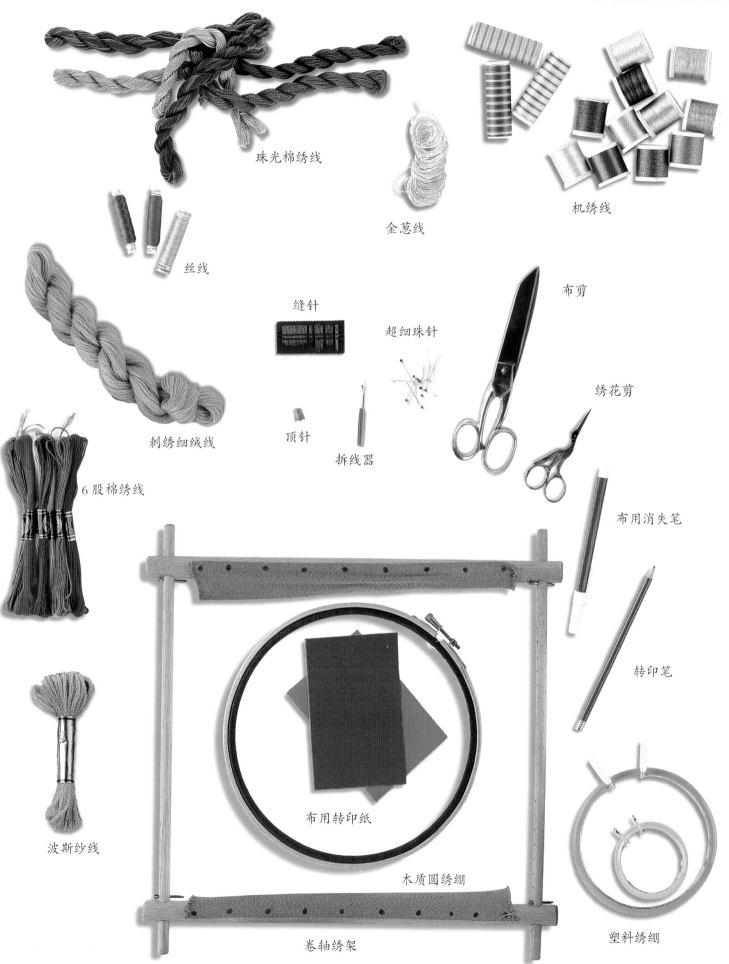

珠光棉绣线

金葱线

机绣线

丝线

刺绣细绒线

缝针

顶针

拆线器

超细珠针

布剪

绣花剪

6 股棉绣线

布用消失笔

转印笔

波斯纱线

布用转印纸

木质圆绣绷

卷轴绣架

塑料绣绷

技艺
Techniques
起始工作
Starting Off

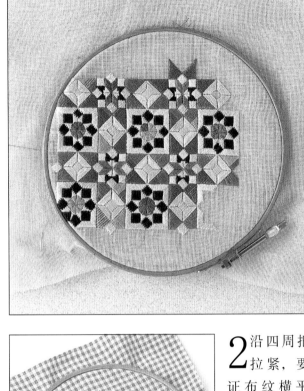

大多数绣品都要使用绣架或绣绷完成，这样布料不会扭曲，针脚均匀。大件作品要用卷轴绣架，而小型手绣作品和全部机绣作品使用两部分组成的绣绷。为保证细薄的布料能够撑紧，可在绣绷内圈缠上布条。

右图：圆形绣绷便于携带，易于操作，有时也可以用于制作大件绣品。当一个部位完成后，转换到另一个部位。但要小心使用，因为可能会导致精细绣品变形。

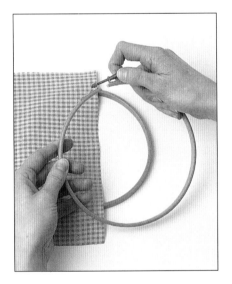

1 撑起布料
往绣绷上安布料时，要先松开绣绷外圈上的螺丝，使内外圈分开。布料蒙在内圈上，然后把外圈压按到位。

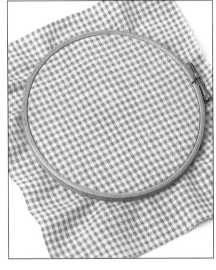

2 沿四周把布拉紧，要保证布纹横平竖直，然后如图所示，上紧螺丝。机绣时布料要正面朝上，绣缝的部位在绣绷下部。

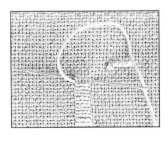

1 开始绣缝 绣线长度不应超过45厘米，以免绣线起毛纠结。要选择与布料、绣线适合的绣针，针鼻太小会损坏绣线，太大会在布料上留孔。绣线使用时会自然弯曲，可让针线垂一会儿，弯曲自然变直。请勿在布料背面将线头打结，以免布面变形。可在开始绣一个区域前，线头打个结，从稍离开起针部位的正面入针，在绣缝的过程中使线头在反面被针脚固定，然后把线结剪掉。

2 随后的线可从已绣好的针脚下边穿过，再缝一针回针开始。收针时可用同样方式，最后修剪线头。

转印图案

Transferring and Charting

图 案转印到底布上有几种方式，选择哪种要看图案本身的特点以及布料和绣线情况，重要的是所画的线不能从针脚下露出来。可用水消笔或消失笔，徒手画图或用灯箱照着把图直接画到布料上时，这种笔尤其有用。画粉笔适合线条较粗的图案。用裁缝转印纸可以间接描图，最适合表面光滑的布料。

右图：现成的花边绣上草莓图案，罩在果酱瓶上，真是美观大方，恰如其分。

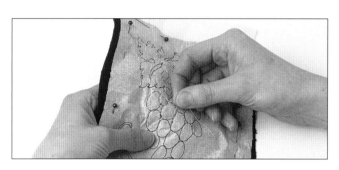

1 疏缝绵纸 这种方法用于像天鹅绒这样质感的布料，线条画上显示不出来。先把图案描到绵纸上，用珠针固定到布料正面，然后用颜色反差大的线小针脚平针疏缝出图案。

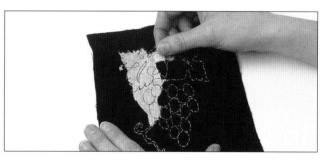

2 缝完后，小心地撕去绵纸，但不要扯断缝线。按照疏缝线绣出图案，最后用拆线器拆去疏缝线。

转印笔 使用绣图转印笔和薄纸描出图案。如果图案是对称的或需要翻面，薄纸画图的一面朝下置于布料上，珠针固定好位置，用凉熨斗用力压上图案。如果是不分正反面的图案，可先用铅笔描下来，纸翻过来，用转印笔重画一遍线条即可。

十字绣图案 规范的十字绣方式是把图案画到图表纸上，一个方块代表一个十字绣针。图案描到特制的带网格的描图纸上或方格纸上时，如图所示，可用彩色水笔或铅笔填上相应的色彩。

直线绣

Straight Stitches

全世界各种各样的传统针法数不胜数，它们构成了手绣和缝纫的基础。有些针法层层叠压手法复杂，有些与价值不菲的金线交织在一起，有些就是简单地绣出图案轮廓，或把线扭转成结，构成一个个彩色的点。但是所有这些都起源于3种基本针法：直线绣、环形绣和结粒绣。只用扁平的直线绣，稍加变换，就能取得各种各样的质感和效果。直线可以成行地绣，从不同的角度绣，针脚可大可小，亦可大小结合，产生各种几何图案。

右图：这幅中国古代绣图上，蝴蝶色彩斑斓，是用有光泽的丝线以缎纹绣针法绣出的。

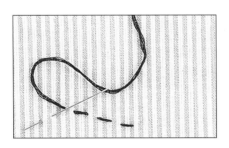

平针绣（Running Stitch）是最基本的针法，用来缝合布料，绣出图案轮廓或绗缝等。平针绣针脚应长短一致，间隔均匀。长针脚平针常用来疏缝（假缝）。

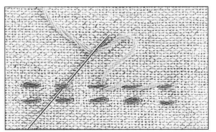

鞭针绣（Whip Stitch）是用颜色有反差的线穿过一条平针线，形成扭绕的鞭状效果。绣鞭针绣时要小心，不要挑起底布布丝。

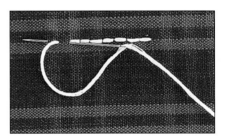

回针绣（Back Stitch）用均匀的针脚绣出无间隔的线条，背面针脚是前面两个针脚的长度。回针绣常来绣轮廓线，在阿西西技法或黑绣作品中尤其有用。

轮廓绣（Stem Stitch）也叫绒线绣，与回针绣有相似之处。线总是置于针的一侧，变换针脚的角度可改变绣出线条的宽度。

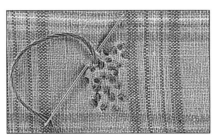

种子绣（Seed Stitch）由分离的小短针绣出，针脚长短一样，随意分布，产生星星点点状，为没有图案的区域增加些装饰。另外，两个平行的种子绣连在一起，在布面上更突出。

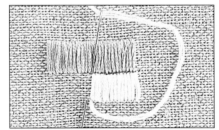

缎纹绣（Satin Stitch）用途广泛效果独特，也许需要些练习，才能达到边缘整齐、表面平滑的效果。缎纹绣针脚不能太长，全部朝一个方向绣。

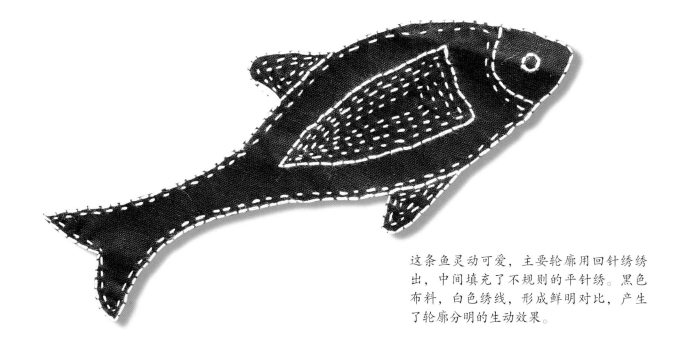

这条鱼灵动可爱，主要轮廓用回针绣绣出，中间填充了不规则的平针绣。黑色布料，白色绣线，形成鲜明对比，产生了轮廓分明的生动效果。

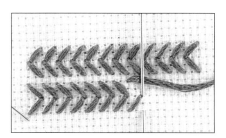

箭头绣（Arrowhead Stitch）两个长短一致的直线绣绣出的直角形成了箭头形状，可以间隔均匀地成排绣出，也可以单独随意分布，散布填充在较大的区域。

Z形绣（Chevron Stitch）绣在条纹布或圆点布上，效果尤其突出，两个直针脚呈直角绣出，交叉点上是一小回针绣。

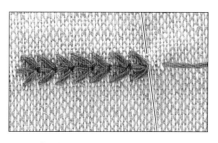

麦穗绣（Fern Stitch）呈现出叶状效果，最适合用于植物图案，由从一个点辐射的3个小直针脚组成，可以相连绣成直线或弯曲线，也可以分开填充在图案中。

这只华丽的印度鸟全部由直线绣完成，天然亚麻底布，彩色棉线组图，3条平针绣相互交织做边框。

十字绣
Cross Stitches

最基本的十字绣针法是两针交叉，一针在下，一针在上。改变交叉的角度或者针脚搭接可以变幻出不同的十字绣，可以成排绣出，也可单独绣出。十字绣最适合绣在格子布、条纹布或平纹亚麻布上，能组成各种图形。十字绣是许多民族传统刺绣的基础，在古埃及纺织品和现代斯堪的纳维亚地区的几何图形上随处可见。

过去女孩子学习缝纫都要练习十字绣，现在更是有各种各样的图案设计供选择使用。

带装饰边的窄条平纹布可以按长度购买，非常适合用来制作小礼品，比如书签、捆扎蛋糕的饰带，或者这些带字母的餐巾箍。

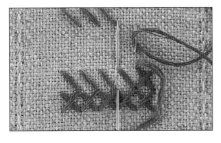

十字绣（Cross Stitch）可以一个个缝制出轮廓线或字母，但是覆盖面积较大时，通常如图所示分两排绣出。每一排的针脚方向应一致，十字绣才均匀整齐。

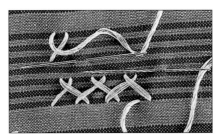

人字绣（Herringbone Stitch）常用来形成作品边缘，绣在条纹布的两条线之间效果尤其突出。人字绣从左向右缝，搭接针之间要间隔均匀。

花边人字绣（Laced Herringbone Stitch）人字绣用有色差的线交织，可以增加额外情趣。交叉时要用钝头针，以免钩挂底布，交叉的线也不要拉得太紧。

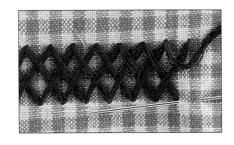

封闭人字绣（Closed Herringbone Stitch）绣的方法与人字绣相同，但是针脚之间的空间封闭。这种针有时绣在薄布料的反面，正面显示出两条回针线，透过布料隐约看到反面的斜线，所以也叫"影子"针。

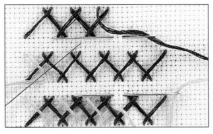

双人字绣（Double Herringbone Stitch）为了产生交织的效果，针穿入时低于第1排人字绣向上的针脚，位于向下的针脚之上。第2排人字绣使用有色差的线，绣法与第1排相同，穿出的针脚从第1排穿出的针脚下穿过。

长臂十字绣（Longarm Cross Stitch）相互叠压，产生一种密实的辫状效果，常用来绣粗重的轮廓线。这种十字绣也是从左向右绣，第2针较长，更倾斜。斜线在顶部和底部相交。

双十字绣（Double Cross Stitch）这种双十字绣可以单个绣，也可以成排地绣，是由两个简单的十字绣叠压组成的。

星形绣（Ermine Filling）在一个竖直针脚上绣上一个交叉十字，形成6个尖的星形。星形可随意散布组图，也可以规整地成排绣出。

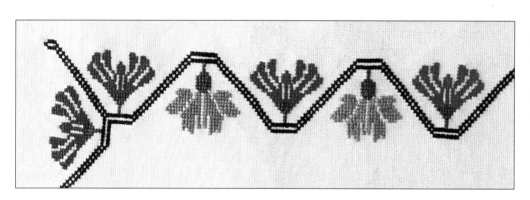

19世纪十字绣图上常绣着字母、格言和其他图案。这个康乃馨饰边很典型，由花朵图案和几何元素组合而成。

这个薰衣草香囊由阿依达布制成。它是专门用于十字绣的布料。不用复杂地计算线数，使用方便。布料颜色很多，大小布块都有。

阿西西技法
Assisi Work

这种起源于意大利阿西西城的技法历史悠久，在 20 世纪初又重新焕发了生机，各种古老的图案又出现在人们的视野中。它颠覆了十字绣的通常做法，效果独特惊人。主要图案用单线条勾出轮廓，背景用十字绣填充得密密实实。图案主要是鸟、鱼和动物，有真实存在的，也有神话传说中的，常配以几何图形和花朵图案。传统上是绣在乳白色和白色平纹亚麻布上，绣线常用红色、蓝色和黑色。

右图：这幅纹章上的龙以黑色线条勾勒，外围为红色背景，并配以希腊田字形饰边。龙爪用单针勾勒，效果突出，龙眼用分离的单个十字绣绣出，十分生动。

上图的两只小鸭图案改编自 20 世纪初发表的图样卡，只是规格小了许多。那时，人们对阿西西技法的兴趣异常高涨。

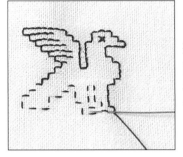

1 图案和饰边用霍尔拜因绣（Holbein）绣出，效果与回针绣相似，由两轮平针组成，第 2 轮平针填充第 1 轮平针留下的空间。

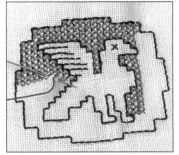

2 背景完全用鲜艳的线绣出的十字绣填充。十字绣可以一针一针地绣，但通常是来回绣，形成一排排的十字绣。

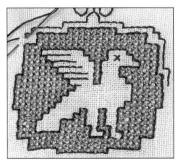

3 精致的边线用霍尔拜因绣绣出，颜色与图案颜色一致。

黑绣技法
Blackwork

黑绣技法使用直线绣和回针绣创作出小规格的覆盖表面的图形。这种独特的技法在 16 世纪的英国非常盛行，用来装饰帽子、手套、衣袖和胸衣等。图案趋向于自然主义，用几何图形的流畅黑色线条构成花瓣、树叶和水果轮廓线。传统上图案用合股棉线绣缝在平纹亚麻布上，但绣在阿依达布上更迅速便捷，可以选择使用。

右图：不同的图形由于针脚布局不一样，颜色从深到浅，呈现出不同的色调。这里展示的是一些不同的版本，传统的和现代的都有。从右上角开始顺时针旋转依次是：阿尔及利亚花盘针，由从一个中心点辐射出的 8 个直线绣组成；Z 形绣，由斜向排列的阶梯式回针绣绣出；鱼鳞绣，先绣出成排的小直线绣，再用 Z 形绣连接而成；摇椅绣，有 4 个三角形，分别排列在十字绣的顶端；网格绣，是分离的小图形，可以用斜向回针相连；风车绣，用回针绣绣出一簇簇独立的形状；方形绣，可以单个绣出，也可用小平针成排绣出；栅格绣看似复杂，其实简单，由菱形和方形交织而成。

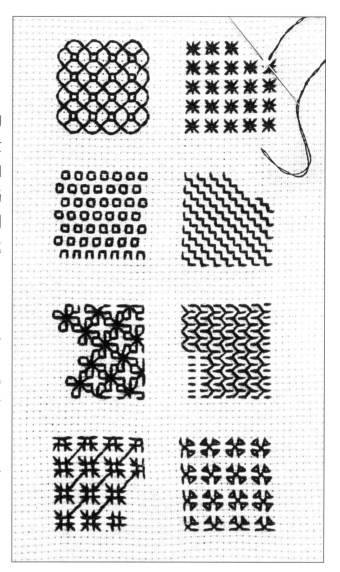

许多几何图形都可以用黑绣技法体现。任何微小的形状都可绘制到图表纸上，重复绣缝成图案。上面这一组组单独图案和填充图案都是从瓷器碎片上得到的启示和灵感。

黑绣技法由于图案对称一致，可用计算机基本设计软件制作合适的图形。左侧这幅电脑设计的图案看起来很传统，实际上是传统与现代结合的产物。

锁链绣和结粒绣

Looped and Knotted Stitches

前 边介绍的都是在底布上绣进绣出的简单针法，本部分针法由锁链绣和结粒绣组成，把线环紧贴在布面上固定，或针从线中穿过形成结节。从实用的毛毯绣，到凸起的辫状结绣和法式结粒绣，针法多种多样。锁链绣和羽毛绣简单快捷，装饰效果强，多用于绣制不规则拼布作品。运用这些针法时，重要的是松紧均匀，线环不能拉得太紧。

上图是一幅色彩绚丽的印度结婚用布，是用各种针法绣出的，包括成排的密集锁链绣，组成方形和V形图案。

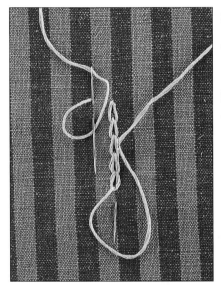

锁链绣（Chain Stitches）

锁链绣（Chain Stitch） 针刺入反面，走适当的长度穿出正面，线环压在针下穿出。下一针紧贴出针处从线环内刺入。

穿行锁链绣（Threaded Chain Stitch） 先绣一排间隔均匀的独立链环，每一链环下缝一小针固定，这是这种双链环针的基础。然后用颜色反差大的线从链环下双向穿过。

雏菊绣（Lazy Daisy Stitch） 一个个链环排列成圆形，组成花朵形状。每朵花都从中心向外绣，花瓣要排列均匀。还可以用几个单链环组成叶子。

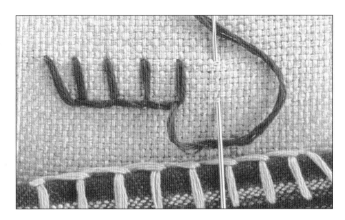

羽毛绣（Feather Stitch）从上向下绣，由斜针脚交替组成。同样，线要压在针下形成独特的线环，常常与缩褶法结合使用。

毛毯绣（Blanket Stitch）可以锁边，也可以做布面装饰，密集的毛毯绣还可以用来绣扣眼。毛毯绣从左向右绣，由一排整齐的垂直针组成，针要把线压在下边绣出。

双重羽毛绣（Double Feather Stitch）这是由基本羽毛绣组成的精致边缘。两针，而不是一针，先朝一个方向绣，然后再向另一方向绣。角度可以改变，图形也会随之改变。

结粒绣（Knotted Stitches）

法式结粒绣（French Knot）针从正面出来，把线拉紧，在针上绕两圈拉紧，紧贴出针处入针绣到反面。

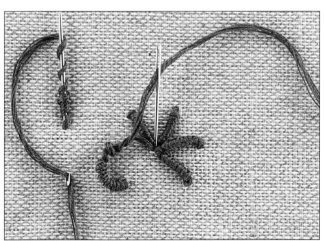

辫状结绣（Bullion Knot）绣制方法与法式结粒绣相似，先缝一针长度适当的回针，线在针上绕几圈，然后小心地将针穿过绕圈，把线压紧，从出针处入针。

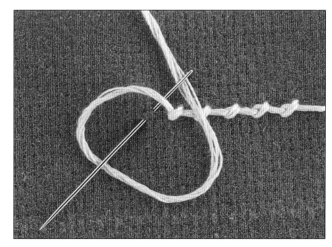

珊瑚绣（Coral Stitch）这种轮廓线非常吸引人，小结可以间隔均匀，也可以随意分布，间隔长短不一。针稍微倾斜挑起少量的布，线绕过针尖，再将针拉出形成小结。

白绣技法

Whitework

白绣技法包括多种在白色底布上用白色线刺绣的技法，而黑绣技法只是一种特殊的技法。白绣技法常常用于家居亚麻制品上，如托盘垫、桌布、枕套、睡衣袋、内衣和手帕等。它包括精巧的苏格兰埃尔郡花朵绣法（传统上用来装饰洗礼仪式上穿的礼服）、挪威哈丹格（Hardanger）方法和英国刺绣中的网眼镂空花边。蒙特迈利克（Mountmellick）是爱尔兰版本的白绣技法，名字来自于它起源的小镇。该技法运用哑光的钩织线，在粗斜纹棉布上绣出凸起的圆点。与其他白绣技法一样，该技法也从大自然中汲取灵感，植物、水果、花朵都是主题，但其表现方式十分前卫，能绣制各种大小的物品，比如婴儿围嘴、衣领和床罩等。现在，市面上还出版了专门的图样书和转印图。如果你有心，可在花园、乡间小路边收集些形状有趣的树叶当样本。

1 用裁缝画笔或软芯铅笔绕树叶一圈，把轮廓描画到底布上。

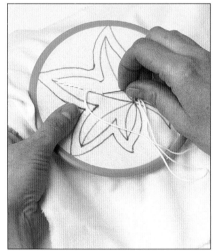

2 绣线穿到大鼻针上，用轮廓绣或回针绣绣出叶脉。

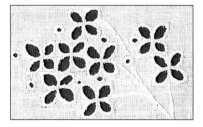

这块英国刺绣花枝素雅独特，是先用窄缎纹绣绣出花瓣轮廓，再剪去中间的布料，形成叶孔。

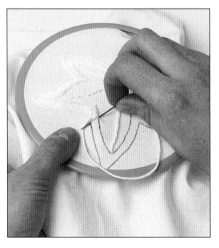

3 沿着轮廓线绣一圈密实的缎纹绣或毛毯绣，用轮廓绣绣出叶柄。

右图这个老式手帕相当精致，曾经是贵妇淑女们必不可少的配饰。主人名字的缩写用棉线绣在精纺底布上，并配有蕾丝和宽宽的花边。

拉纱和抽纱技法

Pulled and Drawn Thread Work

平纹细布上使用拉纱和抽纱这两种技法能够产生精致的花边效果。长久以来它们被归于白绣技法类，不同的是可以使用彩色线，也可以绣在花布上，看起来非常美丽。用拉纱方法时，绣线拉得很紧，布料的织线被拉开形成图案；而抽纱是把底布的一些织线去掉，形成镂空的图案。

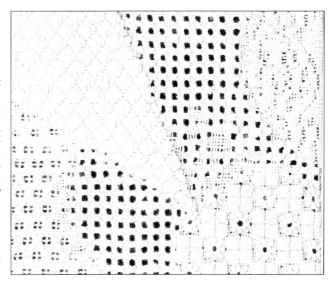

右图是幅拉纱的样图，图案素雅抽象，在不同的部位运用了许多不同的拉纱方法。

拉纱绣

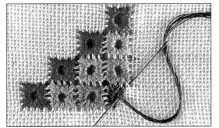

1 阿尔及利亚绣（Algerian Eye Stitch） 这些小圆孔每个都由从中心点辐射出的 16 个直线绣形成，可以单个绣，也可以成排绣。

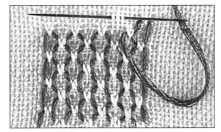

2 蜂巢绣（Honeycomb Darning） 底布上均匀的孔洞靠收紧 3 根织线形成，成排地往返绣，先从右至左，再从左到右。

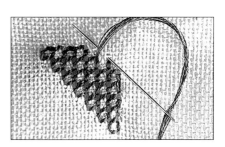

3 齿花绣（Single Faggot Stitch） 这种填充式针法绣出阶梯式斜排，一排排组成网格孔。

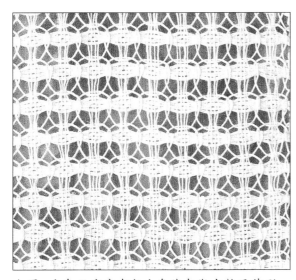

上图：白色亚麻底布与白色线勾勒出整面花形，素雅漂亮，在手染丝绸底布的映衬下，图案更精致。

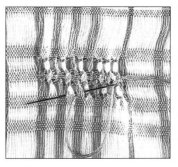

抽纱绣

1 梯式绣（Ladder Stitch） 这种简单的针法一般绣在织线较松的亚麻布上。成束的织线已被抽去，剩余的织线用回针拉成束状。

2 绳束绣（Corded Clusters） 绣线紧紧地缠绕在底布一组组织线上，形成紧实的束状。

钉线绣和铺线绣

Couching and Laid Thread Work

这两种技法关系紧密，已有几百年的历史，是用有质感的丝线、金属色泽的线、细绳或条带完成。其中有些根本无法穿过底布，只能用钉线绣和铺线绣技法，用较细的线以小针脚直针或装饰针把它们固定在布面上。钉线绣能快捷、高效地形成曲线、轮廓线和螺旋形线；而铺线绣通常用来填充图案和覆盖底布。这两种技法应用时都应使用绣架，以防布料皱褶，而且线都不能拉得太紧，以免图形扭曲。

上图：用了几种填充针法，图案显得有厚度，质感强。

钉线绣技法 平钉方法（Plain Couching） 把要钉缝的线在布面上摆好位置，用对比色的线小针脚固定到布面上。间隔要均匀，图形要整理好，把两头拉到布料反面固定。

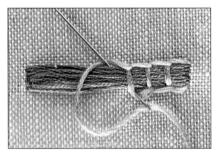

装饰钉线绣（Decorative Couching） 十字针和锁边针都可以用来钉线绣，既能固定线条，又能起到装饰作用。这里用了方形锁链绣把几股棉线固定在布面上。

双钉线绣（Double Couching） 平行的两条宽宽的金属色线用一排羽毛绣固定，每条金属线用一半羽毛绣贴缝。

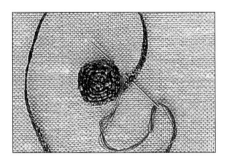

螺旋钉线绣（Spiral Couching） 两条线都从圆形中心出针，把要钉缝的线盘成螺旋形，另一条线间隔均匀地把圆盘缝合固定，形成轮辐图形。

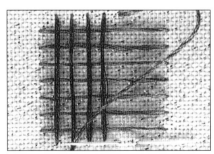

1 **铺线绣技法 铺线格子绣（Lattice Work）** 这是一种填充针法，能覆盖较大部位或独立的图形。基本格子由平行的横竖长线条组成，形成规则的格子图形。

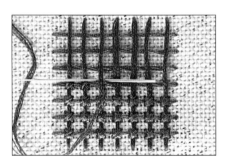

2 每个交叉点用对比色的线缝到底布上，既固定了长线条，又装饰了网格。格子内还可缝针，增加额外的装饰。

左图：这是一幅珠宝形状的拼布图案，由印度北部古老的黄金和镜片制品的碎片拼合而成。其中用了各种不同的钉线绣方法，产生了几何图形般的效果。

右图：这是一些非常简单的动物图形，使用对比色的钉线绣不仅可以勾勒出动物的轮廓，还能遮盖住贴布图形的边缘。

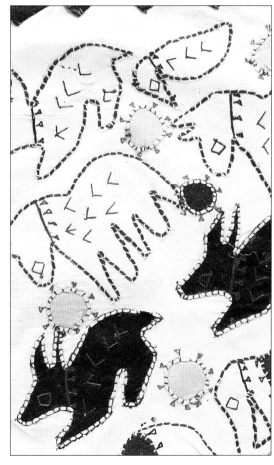

上图：作品华丽新奇，运用了不同的钉线绣技法，其中有银线组成的螺旋形，固定它的绣线几乎看不到。

机绣
Machine Embroidery

机绣是一种新兴的技术，由于刺绣速度快，越来越受人们的喜爱。缝纫机除了绣平直线条，也用来绣装饰性线条，但是摆针缝纫机作为创作工具，有很大的潜力。最新一代的电子缝纫机也日益精密，可以预先设置图案和字母，甚至能够把图案扫描进去。尽管如此，使用普通的家用缝纫机绣简单的直针和 Z 形针同样能取得令人欣喜的效果。说明书中对配置的专用压脚和部件会有详细的说明，要仔细阅读了解相关的内容。若不熟悉这种刺绣方式，开始时容易气馁。不要着急，要逐步熟悉机器的性能，勇于试验，勇于实践。一开始要用最慢的速度，不要和机器赛跑。

这两幅图画生动有趣，背景和大块单色区域全部用缎纹绣填充，但方向不同，缎纹宽度不等；细节部分用直线绣绣出。

自由刺绣

正常情况下，缝纫机的针脚由送布齿控制，通过控制压脚下布料向前运行的速度绣出均匀的针脚。如果把送布齿落下或者盖住（具体方法取决于机器类型，因此要参看说明书的介绍），针脚就靠自己移动布料控制，可以自由地向任何方向移动。

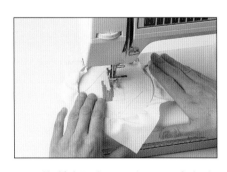

缎纹绣（Satin Stitch）布料应绷紧在绣绷上，双手轻扶。机针像平常一样穿上线，设置成 Z 形针脚。轻踩脚踏板，慢慢把绣绷往前送，绣出密实的缎纹绣。缎纹绣的宽度可以通过改变针脚设置调节。

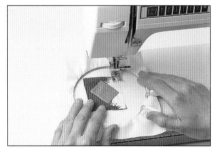

1 **直线绣（Straight Stitch）**可以绣出直针线条，方法与缎纹绣完全相同。直针可以朝不同的方向绣，能产生不同的质感。绣绷可以前后移动，也可以左右移动。

2 通过不断练习和实践，还能很容易地绣出曲线和波纹线。绣的速度一定要缓慢，才能控制好压脚下的底布。

机绣不必局限于一般布料，围绕着这些蜡染印花人物的巴洛克风格的画框质感厚实，就是在厚重的染色衬料上刺绣而成的。

一幅作品中直线绣可以绣成几层，颜色交织更有深度，情趣无限。这些动感十足的非洲妇女肖像图就是例证。

掌握了机绣的基本方法后，可以非常灵活地"绘图"。这个笔记本中包含了各种试验图像，运用了更先进的技法，比如改变明线或底线的松紧度，形成不规则的环状线条等。

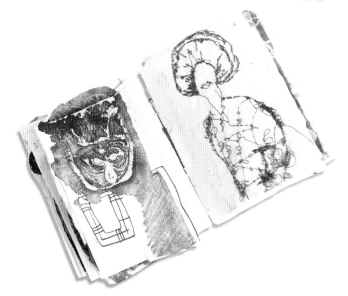

绘图刺绣

Working on a Painted Background

机绣可以绣出各种线条，如同手工绘图一样灵活、随意。直线绣用途尤其广泛，能绣出图案细节，还能凸显强化原有图案。可以先在布料上用布用颜料画上图案，或用水彩、水粉、丙烯酸颜料等把图案画到纸上，再进行机绣。

右图：这幅图画热带风格浓郁热烈，受菠萝颜色和形状的启示，黄色星状体周围布满菱形块，增添了动感活力。

1 选择一幅色彩鲜明、轮廓清晰的图画，画到较厚的纸上，用水彩画纸就很好。可将图画粘到另一张稍大些的纸上，以增加强度。

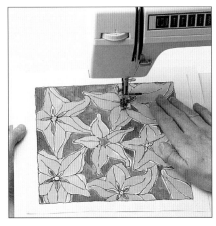

2 机针穿上黑棉线，沿着轮廓线慢慢地绣。若想凸显某些位置，还可以绣成双线。

3 用Z形针自由填充其他区域。线的颜色要比绘画底色稍深，以显得更有厚度。

左图：这幅亚麻图案绣制于20世纪50年代，那时机绣刚开始作为一种艺术形式被广泛运用。丝网印花底布上的图案全部用直线绣针法绣出。

纸图刺绣

Working with Paper

纸张除了像布料一样可作为机绣的底衬外，还有许多其他用途。它可以绘图，也可以撕成或剪成各种形状，与缎带编织在一起，产生多层次的拼贴画效果。但在纸张上刺绣时，注意线不要太紧，以免扯破纸张。

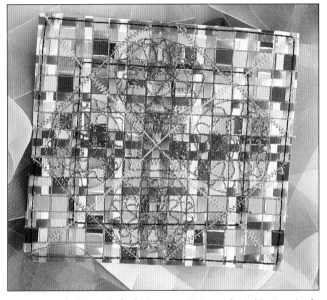

上图：形成格子的直线与织纹平行，线迹鲜明，与布面上的花朵图案相映生辉，色彩绚丽。

上图：把手撕的纸条粘到纯色底布上，用直线绣自由"绘"出黑色线条，使图案朴实感人。

1 条带织图 找一些礼品缎带和染上相配彩条的韧性纸，剪成窄条，在底衬上与缎带平行横着排列好。一头用遮蔽胶带固定后，再编入竖条。

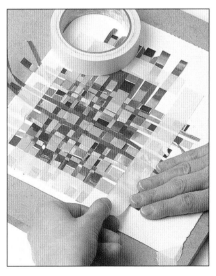

2 编到想要的大小后，周边用胶带固定住，便于缝针。

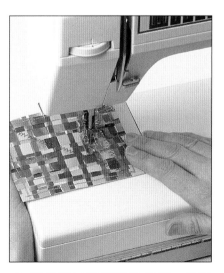

3 穿透底衬和编织的条带，缝好外围，然后用各种颜色线在表面自由机缝。

机绣镂空花

Machine Lace

机绣镂空花是在特制的底衬上绣出相互交织的网状线条，然后除去底衬，留下镂空的网状图案。有 3 种这样的特制底衬，材质不同，除去的方法也不同，有的靠加热，有的靠在水中溶解。但刺绣的方法都一样，线条必须相互衔接，相互交织，完成的图案才能保持形状。操作时可去掉机器压脚，使布料可以随意移动，刺绣时更加灵活。这种刺绣技术值得花些时间逐步熟练，可以先把细布绷到绣绷上练习。刺绣时手只能扶着绣绷外圈，以免被机针刺伤。

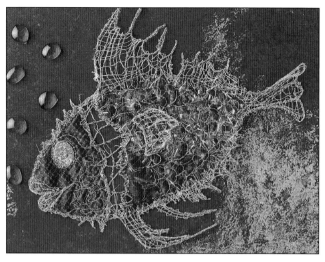

上图：这条鱼颇具异域风情，金属色泽的线交织成网状，勾勒出鱼鳍和鱼尾，闪光的身体由小片闪光布和闪光片组成，罩在两层棕色透明蝉翼纱之间。

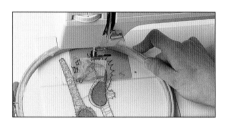

1 多层水溶法 布料在绣绷上绷紧，用毡头笔描上图案轮廓。为 9 号机针穿上金属色泽的线，落下或盖上送布齿，针脚长度设置为零，绣满轮廓线内的空间，形成窗花格式的线条。可在两层透明蝉翼纱之间加入碎线头和碎网纱，增加额外的色彩。

2 将绣好的作品放入水盆中清洗，或直接在水龙头下冲洗，底衬布料会完全消失，线条也能完全洗掉。

3 作品夹进纸巾之间吸去水分，小心地摆好形状，避开直接热源晾干。

4 为给作品增加硬度，突出立体感，可以喷上一层清漆。整理好形状，晾干。

热熔平纹细布 这是一种加硬的织纹较稀的布料，可以绷入绣绷刺绣。完成后垫块布，用熨斗加热压熨，或放入预先加热好的烤箱，以 150℃加热 5 分钟。布料遇热就会褪色和分解。

凉水溶布料 这是用从海草中提取的天然纤维制成的布料，非常细薄，必须绷在绣绷上使用，不适合进行非常密集的刺绣。当然如果折成双层，针脚密些也可以。但最适合把装饰形碎布片和其他纤维材料组合在一起，形成多层质地的精细作品。

热水溶布料 它比较结实，也比凉水溶布料硬，可以承受浓密的线条，不用绣绷也可以刺绣。作品完成后在锅里煮 5 分钟，溶去底衬，晾置时可整理好图形。

上图：这个精美的天使身穿金光闪闪的机绣镂空装，衣服上装饰着珍珠和细蕾丝。

下图：这些戏剧化的大号仕女每个身高 45 厘米，直接绣在支撑她们的丝网框上，用水溶性布做底衬，身体各部分呈现出不同质感、不同线条。

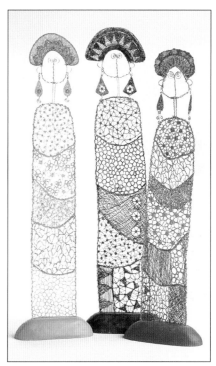

右图：金属色镂空花确实产生了珠宝般的效果，特别适合用于耳坠这样的小饰品。大多数工艺品店都可以买到这些特制的小饰品制作材料。

作品

Projects

字母绣图

Alphabet Sampler

在 19 世纪，英国的学校教师和家庭教师不仅教孩子们读书写字，还让学生进行手工练习。不管是女孩还是男孩，都要学习制作十字绣图案。现存下来的古代绣图，有些甚至是 6 岁孩子绣制的，他们展示了出色的缝纫技术。那时还印刷了专门的指导书籍。右图这个小写字母绣图首次出现在 19 世纪末法国的出版物中。

材料

◆ 25 厘米见方的 14 支阿依达布
◆ 紫色、红色、橘红色、金黄色和橄榄绿合股绣线
◆ 绣花剪
◆ 20 厘米见方的带玻璃相框
◆ 布用记号笔

1 这个字母表布置在一个 15 厘米见方的图形中，也可略做调整布置在长方形内。留 5 厘米的边后，先用紫色 3 股绣线在左上角绣出字母 a，注意十字绣的针脚方向一定要一致。完成后，用红色线绣字母 b，其余字母依次用橘红色、金黄色和橄榄绿线继续绣制。每一行字母颜色的顺序要一致。

2 绣完后，轻轻在反面熨烫。相框玻璃居中压在绣图正面，标出位置。剪一片能卡入相框的硬纸，将绣品边折过硬纸边一圈，在反面固定。

干花香袋

Potpourri Bag

在世界上许多地方，格子布都已有多年的历史，人们喜欢用它制作各种家居物品。这种家纺棉布香袋的灵感来自美国震颤教派（Shaker community）和他们的手织棉布，简朴实用。棉布的方块织纹用于十字绣非常方便，鲜艳的心形图案正好绣在蓝白方框内，天然拉菲草系带更为香袋增添几分田园风。

材料

- 23 厘米 ×33 厘米的格子布
- 深红色合股绣线
- 颜色相配的棉线
- 珠针
- 干花、薰衣草或香草
- 拉菲草带子

1 按照所给图样，在布料长边一半的位置上，用十字绣绣出 3 个心形，间隔要均匀。要用 3 股绣线，并根据织纹的粗细，绣在 3 或 4 根织线上。十字绣针脚的方向一定要一致。

2 绣图正面朝里，横着对折。短边和绣心形的底边先用珠针固定，然后缝合。手绣、机绣均可，但要留 12 毫米的缝份。袋口折边，在反面折缝固定。

3 剪去角部多余布边，袋子翻到正面，轻轻熨烫平展。装入干花、薰衣草或香草。袋口用拉菲草系成漂亮的结，用另一根稍短的拉菲草系一个环，用于悬挂。

布艺书套

这种布质书套用途很多，可以作为相册，存入记录特殊时刻的照片；也可作为速写簿、写生集；还能作为笔记本，记下喜爱的语录和珍贵的记忆。封套上用了小鸟和大树图案，风格朴实自然，继承了美国德裔宾州人的民间传统，但表现手法与时俱进，新颖独特。

小花图案的棉布有时也叫"好运"印花，有些专门出售用于拼布作品，做书本封套非常理想。

材料

- ◆ 2 块 23 厘米 ×28 厘米的衬板
- ◆ 遮蔽胶带
- ◆ 2 张水彩画纸
- ◆ 56 厘米 ×33 厘米的花布
- ◆ 结实的白色线
- ◆ 双面胶带
- ◆ 28 厘米 ×75 厘米的格子布
- ◆ 花边剪刀
- ◆ 黄色、深绿色、深粉色、浅粉色、棕色、浅绿色、蓝色和紫色合股绣线
- ◆ 小片麻布
- ◆ 黏合纸
- ◆ 2 种其他花布
- ◆ 红色和蓝色小玻璃珠
- ◆ 金色纱线
- ◆ 25 厘米长的细缎带

1 将2块衬板用遮蔽胶带连接在一起，沿长边的正反面粘贴，并确定能够轻松开合。水彩画纸剪成内页大小，对折，用结实的线缝到书脊上。书本外侧用花布包上，以双面胶带固定，书本内侧用格子布衬里。剪一块方形格子布做书本封面，用花边剪刀剪出齿边，四周用黄色线缝一圈十字针，再用双面胶带粘到书套正面。

2 麻布剪得比格布小些，四周边缘做成毛边。图样上的树、山、小鸟分别描画到黏合纸上，必要时可以放大。将黏合纸熨到不同花布的反面，剪出图形，小鸟要剪两只。撕去黏合纸的底纸，把山和树熨到麻布上。

3 山和树用深绿色线小针脚固定。用浅绿色线绣树叶，先绣4小针回针，然后绕个线圈围上，或者绣出分离的锁链绣也可。沿着树干和树枝用棕色线绣出锁链绣。

4 将小鸟熨烫到麻布上，缝上蓝色玻璃珠子作为眼睛，用粉色线绣出翅膀，针法与绣树叶时相同。用黄色绣线和蓝色绣线绣出3个分离的锁链绣组成尾巴。

5 每朵花先用黄色线绣一个法式结粒绣，然后用蓝色或紫色线围绕着它绣5个分离的锁链绣。花梗用浅绿色线直线绣绣出，花梗上绣出一片叶子。用金色线贴缝出3颗星星，树上绣几颗红色玻璃珠子作为果实。

6 最后用浅粉色线沿麻布四周绣一圈毛毯绣，再用双面胶带把麻布粘到书本封面上。把细缎带剪成2根，分别固定在封面和封底内侧，在边上系一个结即可。

火箭图案提包

Rocket Bag

这个提包的图案由未来世界的太空火箭、流星和小行星构成，用直线绣完成，颜色鲜艳，独出心裁。图案用了各种颜色鲜艳的珠光棉绣线绣在结实的牛仔布上，正反两面都行，效果不一样，但都很出彩。分步图中看到的是牛仔布的正面，成品图则展示了颜色稍浅的反面。

材料

◆ 2 块 20 厘米见方的牛仔布
◆ 裁缝画粉或转印纸
◆ 绣绷
◆ 各种颜色的珠光棉绣线
◆ 珠针
◆ 5 厘米 ×25 厘米的牛仔布条
◆ 珠光纽扣
◆ 蓝色棉线

1 放大图样，用画粉或转印纸将其描画到一块牛仔布上。把牛仔布绷到绣绷上，用缎纹绣填充主要图形。

2 依照图形的轮廓决定针脚的方向，飞行物后部以平针绣绣出几条线，表现其飞过的痕迹。可参考完成的作品选出正确颜色。

3 两块牛仔布正面相对，用珠针固定，三边缝合在一起。袋口向里熨出 12 毫米的折边，缝合固定。牛仔布条纵向对折，毛边一侧缝合，翻到正面，做成提包带。

4 用藏针缝将提包带缝到提包上，将提包轻轻熨烫平整。将珠光纽扣缝到正面边缘正中，另一侧相对的地方用蓝色棉线做一个扣眼。

杯具图案茶巾

Tea Towel

材料

◆ 布用颜料和白色棉布或彩色布片
◆ 描图纸
◆ 裁缝画粉或转印纸
◆ 对比色的合股绣线
◆ 防脱线溶液或稀释的聚乙烯黏合剂
◆ 条纹茶巾

各式各样的茶杯排列在茶巾上,时髦漂亮,令人心情愉悦。这样的茶巾也许用来擦碗碟不那么耐用,但是作为桌布温馨可爱,也能用作厨房的窗帘,肯定能为窗户增色添彩。茶杯用棉布剪出,再用颜料专门涂色。茶杯上的细节用回针绣、十字绣和平针绣绣出。

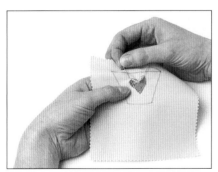

1 用棉布剪出茶杯形状,最好是用彩色布片,也可以用颜料把白色棉布涂成想要的颜色。茶杯图样轮廓用裁缝画粉或转印纸描画到各色布料上,必要时可放大图样。

2 图案细节用3股绣线绣到茶杯上,分别使用直线绣或缎纹绣。剪出茶杯形状,沿着茶巾边排列出自己喜欢的样子,书中图案可以作为参考。茶杯图案先疏缝到茶巾上。

3 如果是涂色的茶杯,要防止边缘脱线,可在未涂色的反面涂上一层专门用于防脱线的溶液或稀释的聚乙烯黏合剂。最后,用回针绣把茶杯绣上,再绣些额外的线条细节。

农舍和园子

House and Garden Picture

乡村的园子中总是既种花也种菜。这个乡间农舍确实迷人，园中的花卉和蔬菜都很繁茂。基本针法的运用充满了想象力，为作品增加了情趣。羽状的胡萝卜叶和包菜运用了松散的锁链绣，房顶使用了不规则的缎纹绣线条，看上去像是铺盖了茅草。房子和窗户用回针绣勾出轮廓，围绕着园子用直线绣绣出尖头栅栏。

材料

- 25 厘米 ×30 厘米的亚麻布
- 转印笔或水消笔
- 描图纸
- 棉线
- 深绿色、浅绿色、粉色、橘黄色、红色、黄色、赭色和深米色合股绣线
- 防脱线溶液或稀释的聚乙烯黏合剂
- 深绿色、浅绿色、粉色、橘红色和红色棉布片
- 20 厘米 ×25 厘米的硬纸板
- 20 厘米 ×25 厘米的图片框

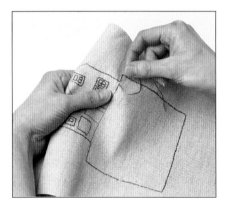

1 将房子和园子的轮廓画到亚麻布上。可以直接用水消笔徒手画上，也可以把图样按要求放大，先用转印笔描到描图纸上，再熨到布料上。用第 2 种方法时，记住要先把图案翻到反面。用 3 股深米色绣线以回针绣绣出房子、园子、门和窗户的轮廓。

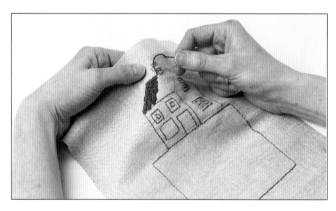

2 用赭色绣线以缎纹绣绣出房顶和门。门上的 3 排针脚均匀整齐，而房顶的针脚就不那么规整，更显出层次。用深米色绣线在烟囱顶部绣一圈缎纹绣。

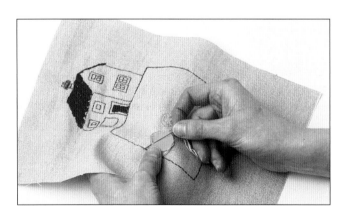

3 在布片背面涂一层适量的防脱线溶液或稀释的聚乙烯黏合剂。用浅绿色棉布粗略地剪出 4 个圆形，每个直径大约 2.5 厘米，作为包菜图案。圆形布片疏缝上后，用松散的锁链绣绣出叶子形状，圆形边缘绣出不规整的毛毯绣。

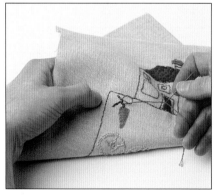

4 用橘红色棉布剪出 16 个胡萝卜，用平针绣在底布竖线条绣，上面再横着绣几个直线绣。用深绿色线绣出松散的锁链绣做胡萝卜叶，四周绣一圈栅栏围住园子。用棉布剪出花朵、叶子和叶梗，用平针绣绣到位。在花瓣中间绣几针缎纹绣做花心。轻轻熨烫作品反面。将其蒙到硬纸板上，在反面用棉线系紧后，再装入框中。

民间工艺手套

Folk Art Gloves

手套上的装饰图案热烈奔放，灵感来自东欧古老桌布上的图案，巧妙地做了些改变后绣在手套的背面，并延伸至指尖。这里展示了两种不同的版本，图案分别绣在白色和深色手套上，色彩的巧妙运用形成了截然不同的风格。操作时，将图案基本轮廓描画到手套上，用绣线手工绣出。

材料

- ◆ 1 双白色或黑色毛线手套
- ◆ 尺子、铅笔、薄硬纸板
- ◆ 描图纸
- ◆ 珠针
- ◆ 粉色、翡翠绿色、品蓝色、深黄色、桃红色、海蓝色、亮粉色、薄荷绿色、暗黄绿色和黄色波斯刺绣羊毛线
- ◆ 刺绣针

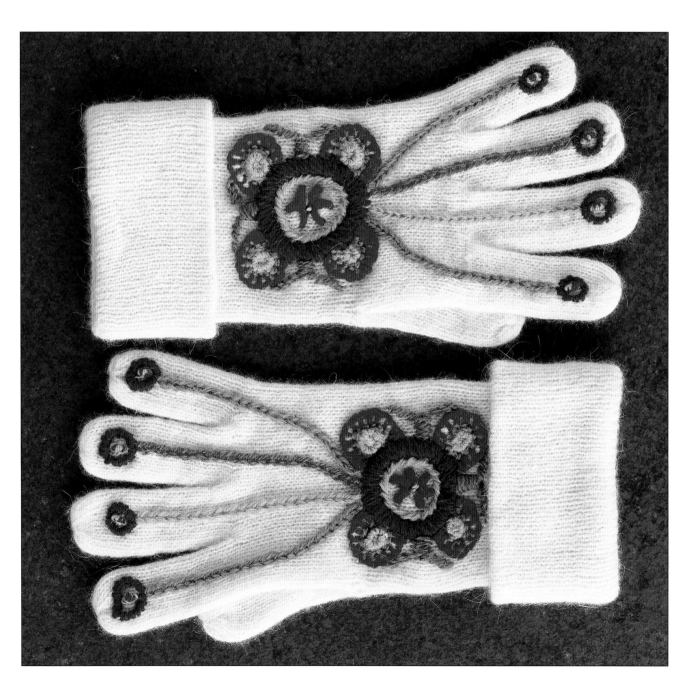

1 为了支撑手套，便于缝绣，将硬纸板剪成长条塞入指头内，再剪成长方形塞入手掌位置。描出图样(要按需要放大)，沿外围剪出图形，剪空中间的圆形，用珠针将其固定到手套上。图样顶端对准指尖，花朵位于手背正中。作为标志，用粉色线沿中间圆形绣一圈小针脚的平针绣，用翡翠绿线绣出图样上的虚线，然后除去图样。

2 以粉色线绣出轮廓，用粉色线沿花心绣出一圈缎纹绣。紧贴缎纹绣内侧，用桃红色线以轮廓绣绣一个圆环。

3 沿着圆环，用绿色线以缎纹绣和轮廓绣绣出3片叶子。如仍显露出以前的轮廓线，要用针将其挑去。

4 用深黄色线以锁链绣绣出4片花瓣的外沿，花瓣内用品蓝色线以回针绣绣一条线。用亮粉色线在每个花蕊绣一个锁链绣填充，再围着它绣一圈小针脚缎纹绣。

5 花蕊用深浅不同的绿色线以锁链绣绣出，每条都从轮廓线之间的位置开始，延伸至离指尖2厘米的地方。每个花蕊顶端绣一个不同颜色的圆圈，先绣一个锁链绣，再围着它绣一圈小针脚缎纹绣。然后针上穿一股粉色线和一股黄色线，在每个圆圈中心绣出条纹辫状结粒绣。

6 花心用海蓝色线绣6条辫状结粒绣，布置成星状，最后在中心绣一个双色辫状结粒绣即可。

缎面发夹
Hairslide (Barrette)

漂亮的发饰总是很受青睐。以前，为了保持精心梳理好的发型，女性需要许多发卡、发梳和发夹，上边的装饰千姿百态，羽毛、花边、花朵、珠子、钻石，什么都有。这款椭圆形发夹用黑缎子做面，上边绣着流畅的银色线条和相映衬的乳白色缎纹绣图案。图案的设计不必千篇一律，可从中获取启示，设计不同的图案，配以不同的发夹。

材料

- 6.5 厘米 ×10 厘米椭圆状发夹
- 描图纸
- 绵纸
- 铅笔
- 小片黑色缎子
- 绣绷
- 黑色和白色棉线
- 裁缝画粉或转印纸
- 珠针
- 黑色和乳白色珠光线
- 银色纱线
- 细银葱线
- 小片黑色棉布
- 强力胶
- 黏合纸

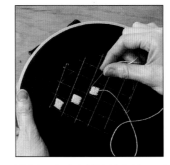

1 复印图样，大小要适合发夹。将方格和椭圆形轮廓线描到一张绵纸上，另一张绵纸上描出椭圆形和螺旋形状。黑色缎子绷到绣绷上，穿透绵纸用白线疏缝出方格和椭圆形作为轮廓线，然后去掉绵纸。在离椭圆形边缘 12 厘米的地方用画粉标出边缘。用黑色和乳白色线交替以缎纹绣绣出菱形块。再拆去疏缝线。

2 用珠针将第 2 张绵纸固定到绣绷上，图案要对齐。用银色纱线穿过绵纸，直线绣绣出螺旋线，撕去绵纸。用同样的线穿过线条使之更清晰。

3 用细银葱线在黑色菱形块上绣出方形块，用黑色棉线在乳白色菱形块上绣出星状线条。沿着画粉线剪出图形。

4 围绕发夹画出并剪下底衬纸样，标出卡针的位置。围绕绣品边缘绣一圈平针绣，稍稍缩拢，蒙到发夹上，整理好。将平针线拉紧，线头打结固定，多余布边粘牢。将黏合纸熨到黑色棉布上，用珠针将底衬纸样固定到黑布上，剪出黑布底衬。在卡针处剪出小口，将底衬牢固地粘到发夹背面。

拉绳小袋

Drawstring Bag

这个拉绳小袋造型简洁，不落俗套，在两块有色差的黑色底布上，用深灰色、乳白色和银色纱线绣出图案。

材料

- 30 厘米 ×90 厘米的黑色缎子
- 30 厘米 ×41 厘米的黑色天鹅绒
- 黑色棉线
- 有颜色反差的绣线
- 绣绷
- 裁缝画粉和转印纸
- 深灰色绣线
- 银色纱线
- 乳白色珠光绣线
- 细银葱线
- 1.37 米的黑绳
- 安全别针
- 珠针

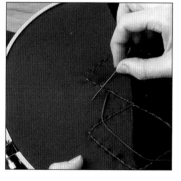

1 放大图样。用黑色缎子剪出 A 片，天鹅绒剪出 B 片，作为小袋前片。图样翻过来，以同样方式剪出小袋后片。C 片剪 1 块黑色缎子，1 块天鹅绒，标出牙口位置。弧形边相接缝合，成为两块长方形，修剪缝份并熨烫平整。长方形的中心用有颜色反差的线横着从 a 缝到 a，标出袋口的折线。将图案缝在前片下半部。按照图片，标出 3 个菱形块，用 6 股灰色线以平针绣绣出轮廓。

2 用银色纱线平针绣内侧的两个菱形。在每个银色菱形外 12 毫米的地方，用乳白色珠光绣线以直线绣绣出另一个菱形。在每个菱形中间绣 1 个大十字，用深灰色线绣出十字的轮廓，用同样的线围着十字长针脚绣 1 个菱形，每边只绣 1 针。用细银葱线在乳白色珠光绣线间绣些银色小十字，贴缝围绕着十字的长针脚，最后用乳白色珠光绣线在中心再绣些十字。将布块从绣绷上取下，熨烫平整。

3 前后两片正面相对，两个长边缝合，留出牙口 B 之间的位置不缝。缝份熨平，围绕返口缝出明线。天鹅绒袋底 C 与小袋的天鹅绒一头正面相对，先用珠针固定，再疏缝，然后缝到一起，牙口处要对齐。黑色缎子袋底 C 以同样方式缝到小袋黑色缎子一头，正面相对接缝处留 5 厘米的返口。

4 小袋从返口处翻到正面，以藏针缝缝合开口。a 至 a 的疏缝线折起，熨平。把黑色缎子底推入天鹅绒底，成为 1 个带衬里的小袋。在折线向下 12 毫米处和 4 厘米处针缝固定，形成拉绳的通道，与明线缝出的孔洞对齐，拆去疏缝线。袋绳穿过通道两次，两个绳头针缝固定。

圆帽

Embroidered Hat

多么漂亮的帽子！缎子帽边上的绣图优雅精致，用了许多不同质感的绣线手工绣出。螺旋线条用了平针绣和钉线绣，金属色泽的绣线绣出的细小部位光彩熠熠。帽子用天鹅绒制作，厚缎子做衬里，翻出的部分绣上图案。相配的围巾由两块天鹅绒组成，一头绣了相衬的图案。

材料

- 90 厘米酒红色天鹅绒
- 90 厘米橄榄绿色厚缎
- 45 厘米宽的绿色平纹棉布
- 钉线绣线、描图纸、铅笔、绵纸
- 相配的棉线、绣绷
- 深红色和粉色珠光绣线
- 有金属色泽的紫色和青铜色线
- 缝纫机
- 珠针

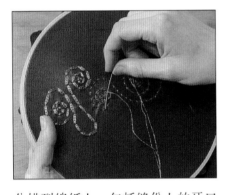

1 描出各个图样，按需要放大，然后斜剪出需要的布料。剪一块 25 厘米 ×65 厘米的厚缎作为绣图的翻边。将图案的第 1 部分描到绵纸上，包括缝份上的牙口。将绵纸上的线条疏缝到缎子上，然后去掉绵纸。将布料绷到绣绷上，从左边开始绣缝。螺旋线条用绣线以钉线绣和交织的双平针绣绣出。

2 第 2 部分图案描至正面正中，疏缝到缎带上，牙口要对齐，并标出正面正中的牙口，去掉绵纸。用直线绣和缎纹绣绣出 4 个菱形块，螺旋线条用不同的绣线混合绣出。

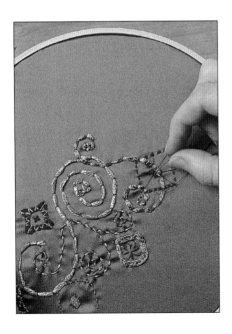

3 用有金属色泽的紫色和青铜色绣线在菱形上增加些 Z 形和星形。图案翻过来，继续缎带右边的绣缝，移动缎带在绣绷上的位置，用与左边同样的针法、同样的颜色绣缝右边。

4 绣缝完成后，熨烫平整。将平纹棉布 C 片用珠针固定到缎带反面，牙口要对齐。将缎带剪成和棉布一样大小，疏缝到一起，在后部缝份中心缝合。天鹅绒 C 片也缝合，形成后边正中接缝，缝份熨烫平整。修剪天鹅绒的缝份，将天鹅绒与缎带或棉布正面相对，沿顶边缝合。打开缝合的布片，缝份朝天鹅绒一侧熨平。贴近缝份处穿透几层针缝固定。

5 天鹅绒 B 片（侧片）后边正中缝合，缝份分向两侧熨平。沿顶边剪出牙口，与天鹅绒 A 片（帽顶）正面相对。牙口要对齐，先用珠针固定再疏缝，然后缝合到一起。缎子 A 片和 B 片以同样方式缝合。修剪天鹅绒的缝份，分向两侧熨平。拿出 C 片，天鹅绒翻过来，与缎面叠压，沿底边用珠针固定。

6 天鹅绒 B 片和 C 片的底边用珠针固定，叠压的边相对，后边的缝份和牙口都要对齐。翻过来，在离边缘 12 毫米处缝合。缎子帽里和天鹅绒正面相对（同上），先用珠针固定再疏缝，然后留 12 毫米宽的缝份，用缝纫机缝到一起，留 10 厘米长的返口。从返口拉出帽子后手工缝合。最后，紧贴四周缝份缝出边缘，把缎子衬里针缝固定。

餐具垫

Placemat

这 个普通的餐具垫图案极富想象力，上边绣缝了立体逼真的餐具装饰，为就餐时刻提供了不少谈资。刀叉和勺子由几条直线绣绣出的金色线条组成。这个作品最适合机绣，垫子质地硬实，不必用绣绷，线条简单易于绣缝。

材料

◆ 现成的粗纹餐具垫
◆ 绵纸、铅笔、珠针
◆ 缝纫机
◆ 金色机绣线、黄色手绣线

1 餐具图样按需要放大，描到绵纸上。剪出图形，将其在餐具垫上布局好，用珠针固定。

2 落下缝纫机的送布齿，换上绣缝压脚，引上金色线。底线圈缠上黄色线，以直线绣绣出轮廓线条。

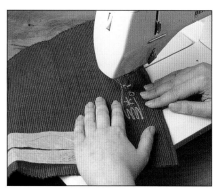

3 去掉绵纸后，以直线绣绣出其他线条，突出餐具的细节和装饰。剪去松散的线头。

睡猫图
Cat Picture

机绣填充实心色块的效率极高。这只睡猫以3种深浅不一的粉色机绣线绣出，在表面形成光亮和暗影交错的视觉效果。背景缎纹绣经过修剪，产生了有层次的植绒感。配以深色框，睡猫图得到了最佳展示。

材料

◆ 25 厘米见方的白色棉布
◆ 描图纸、铅笔
◆ 裁缝画粉或转印纸
◆ 绣绷
◆ 缝纫机
◆ 3 种深浅不同的粉色和 1 种背景色机绣线或绣线
◆ 绣花剪
◆ 有颜色反差的绣线

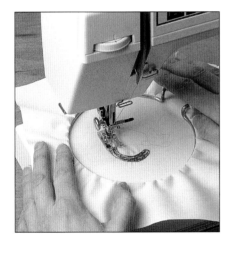

1 按照图样，把睡猫全身轮廓图画到描图纸上，用裁缝画粉或转印纸把图案画到白色棉布上。白色棉布绷到绣绷上。

2 落下缝纫机的送布齿，用一种粉色机绣线以直线绣填充睡猫形状，用另外两种粉色机绣线在绣过的表面随意绣出线条，并绣出爪子和后腿。

3 绣背景时为缝纫机换成同色的明线和底线，机器设置成 Z 形小针脚。慢慢进行缎纹绣，使之铺满整个背景，小心不要绣到睡猫图案。将绣品从绣绷上取下，轻轻熨烫平整。

4 为取得有层次感的绒毯般的背景效果，用一把锋利的尖头绣花剪剪开密实的缎纹绣形成植绒面。用有颜色反差的 3 股绣线手工绣出眼睛、胡须和爪子。

相框

Picture Frame

这个相框饰边确实独特，深受奥地利象征主义艺术家古斯塔·柯里姆特（Gustav Klimt）油画的影响，珠光宝气的表面由几何图形和蜿蜒的线条交织而成，令人联想到锦缎、丝绸和其他奢华纺织品。图案用缝纫机完成，落下送布齿，换上绣花压脚，用直线绣自由缝纫，移动随意流畅。

材料

- 20 厘米 ×25 厘米黑色天鹅绒
- 20 厘米 ×25 厘米金属色透明硬纱
- 绵纸、铅笔、绣绷
- 2 个 15 厘米 ×20 厘米衬板
- 缝纫机
- 金色、乳白色、黄色和浅蓝色机绣线
- 20 厘米 ×25 厘米的黑色自粘不织布
- 黑色棉线
- 聚乙烯黏合剂
- 小段细绳做挂环

1 图案按需求放大，描到绵纸上。将绵纸、透明硬纱、天鹅绒叠压，先用十字疏缝中间，再围绕边缘疏缝一圈，然后绷到绣绷上。

2 机针穿入金色线，换上绣花压脚，落下送布齿，设定为直针脚，移动绣绷绣出波纹线条和三角形轮廓。

3 撕去绵纸，用各种颜色的机绣线以直针脚成行地填充三角形。松散的线头都留到反面。

4 在一个衬板中间部分剪出长方形，留 3.5 厘米宽的边，做成相框。将相框压在绣品背面，剪去中间部分，留 12 毫米的缝份。

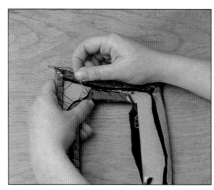

5 斜剪 4 个角，将绣品边缘折到反面，用大针脚缝到一起，角部一定要整齐平整。拿出第 2 块衬板，用自粘不织布裹住作为底板。

6 底板沿两侧和底部粘到相框上，留下上方可以插入照片。相框背面固定一小截细绳作为挂环，也可以用三角形纸板做一个简单的支架，并包裹上黑色天鹅绒。

活动鱼吊饰

Fish Mobile

微光闪烁的薄纱和半透明的硬纱给人一种很奇妙的感觉。这些活动鱼仿佛是游在水中，布置在浴室或者儿童室都很有趣。海马、鱼和海草是用金属色泽的机绣线绣在水溶底布上的，这种特殊的技术适合制作精细的网状作品，特别适合海洋主题的作品。

材料

◆ 水溶布料、不褪色的毡头笔、描图纸
◆ 水笔、绣绷、缝纫机
◆ 各种晶莹透明的金属色泽的硬纱布
◆ 镶有金属丝的织料和其他闪光布料
◆ 珠针
◆ 相配的金属色泽的机绣线
◆ 直径为12毫米的圆木棒，长60厘米
◆ 蓝色和绿色稀释工艺颜料
◆ 尼龙钓鱼绳
◆ 透明玻璃珠

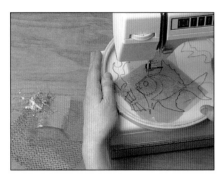

1 复印鱼、海草和海马的图样，并按需要放大。把一条鱼和一片海草图案描画到水溶布料上，绷到绣绷上。剪两片透明硬纱，中间夹入金属色泽的碎布片做鱼身，用珠针固定到绣绷下边。机针穿入金属色泽的机绣线，落下送齿，设定为直针脚，绣出鱼身和头部轮廓。

2 以与步骤1同样的方式绣制海草，要用相配的绿色机绣线和绿色透明纱。如果去掉缝纫机上的压脚，可以得到更大的绣缝自由度，但是移动绣绷时必须特别小心，可以选择使用。

3 绣绷翻到反面，修剪去多余的布边，然后继续完成鱼的绣制。主要鱼鳍和鱼尾用Z形针绣出轮廓，空白处用直线绣线条交织填充。两个分离的鱼鳍以同样方法绣制。再围绕海草绣一圈褶边状的Z形针。

4 将完成的活动鱼放入水中，溶解去水溶底布。小心冲洗，除去残留的布片，再远离直接热源，放在毛巾上晾干。

5 以同样的方式，再绣缝出8条海草、2只海马和4条鱼，可改变一下鱼的形状和色彩。将每条鱼都连接到钓鱼绳上，鱼绳要长短不一。将海草缠绕到钓鱼绳上，针缝固定。

6 圆木棒截成3根，1根25厘米长，2根18厘米长，都用工艺颜料涂色。将海草如图所示缝到圆木棒上。挂上活动鱼，调整位置，使其保持平衡。将玻璃珠缝到鱼上和海草上，既增加重量，又增加光泽。

镂空绣桌布

Table Cloth

水溶布料用于机绣时，还能发挥不同的作用。通常可用作镂空绣作品的底布，但是当厚薄轻重差异大的两种布一块使用时，用于支撑也非常有效。这个镂空绣作品中，珠光白透明纱精致漂亮，亚麻布厚实美观，共同构成一幅引人注目的桌布图案。

材料

- 裁缝画粉或转印纸
- 亚麻桌布
- 绵纸
- 30厘米×60厘米珠光白透明硬纱
- 30厘米×60厘米水溶布料
- 珠针
- 白色棉线、缝纫机
- 绣绷
- 锋利的绣花剪

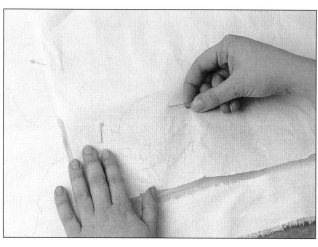

1 用裁缝画粉或转印纸在桌布反面居中画1个边长20厘米的正方形。镂空图案画到绵纸上，参考书中图片布置好图案位置。剪1片透明硬纱和同样大小的水溶布料，排列在正方形一侧，上边用珠针固定上绵纸图案。

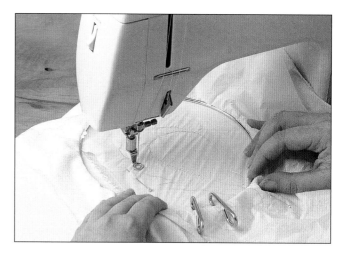

2 机针穿上白色棉线，落下送布齿，换上绣花压脚，将布料绷到绣绷上。沿着画出的线条，直线绣绣出图案轮廓，然后去掉绵纸。

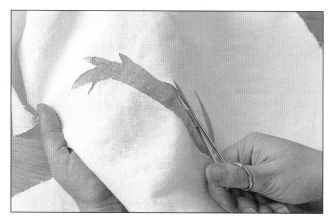

3 桌布翻到正面，用锋利的剪刀剪去图形内的亚麻布。一定要小心，不要剪到轮廓线和透明硬纱。

4 缝纫机设为密集的宽缎纹针，沿着轮廓线进行缎纹绣，包住布料毛边。正方形四周的图案都以同样方式操作。然后用凉水洗去水溶布料，晾干后，熨烫平整。

绒线绣

Needlepoint

绒线绣是在网格布上绣出几何图案或其他装饰性图案，因其简单易学而越来越受到人们的喜爱。只需要一根针、一些彩色毛线和一块网格布就可以制作。许多用品是现成的，稍加练习，很容易创作出特色作品，从简单的斜向平针绣图案，到质感精致的靠垫，都可以尝试。

工具和材料
Tools and Materials

绒线绣也叫网眼麻布绣，是在较硬的织孔布或网格布上绣图的技艺，与绣在较柔软布料上的刺绣有所不同。传统上绒线绣使用的是毛线，现在可以使用许多质地不同的纱线，效果也更充满情趣。

波斯纱线

绒线

4 股刺绣线和 2 股绒线颜色丰富，总是成束成挂地销售。波斯纱线颜色更是鲜艳热烈，由 3 股组成，也可以劈开使用。

网格布

与刺绣亚麻布一样，网格布按组成每 2.5 厘米的织线数区分选择。10 支网格布常用来斜向平针绣；网格毯每 2.5 厘米只有 3 个方格；而 22 支的细网格布要使用单股绒线。浅颜色的图案适合绣在浅颜色的网格布上，而老式的未染色网格布上应使用颜色较深的线，不然压不住布的本色。

传统上有各种规格的单纱网格布用于绒线绣，效果最好的是经线扭绕的交织网格布，不容易扯变形。双纱网格布是用两根纱并在一起织成的，绣细小部位时也可以把两根纱分开。塑料网格布总是成张地销售，可用剪刀剪成各种形状，不会扭曲变形，最适合缝制三维图案。

绒线和绣线

工具和配件

为了避免大件作品扭曲变形，需要用长方形的撑框或可调节的卷轴绣架绷紧网格布。小件作品的网格布可用遮蔽胶带固定，避免边缘脱线。如果必要，还要在作品完成后整理成形。

刺绣针针孔很大，穿线很容易，针头较钝，易于穿缝于网格间。刺绣针有各种规格，13 号针用于粗厚的作品，25 号针用于最精细的作品，但使用最普遍的是 20 号针。

大小剪刀都需要，分别用来剪裁网格布和修剪线头。记号笔或丙烯酸颜料用来把图案直接转画到网格布上。

绣花剪

丙烯酸颜料和颜料混合器

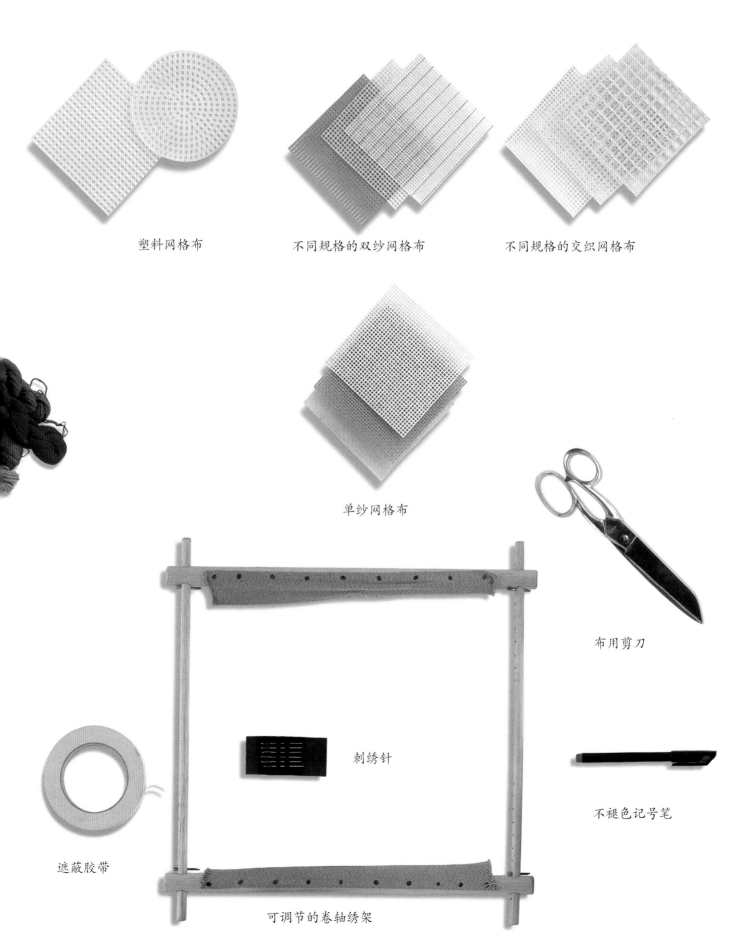

塑料网格布

不同规格的双纱网格布

不同规格的交织网格布

单纱网格布

布用剪刀

遮蔽胶带

刺绣针

不褪色记号笔

可调节的卷轴绣架

技艺
Techniques

图案设计
Creating the Design

创作新图案的空间是无限的，周围看到的东西都能给予启示和灵感。装饰布上一个单独的图案可以放大后制成靠垫，也可以缩小重复后绣满整个作品。一张奇异花朵的照片可以用斜向平针绣表现出来制成挂图，也可以用有层次的针法制成抽象画。重要的是要看完成作品的规格大小。醒目的粗线条图形制作快捷，可用 3 股波斯纱线绣在 7 支网格布上；但是细小图案要用绒线或绣线绣在 12 支或 14 支网格布上。试着结合不同针法，斜向平针绣适合绣细微部位和细小线条，而装饰性针法适合用来迅速覆盖大片底色。

画线条图

这幅仿哥特式图案是用防水毡头笔直接画到网格布上的。网格布蒙在图画上，图案一定要横平竖直，可以用尺子画出平行线和垂直线，找出网格布上的中心位置，对准图案上的类似线条。网格布要先固定好，再开始画图。

1 **画格图** 一般图表纸的网格很像网格布的织孔，用来制作精致的绒线绣图案非常理想，尤其适合斜向平针绣图案。一个着色方块代表一针。用同样规格的图表纸操作起来最容易，即 12 支的网格布用 12 支的图表纸。

2 选择形状鲜明、色彩面积大的图案，用软芯铅笔描出轮廓，转印到图表网格纸上。

3 比照着原图，涂出一个个方块的颜色，再复杂的图形也会变得简单清楚。

画彩图

细节丰富的图案可直接用布用颜料画到网格布上，然后熨烫固色。老式网格布的纤维没有经过漂白，最适合使用这种方法画图。

选配线色

Working with Colour

几乎任何种类的线都可以用于绒线绣，金属色泽的纱线和丝线能突出图案的亮色；较粗的织毯纱线适用于大件作品；珠光线或合股绣线能绣出平滑光亮的表面。但是最常用的是毛线，尤其是制作耐磨损的作品时。线的颜色丰富多彩，出自专业的生产厂家。纱线用精心挑选的纤维纺成，比编织毛线更结实。绒线毛质纱线主要有3类：绣花线、绒线和波斯纱线。刺绣线是4股单缕纱线，成束销售，用于中等厚度的网格布。绒线是双股单缕纱线，可单缕用于小网格布上，绣出最细微的部位，也可以几缕合起来使用，4缕相当于绣花线的粗细。波斯纱线也是双股，组成3缕，很容易劈开使用。不管选择什么线，都必须覆盖网格布的织纹。线不能太粗，否则会不易穿过网格布。线的长度大约为45厘米，可防止起毛纠结。

1 绒线或波斯纱线可混合几缕使用，可组合出无穷无尽的色彩，能够更深刻地表现图案内容。当然用纯色线组成带状也有很好的效果，绣五光十色的海峡群岛风景尤其惊艳。

2 混合线的颜色时，从线束剪下相同长度的线段，分股。

3 将两种颜色反差大的或色彩接近的线穿入针中，和平常一样刺绣。织孔较大的网格布上，可用4缕线。如果4缕线颜色都不一样，定能产生令人意想不到的效果。

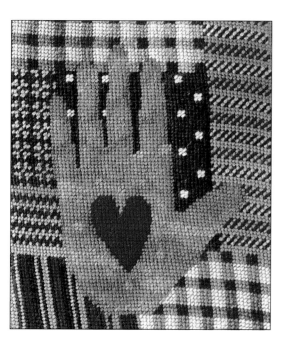

左图：灵感来自磨损厉害的棉印花布的图案，有拼布效果的手掌和红心图形。奇妙的褪色效果用颜色相近的波斯纱线完成。

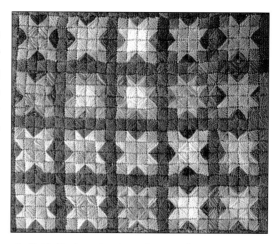

这款简单的几何图形是用锯齿星状压绣图案，由2缕绒线绣在小网格布上而成。线色的改变使图案显得生动热烈。

起针和收针

Starting and Finishing

绒线绣之所以受到普遍喜爱，是因为操作只需要一些简单的用品，不需要学习特别的技法，而且制作快捷。但是起针和收针必须正确，线要保持均匀的松紧度。这些需要更熟练，因此必须在废布上练习几针。

1 备布 网格布边应该用遮蔽胶带粘住，避免边缘脱线或钩挂纱线。如果不用绣架，大件作品的边可以卷起来，只露出正在绣的部位。

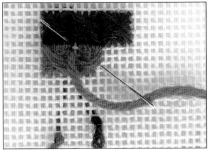

2 起针 线头不应像刺绣那样简单地在反面打个结并把线拉到正面，因为线结很容易松散开，或者被拉到正面。应该从正面离出针处一定距离的地方入针，再从正面出针，在线头被绣住以后，再剪掉线结。

3 收针 在反面收针时，把针穿到反面，从绣过的针脚下穿过大约 2.5 厘米，再剪断线头。起针和收针尽量不要在同一位置，以免破坏作品的平整。

整形

大多数绒线绣针脚都是斜向的，所以网格布的方形织纹容易被拉变形。如果用绣架情况会好些，但有些扭曲好像不可避免。完成的作品可用蒸汽熨斗从反面轻轻熨烫，有些还需要"塑形"，以恢复它应有的形状。

1 用喷壶把作品的正反面都喷湿。

2 网格布下垫一块塑料板，先用图钉钉上一个角，拉紧作品，再钉相对的一角。作品形状抻好后，再钉上另外的两个角。

3 在空白处钉更多的图钉，用尺子或三角板确定每个角都是直角。远离直接热源，晾干。

斜向平针绣
Tent Stitch

斜向平针绣有时也叫小斜针，是绒线绣针法中最灵活的一种。它结构平整，既能用来填充大块颜色，也能绣出细微之处，还能产生明暗相间的渐变效果。针脚是斜向的，方向全都一致。针脚的形成有3种方法：半十字针绣、大陆绣和方平针绣。

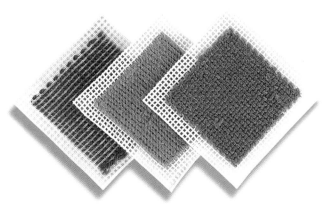

上图：这些网格布的反面显示出3种斜向平针绣的不同之处，从左至右分别是：半十字针绣、大陆绣和方平针绣。

半十字针绣（Half Cross Stitch）

半十字针绣必须绣缝在双纱或交织网格布上，针脚才能成形。它与大陆绣从正面看差别不大，但绣法不一样。两种针法用于同一作品上时，会产生不规则的表面。

1 从左上方开始，从左向右成行地绣。从正面出针，向右上跨1个交叉点入针，反面向下过一根平行织线出针。继续绣下一针。

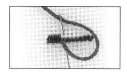

2 将网格布颠倒过来，以同样方式绣出第2行。

脊状斜向平针绣
（Trammed Tent Stitch）

同样是绣在双纱网格布上，但下面加了一条条横线，表面形成稍稍凸出的脊状，非常有弹性，传统上常用于绣凳子垫或椅子垫。

左图：这样的靠垫套耐磨损，图案通常用斜向平针绣完成。

大陆绣（Continental Stitch）

这种可用于单纱网格布，但用线比半十字针绣稍多。

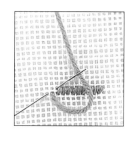

1 从右上方开始，正面出针，向右上跨1个交叉点入针，反面向下过2根平行织线出针。重复此步骤完成第1行。

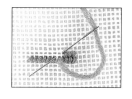

2 将网格布颠倒过来，以同样方式一行行绣出。

方平针绣（Basketweave Stitch）

这种方平针绣绣得比较结实，网格布不像平针绣那样容易变形，但用线较多。

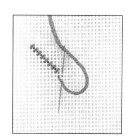

1 第1列从左向右绣，从正面出针，向右上跨1个交叉点入针，反面过2根平行织线出针，返回正面。

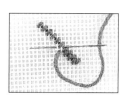

2 第2列向上拐回，从右向左绣，针脚绣进第1列留下的空间。

斜针绣

Diagonal Stitches

多年来，绒线绣发展出了许多不同的针法，有人编纂了完整的针法词典去解释说明它们。这些针法大致可以分为几类：斜针绣、直线绣、方形绣以及不同的十字绣和星点绣。斜针绣常用于绣制背景或填充图案，用于覆盖大片区域非常理想；它可以用同一种颜色，绣出织锦一般的平滑表面，也可用不同颜色绣出条纹，产生更加鲜明的效果。但这种针法容易拉扯网格布，使完成的作品歪扭。

拜占庭绣（Byzantine Stitch）

由一行行斜行Z形针组成，绣在网格布上的2个、3个或4个交叉点上，阶梯状的尺寸可以改变，但是要一致。

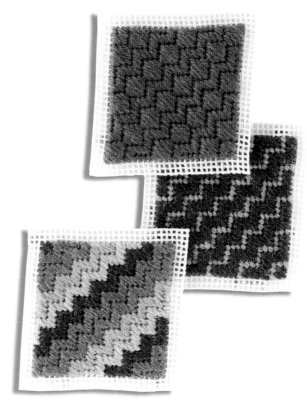

从上至下：摩尔绣、雅卡尔绣和拜占庭绣

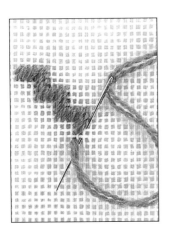

从左向右绣出4个横跨两个交叉点的斜向平针绣，然后从上向下绣4针。重复此步骤形成之字状。随后每列与此列平行绣出，以阶梯式斜针绣填补所有的空间。

雅卡尔绣（Jacquard Stitch）

由两列Z形针重复而成。第1列阶梯由拜占庭绣跨两个网格交叉点，随后是1列斜向平针绣。

如前所述绣出第1列阶梯式针脚。第2列斜针绣跨1个网格交叉点，先横着绣，再向下绣。

摩尔绣（Moorish Stitch）

这个是方块与Z形针相结合。如果用两种颜色绣摩尔绣，会产生几何形状般的效果。

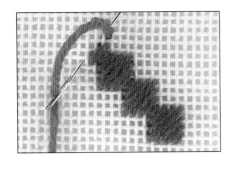

1 第1列依次由先跨1个、2个、3个、4个，再3个、2个、1个交叉点的斜针绣方块组成。

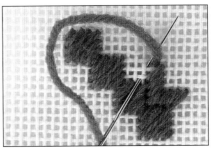

2 紧贴第1列，绣1列跨2个交叉点的阶梯式针脚。两列重复进行。

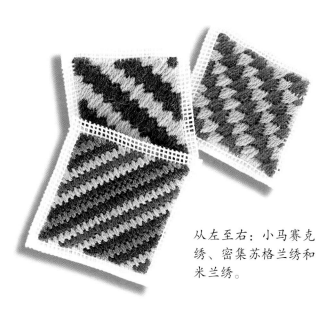

从左至右：小马赛克绣、密集苏格兰绣和米兰绣。

小马赛克绣（Small Diagonal Mosaic Stitch）

也叫巴黎绣，由跨 1 个交叉点的斜向平针绣和跨 2 个交叉点的长一点的斜针绣组成，沿着网格布斜列绣出。第 2 列紧贴第 1 列，可以从右向左绣，也可以从左向右绣。

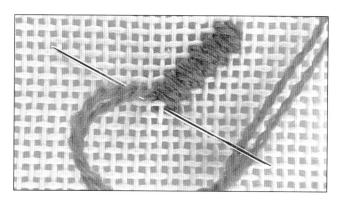

米兰绣（Milanese Stitch）

由一个个三角形斜向排列而成，用两种颜色最能突出效果。

密集苏格兰绣（Condensed Scottish Stitch）

很像相互交织的菱形平行绣，但斜向效果非常突出。

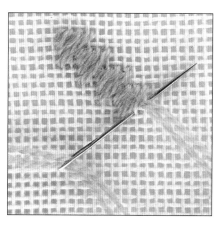

1 三角形由跨 1 个、2 个、3 个、4 个交叉点的斜针绣组成。可重复绣出其他三角形。

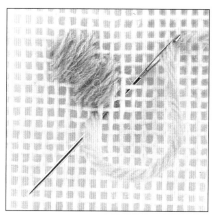

1 每组阶梯依次由跨 2 个、3 个、4 个、3 个交叉点的斜针绣组成，斜向重复这一步骤。

2 第 2 列刚好相反，最短的斜针与第 1 列最长的斜针相接。

2 第 2 列以同样顺序绣出，两列相互交织，最短的针脚紧贴另一列最长的针脚。

方形绣
Square Stitches

方形绣包括斜向绣、竖直绣和平行绣等针法，可产生由方块组成的棋盘效果。如用两种以上的颜色，会产生更有趣的图案效果。

小方垫绣（Small Cushion / Pillow Stitch）

也叫马赛克绣，如用一种颜色，如样图所示，可产生整体感。几种颜色混用，产生的效果大不相同。

从左至右：方垫绣、小方垫绣和苏格兰绣

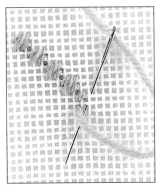 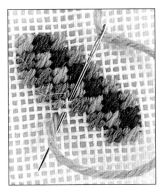

1 从左上方开始，斜着向下先跨 1 个、再跨 2 个交叉点绣斜针绣。

2 以后每列从下向上，再往返向下来回绣，每一列紧贴前一列绣出。

苏格兰绣（Scottish Stitch）

能绣出彩格效果，使人想起苏格兰服装的格子图案。如用颜色反差大的线，效果会更加突出。

方垫绣（Cushion/Pillow Stitch）

方垫绣的针脚可以全部朝一个方向，也可以针脚相反，这样可使网格布的松紧度更均匀。

1 一个方垫由 7 针组成，分别跨 1 个、2 个、3 个、4 个、3 个、2 个、1 个交叉点，斜向进行。如用两种颜色，要在方垫之间留 4 根织线的空间。

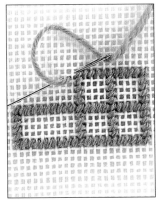 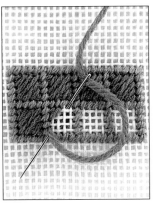

1 用斜向平针绣绣出平行和竖直的格框，中间留三四根织线的空间。

2 空白处填入独立的方垫绣。

2 用第 2 种颜色斜向填充留下的空间。

格子绣 (Chequer/Checker Stitch)

以斜向平针绣组成的小方块与阶梯状方块交替排列,富有情趣,尤其是使用两种颜色时。

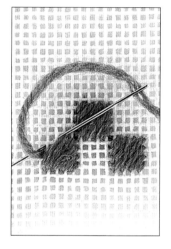 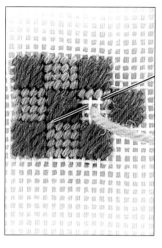

1 绣出跨 4 根织线的方垫。

2 用第 2 种线以 4 行、4 针的斜向平针绣填充空间。

织绣 (Woven Stitch)

织绣可产生有趣的方平针绣效果,好像是相互交错织在一起的样子,也可以只用一种颜色。

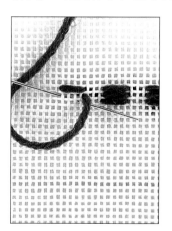 

1 从右向左绣。跨过 4 根织线绣 3 个平行直线绣,成为 1 组,中间留三四根织线的空间。接着绣第 2 行,每一组紧贴上一行的空白处。

2 用另一种颜色填充空白处。从右上方开始,跨 4 根织线绣纵向直线绣,每一组的第 1 针和最后 1 针叠压在第 1 行的平行针上。

布赖顿绣 (Brighton Stitch)

布赖顿绣要绣出一组组方向相反的斜针绣,组成菱形,中间的小空间填入竖直十字绣。

1 从左向右绣,由 5 针 1 组的斜针绣组成。先绣出第 1 组,第 2 组针脚朝相反方向倾斜。第 2 行每一组斜针的方向也与上一行相反。

2 在留下的空间内跨 2 根织线绣 1 个竖直十字,可用同样颜色,也可用有色差的线。

从左至右:织绣、布赖顿绣和格子绣

十字绣
Crossed Stitches

这 里介绍的是最基础的十字绣针法，由两条直线交叉而成。其他种类的十字绣可以与竖直绣或平行绣结合，由2针或4针1组重复绣出。十字绣的顺序一定要相同，上面一针的方向要一致。

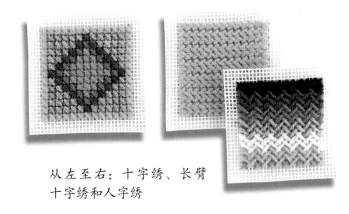

从左至右：十字绣、长臂十字绣和人字绣

十字绣（Cross Stitch）

可以一个一个地绣，也可以成行地绣，用以覆盖较大区域。绣跨一个交叉点的小十字绣时，应该用双纱或交织网格布。

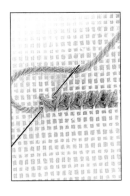

1 单独绣的十字绣先从右向左，再从左向右。针从正面出来，向左上跨2个交叉点入针，反面向下过2根织线，针回到正面。第2针交叉在第1针之上，针回到下一针的起针点。

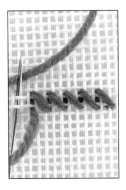

2 成排的十字绣要来回2次完成，下边的一针从右向左绣。针从正面出来，向左上跨2个交叉点入针，反面向下过2根平行织线，针回到正面。重复同样步骤。

3 上面的一针从左向右，方法一样，只是斜针方向相反，交叉在第1行针脚上。

长臂十字绣（Long Arm Cross Stitch）

长臂十字绣也叫希腊绣，由于交叉点偏离中心，会产生辫状效果。这种形状可以单独做图案饰边，也可以成行地覆盖整个区域。

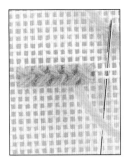

从左向右绣。针从正面出来，向右穿过4根织线、向上穿过2根织线入针，形成1个较长的斜针脚。反面向下穿过2根平行织线出针，向左上跨2个交叉点入针，反面向下穿过2根平行织线出针。重复同样步骤。

人字绣（Herringbone Stitch）

人字绣能产生密织的效果，如用不同的颜色组成条纹状，效果尤其突出。

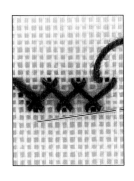

1 从左上方开始向右绣。从正面出针，斜着向右下跨4个交叉点入针，反面向左过2根织线出针，然后向右上跨4个交叉点入针，反面向左过2根竖织线出针。重复同样步骤。

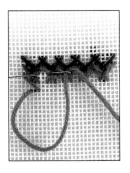

2 随后的每一行都从低于上一行第1针2根织线的地方开始，绣的方法与第1行相同，行与行相互交织。

长方形十字绣（Oblong Stitch Variation）

由成排的较长针脚组成，长针脚用小回针绣固定到位。

双十字绣（Double Straight Cross Stitch）

这个凸起的菱形由4针（即2个十字绣针）组成。每一组针分别绣出，但顺序必须一样，才能显得整齐一致。

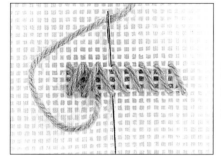

1 基本针法和十字绣并无不同，只是针迹要跨4根平行织线和2根竖直织线形成。

1 正面出针，过4根平行织线入针，反面过2个交叉点出针，过4根竖直织线入针，形成1个大十字。从左上方两针之间的空格出针。

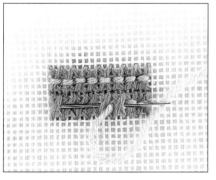

2 在两条竖线中间绣1条回针绣，可用颜色相配的线，也可用颜色有反差的线。

2 针向下过2个交叉点入针，反面向左过2根竖直织线出针，然后向右上方跨2个交叉点入针，绣出第2个十字。

稻米绣（Rice Stitch）

这种完全覆盖网格布的针法非常美观、迷人，每一组包括1个十字绣和固定十字绣每个角的粒状回针绣。

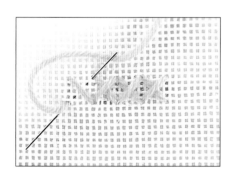

1 绣出一行行跨4个交叉点的大十字绣。

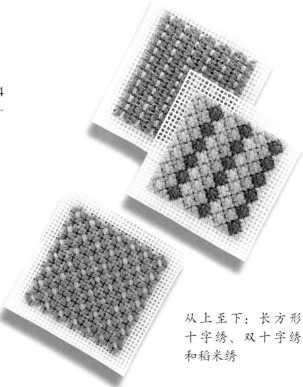

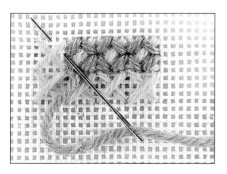

2 用颜色有反差的线在每个十字上绣4针回针绣，形成一个菱形。

从上至下：长方形十字绣、双十字绣和稻米绣

星点绣

Star Stitches

星点绣由斜向和竖直两个方向组成鲜明独特的形状,若精心搭配颜色成行绣出,效果尤其突出。星点绣一般用来组成特定的形状和图案,不常用来填充背景或大片区域。

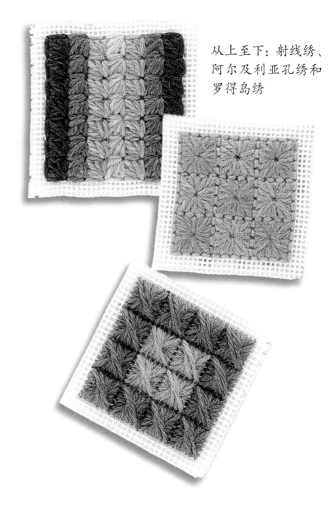

从上至下:射线绣、阿尔及利亚孔绣和罗得岛绣

阿尔及利亚孔绣 (Algerian Eye Stitch)

它由中心点辐射出的 16 针组成,应该用稍粗的线松松地绣出,完全覆盖住网格布。

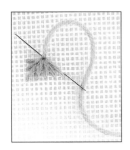

1 每一针都绣在 4 根织线上。从中心出针,向左过 4 根织线入针,再回到原出针点。向下以 2 根织线、向左以 4 根织线绣第 2 针,第 3 针向左跨 4 个交叉点入针,第 4 针跨 4 根平行织线、2 根竖直织线入针。就这样逆时针方向继续,直到覆盖整个方块。

2 其他孔针可以与第 1 个平行,也可以垂直绣出。围绕完成的方块,用回针绣跨 2 根织线绣一圈。

射线绣 (Ray Stitch)

它也叫扇形绣,由 5 针组成,很像阿尔及利亚孔绣的一个角。每一行针脚方向相反,更显得生动活泼。

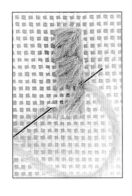

从正面出针,向下跨 4 根织线入针,回到原出针点。向下以 4 根织线、向左以 2 根织线绣第 2 针,第 3 针向左下跨 4 个交叉点,第 4 针向上数 2 根织线绣出,过 4 根织线回到原处,最后 1 针与第 1 针形成直角。

罗得岛绣 (Rhodes Stitch)

常常绣于单纱网格布上,产生凹凸的表面,非常有质感。所有针脚都朝一个方向,看起来整齐有序。

1 从正面出针,向右以 6 根、向下以 4 根织线入针。从紧挨出针点下边的孔出针,再从第 1 针针尾上边的孔出针。

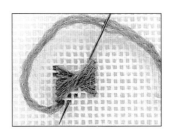

2 就这样逆时针方向继续,直到覆盖整个 6 根织线的方块。

直线绣

Straight Stitches

直线绣与网格布的织纹平行，常常绣于单纱网格布上，完全覆盖织线。最富有情趣的是佛罗伦萨绣或叫火焰绣，常用在 17 世纪的锯齿形针作品中。这种传统技法广受喜爱，尤其是在意大利，通常用精致的之字针成行地绣出。基本针法中还发展出了许多变化。

Z 形绣（Chevron Stitch）

形成鲜明的平行 Z 形图案，缝在 3~5 根织线上，Z 形的宽窄也随之不同。

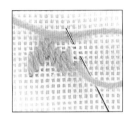

1 从左向右缝，跨 4 根织线绣出 4 个直针脚，每一针都向上升一个孔。下面的 3 针每针向下降一个孔。以同样步骤继续，完成第 1 行。

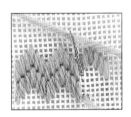

2 以同样方式绣第 2 行，Z 形整齐地贴在一起。

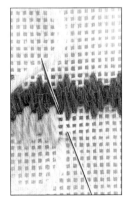

匈牙利菱形绣（Hungarian Diamond Stitch）

它是很好的填充用针，可用同一种颜色绣出，针脚长度也可以变化。依次垂直跨 2 根、4 根、6 根和 4 根平行织线绣出菱形。重复操作完成第 1 行。以同样方式绣第 2 行，最长的针脚与前一行最短的针脚相接。

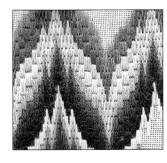

佛罗伦萨绣（Florentine Stitch）

这种针法绣得非常快，第 1 行绣出之后，以后的每行只要重复相同的尖峰和谷底即可。可以用同一色系的线，作品能够产生古董般的感觉。

哥白林竖直绣（Upright Gobelin Stitch）

它很像手缝织锦突起的表面，名字来源于巴黎哥白林家族工厂生产的作品。

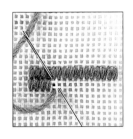

先从右向左绣，再从左向右绣。正面出针，向下跨 2 根、3 根或 4 根平行织线入针，针返回上面绣下一针。

哥白林交织绣（Gobelin Filling Stitch）

它可以产生微妙的渐变效果，针脚长度可以变化，交织的各行表面平滑。

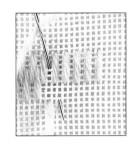

跨 6 根平行织线绣一行竖直绣，针与针之间留一个孔的位置。第 2 行从针之间开始，比第 1 行低 3 根线的位置。

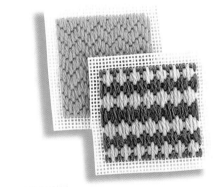

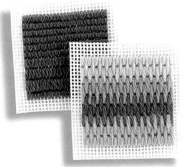

从上边开始顺时针方向：Z 形绣、匈牙利菱形绣、哥白林竖直绣和哥白林交织绣。

作品
Projects

首饰盒
Jewellery Box

首饰盒用柔和的天然土黄色线绣出，设计精妙，色彩变幻，是古老织品的典型色彩。这里介绍了图案的简单形状，实际操作中可以任意选择线的颜色，混合在一起能产生独特的效果。盒盖使用的塑料网格布可以剪成任何大小，硬实不易变形，非常适合制作立体物品。

材料

- 12.5 厘米 ×20 厘米塑料网格布
- 防水毡头笔
- 各种颜色的绣花线
- 刺绣针
- 36 厘米 ×90 厘米黑色自粘不织布
- 30 厘米见方的结实硬纸板
- 钢尺
- 切割垫
- 美工刀

1 用塑料网格布剪出盒盖形状：1块12.5厘米见方的做盒盖面，4块2厘米 × 12.5厘米的长方形做盒盖边。放大图样，然后用防水笔描到塑料网格布上。混合两种颜色的线，用斜向平针绣绣出图案。

2 盒盖的 4 个折边以同样方式绣出。针上穿上两种不同颜色的线，将盒盖边的长边用卷针缝缝到方形盒盖面上，短边也缝到一起，盒盖成形。

3 在塑料网格布的毛边卷针缝一圈，使之整齐美观。剪 1 块 18 厘米见方的黑色自粘不织布，做盒盖衬里。角部剪口，使其服帖，然后撕去底纸粘贴到位，必要时要修剪底边。

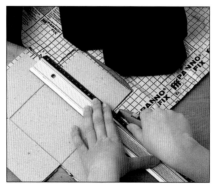

4 做盒子时，在硬纸板中心标出边长 11.5 厘米的正方形，再沿每个边量出 9 厘米 ×11.5 厘米的长方形。剪去四个角，沿着折线划折痕。

5 以这个形状做基准，剪出 2 块黑色自粘不织布，分别做盒子的内衬和表布。四个侧边都留有小贴片，顶边还有 12 毫米的折边。

6 沿着划痕线折起硬纸板，用不织布包上外边，小贴片固定角部，顶边折起。将另一块不织布衬到盒子里面。

单星靠垫
Lone-Star Cushion(Pillow)

这个绒线绣靠垫是20世纪30年代基督教阿曼门诺派（Amish）拼布床罩图案的翻版，表现了他们对色彩的娴熟运用。图案从中心一圈圈向外辐射，柔和的亮色与暗色交互作用，造成强烈的视觉冲击。图案斜向绣出，好像是加了垫层，显示了原来床罩的压绣图案。

材料

- 41 厘米见方的 12 支单纱网格布
- 遮蔽胶带、刺绣针、棉线
- 绣架（可选用）
- 各种绣线：浅紫色、深桃红色、靛蓝色、橘黄色、深红色和深金黄色各 1 束，浅蓝色 2 束，深蓝色 6 束，深紫色 6 束
- 相配的天鹅绒或条绒做靠垫背面
- 30 厘米见方的靠垫芯

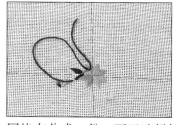

1 用遮蔽胶带固定网格布四周，防止脱线。网格布先横着再竖着对折找出中心。用有颜色反差的线疏缝出两条线，把网格布分成 4 份。可以选择把网格布绷到绣架上。以疏缝线做基准，用浅紫色线跨 4 根织线斜向绣出中心的星形。按照图表，第 2 圈用深紫色线绣出。

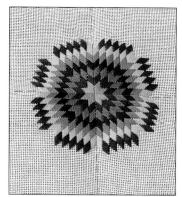

2 接下来的 4 圈分别用深桃红色、靛蓝色、深蓝色和浅蓝色线绣出。接着绣一圈深紫色，这时要分组绣星形的尖端，线头都留在反面。

3 以图片为准，绣出星形的尖端，注意颜色的变化。背景用深蓝色线以斜针绣填充。

4 绣 3 圈深紫色斜针绣做边，针脚方向要与前边一致。完成的作品要整理好形状，然后剪出 33 厘米见方的背面布料，与作品正面相对，三边缝合。

翻到正面，塞入靠垫芯，藏针缝缝合最后的一条边。

九星靠垫

Nine-Star Cushion (Pillow)

九星图案是单星压绣图案的变形。主要部分由 9 个八角星组成，分 3 行 3 列布局，由此产生的方形和菱形配图也很有特色。九星用同色系的酒红色、红褐色和粉色线斜针绣，乳白色背景用有质感的方垫绣填充。

材料

- 41 厘米见方的 12 支单纱网格布
- 遮蔽胶带、棉线、刺绣针
- 绣架
- 绣线：乳白色 8 束，浅黄色和浅金黄色各 1 束，浅粉色、红褐色和酒红色各 2 束，深粉色和深金黄色各 3 束
- 相配的布做背面
- 30 厘米见方的靠垫心

1 网格布四周用遮蔽胶带固定，防止脱线。用颜色有反差的线绣 2 条平针线迹，标出中心位置后。可以选择用绣架。找准中心星的位置后，按照图表，用浅黄色线跨 3 根织线斜针绣绣出中心，接着的两圈用浅金黄色和浅粉色线绣出。

2 下一圈用深粉色线绣出。然后按照图片，绣出菱形的尖头。找准围绕中心星的 4 个星的位置绣出紧贴中心星的菱形。

3 以同样方式绣出四角的星，背景用乳白色线以方垫绣填充正方形。绣出其余的 8 个菱形，最后沿四周绣一圈方垫绣。完成的作品整理好形状，剪出同样大小的背面，正面相对，三边缝合。翻到正面，塞入靠垫芯，以藏针缝缝合最后一条边。

73

红心图

Heart Picture

心形永远是爱情与温情的象征，频繁出现在各种文化的应用艺术中。在这幅鲜活的斜向平针绣作品中，主要的心形图案重复6次。这种格式是受安迪·沃霍尔（Andy Warhol）流行艺术丝网印刷品的影响。鲜亮的颜色用色彩强烈的波斯纱线混合而成。

1 开始之前，先选配好颜色。方形背景可选择相衬的色彩，如浅蓝色和浅紫色等；也可以选择反衬的色彩，如黄绿色和鲜绿色，视觉冲击力更强。

2 波斯纱线分股混合，每次用2股，用斜向平针绣绣出心形图案。

3 心形中的颜色可以变换，最后1个心形中就用了2种不同的粉色。塑料网格布由于不会变形扭曲，有很大优势，特别适合制作装框的作品。最后用锋利的绣花剪修剪作品后，装入框中。

材料

◆ 各种粉色、红色、蓝色、绿色波斯纱线
◆ 刺绣针
◆ 11.5 厘米 ×15 厘米 10 支塑料网格布
◆ 7.5 厘米 ×11.5 厘米画框
◆ 绣花剪

圆盘星

Circular Star

塑料网格布不仅有各种规格的方形，也有大小不同的圆形，为试着制作圆形类的几何图案提供了巨大的空间。星状和雪片图案自然而然的运用，为圣诞节增添了独特的装饰品。这件作品规格小，正是使用少量剩余绣线的好机会。图片可以作为指导。

材料

◆ 直径 7.5 厘米的圆形塑料网格布
◆ 防水毡头笔（可选用）
◆ 刺绣针
◆ 各种颜色的刺绣线
◆ 小片自粘不织布
◆ 30 厘米长的缎带

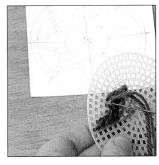
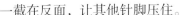

1 复印星状图样，或用防水毡头笔将其直接描画到塑料网格布上。针上穿上两种不同颜色的绣线，使图案产生斑纹状的效果。一次绣图案的1/4，从中心向外绣。线头不要打结固定，而是留一截在反面，让其他针脚压住。

2 用上图作为配色指导，边缘用卷针缝缝1圈结束。

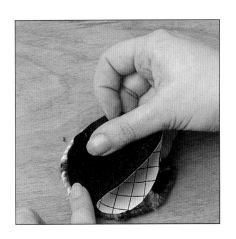

3 将自粘不织布剪成直径7.5 厘米的圆形，撕去保护纸，粘到作品的反面，盖住线头。

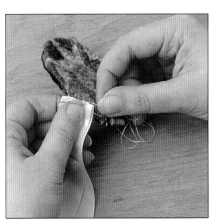

4 将缎带对折，缝到圆盘边缘，两头系在一起，修剪成形。

杯碟图

Cup and Saucer

好一幅熟悉温馨的家居图景，花瓷茶杯和茶碟被捕捉到这幅绒绣图案中。主要部分用斜向平针绣绣出，四周用方垫绣饰边。背景由同色彩的 2 种颜色组成，从深到浅分出层次。画框形状独特，被称为牛津画框，为完成的图画增添了一缕田园风貌和魅力。

材料

- 20 厘米 ×25 厘米 12 支单纱网格布
- 防水毡头笔
- 刺绣针
- 深橄榄绿、浅橄榄绿、深红褐色、浅红褐色、深粉色、浅粉色、浅金黄色、灰色、深蓝色和乳白色波斯纱线各 1 束

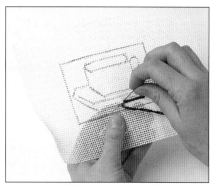

1 用细头防水毡头笔把杯碟图样直接描画到网格布上，用深蓝色线以斜向平针绣绣出轮廓线，再绣一条灰色线作为投下的阴影。

2 用粉色线绣出杯边和花朵，橄榄绿和灰色线绣出叶子，花朵中心用金黄色线，杯子用乳白色线绣出。用 2 种红褐色线以斜向平针绣填充杯碟的长方形背景。

3 用 3 圈跨 4 根织线的方垫绣绣出边缘，最后 1 圈用橄榄绿色线绣。整理好形状，将多余的网格布折到反面，熨烫平整。

太阳针插
Sun Pincushion

光芒四射的太阳象征着生命和能量，是一个永恒的绘画主题。像心形图一样，各种各样的太阳装饰图案遍布世界各地。这个版本依据的是文艺复兴时期的一份手稿，由3种浓郁的金黄色波斯纱线绣出，用有对比的蓝色做背景。图案用斜向平针绣表现，完成的图案由3圈长臂十字绣做饰边。

材料

- 20 厘米见方的 10 支双纱网格布
- 遮蔽胶带、疏缝线
- 防水毡头笔、刺绣针
- 浅黄色、深金黄色、金红色、蓝色、棕色和白色波斯纱线各 1 束
- 相配的棉线
- 41 厘米 ×90 厘米铺棉
- 珠针、相配的背面布料

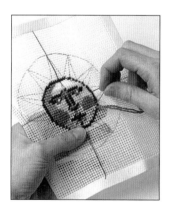

1 遮蔽胶带固定网格布边缘，防止脱线。缝两条疏缝线标出中心位置，描画或直接把图案画到网格布上。从头至尾都用两股线绣，先用棕色线绣出脸部轮廓，再参照图片选配颜色绣出脸颊、眼睛、鼻子和嘴部细节。

2 用蓝色线填充脸部周围的圆形，光芒用浅黄色和金红色线绣出，用白色线完成方形的填充。边框绣 3 圈长臂十字绣，依次用浅黄色、深金黄色和金红色线绣出。整理好作品形状。

3 剪出填充针插的铺棉：2 片 15 厘米见方，4 片 12.5 厘米见方，3 片 10 厘米见方。按图示叠在一起，先用珠针固定，再缝到一起。

4 将背面布料剪成 18 厘米见方，与作品正面相对，先用珠针固定，再把三面缝合。最后一个边折起 12 毫米的缝份，翻到正面，塞入铺棉，以藏针缝缝合边缘。

胸针插垫
Brooch Cushion (Pillow)

梳妆台上的化妆品和小饰品虽然琳琅满目，但这个胸针插垫仍然十分引人注目，可用来展示自己最喜爱的首饰。插垫专门选择了荷叶边，与布料的蓝色波纹图案相配。也可以选用其他色系，与房间的装饰协调搭配。

材料

- ◆ 25 厘米见方的 12 支单纱网格布
- ◆ 遮蔽胶带、疏缝线
- ◆ 白色、浅蓝色、蓝色绣线各 2 束深蓝色和靛蓝色绣线各 1 束
- ◆ 50 厘米×75 厘米的铺棉、刺绣针、珠针
- ◆ 相配的棉线
- ◆ 20 厘米见方的背面印花布
- ◆ 20厘米×122厘米的荷叶边印花布
- ◆ 缝纫机

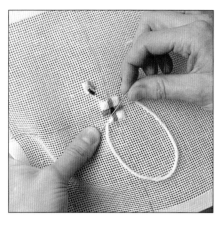

1 用遮蔽胶带固定网格布边缘，防止脱线。缝两条有颜色反差的疏缝线，标出中心位置。格子图案自始至终用斜针绣绣出。从网格布中心开始，用靛蓝色线跨2根织线绣1个小方块。小方块的四边各绣一条蓝色窄条，用白色方块填充角部。

2 继续按照图表绣出方格形状，直到尺寸达到14.5厘米见方。所有针脚都应朝同一方向。完成的作品会有扭曲，整理使之保持方块形状。

3 将铺棉剪成4块16.5厘米见方、4块14厘米见方和4块11.5厘米见方，按图示小块在中间夹好叠在一起。用珠针固定四周，再缝到一起，剪去多余的部分。剪一块16.5厘米见方的背面布料，与作品正面相对，三面缝合，要紧贴绒线绣图案缝。剪去角部，翻到正面，熨烫平整。塞入铺棉，以藏针缝缝合边缘。

4 荷叶边布料的两个短边用回针缝接在一起，两个长边各缝一个窄边，要折两次，将毛边包在里面。

5 一条长边用结实的线缩缝。将布条折成相等的4份，标出位置，然后用珠针固定到插垫的四个边上。

6 抽拉缩褶线，将褶皱整理均匀，角部的褶皱要丰富。从正面用整齐的小针脚把荷叶边缝到插垫上。

针包和剪刀套

Needle Book and Scissor Case

对于每一个经常缝纫的人来说，针包都是必不可少的。这种常青叶针包再加上相配的剪刀套，确实是一份不错的馈赠礼品。针包和剪刀套都用细绳镶边，剪刀套还缝有带子，工作时放在手边，使用非常方便。对称的深绿色常青叶在钉线绣绣出的金色线衬托下，更显得鲜明突出。图案的设计随意自然，树叶的布局和叶梗的排列都不必太死板。

针包材料

◆ 尺子、防水毡头笔
◆ 20 厘米 ×25 厘米的 12 支单纱网格布、刺绣针
◆ 叶梗用金属色泽的金黄色绣线
◆ 1 束深绿色绣线和 6 束浅绿色绣线
◆ 相配的棉线
◆ 12.5 厘米 ×18 厘米绿色衬里布
◆ 25 厘米见方的不织布
◆ 70 厘米长的细绳

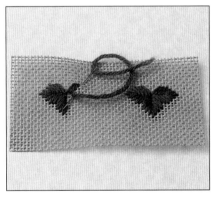

1 用网格布量出 10 厘米 × 15 厘米的长方形，用防水毡头笔描画上图案。用深绿色线以直线绣绣出叶子，背景从右上角开始用浅绿色线以斜向平针绣填充，用双股金黄色线以钉线绣绣出叶梗和卷须。

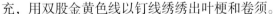

2 作品完成后轻轻熨烫，剪出，四周要各加 12 毫米的缝份，用手指把缝份折向反面。将衬里布剪成与网格布同样大小，熨出 12 毫米宽的缝份，角部斜接整齐。衬里用藏针缝缝到网格布反面，放在一个软垫上从反面熨烫。

3 剪出 4 片不织布，稍小于完成的正面的一半，并缝到针插底片上。

4 沿正面四周以藏针缝缝 1 圈细绳，起针和收针都在顶部正中，细绳头打结系在一起，成为挂环。

1 按照图样，把剪刀套画到网格布上。用深绿色绣线以直线绣绣出叶子，背景用浅绿色绣线以斜向平针绣填充，双股金色绣线用钉线绣绣出叶梗和卷须。图案翻过来，在剪刀套背面绣出相同图案。

剪刀套材料

- 防水毡头笔
- 20 厘米 ×25 厘米的 12 支单纱网格布
- 刺绣针
- 1 束深绿色绣线和 5 束浅绿色绣线
- 叶梗用金属色泽的金色绣线
- 15 厘米 ×20 厘米的衬里布
- 缝纫机
- 相配的机缝棉线
- 细绳

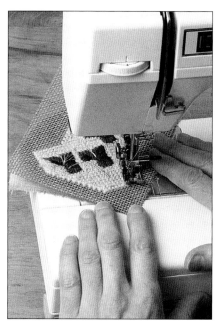

2 剪出一片网格布，四周留边，剪一块同样大小的衬里布，与网格布正面相对，紧贴绣出的图形缝针，留下顶边各 A 点之间的位置不缝。

3 按图示修剪多余的布边，拐角处剪出牙口。修剪顶部不缝的网格布和衬里，将两边多余部分折起熨平。

4 轻轻地翻到正面，角部线条一定要清晰。整理好顶部的折边，把衬里和网格布缝到一起。作品正面朝下放在软垫上，熨烫平整。另一片也用同样方式缝上衬里。

5 前后两片反面相对，以卷针缝把两边缝合，顶部各 A 点之间不缝。用细绳镶边，留 35 厘米长的绳头，从一个 A 点开始缝。沿着袋口以藏针缝缝 1 圈，然后缝一个侧边，绕过底缝另一侧边，将其牢固地缝到另一个 A 点。两根绳头剪成一样长短，打一个结系在一起。

棒针编织

Knitting

还记得你用棒针织成的第一条围巾吗？相信很多人都有这样一个甜蜜的回忆。棒针编织的技巧有很多种，其中的乐趣各不相同。织简单的物件只需要最基本的技巧，但是一旦掌握了最简单的织法，你就可以用不同的毛线，织出不同花色的漂亮作品。

工具和材料

Tools and Materials

对于初学者来说，面对色彩缤纷、粗细不一的毛线，会觉得眼花缭乱无从选择，因此，挑选毛线之前脑子里要有一个成品的样子。所有的织物花样都会推荐毛线的规格、棒针的尺寸以及编织的密度。

棒针

棒针主要分3种：单头棒针、双头棒针和环形针。单头棒针用得最多，直径在2毫米到10毫米不等。细针往往是金属质地，粗针则塑料的比较多，竹针更有弹性，拿着顺手。大的物件和筒形织物多用环形针编织。四个一套的双头棒针也可以用来织小的环形织物，比如袜子或帽子。麻花针的作用是在织物表面织出麻花的形状。

工具和配件

计行器帮助记录已织的行数，记号环可以套在环形针上，标明编织是从哪里开始的。密度尺可以量出针号——这个特别有用，因为棒针的型号过去和现在叫法不同。钩针可以用来找回掉针，缝针则是用来把织成的衣片缝起来，同时把线头处理干净。

毛线

毛线颜色丰富，质地有天然的、合成的，还有混纺的。羊毛线和腈纶线比较实用，穿起来暖和，而且这两种线混合织出来的衣物非常好洗。随着加工工艺的提高，市场上会不断推出新型的毛线。毛线因线股的数量不同而重量不同，有粗线、细线、中粗线之分。一般的团绒毛线都是4股线，3股的毛线是用来织婴儿服的。精致的设得兰蕾丝是用2股羊毛线织的，这种线颜色很自然。棉线的重量也有区别。

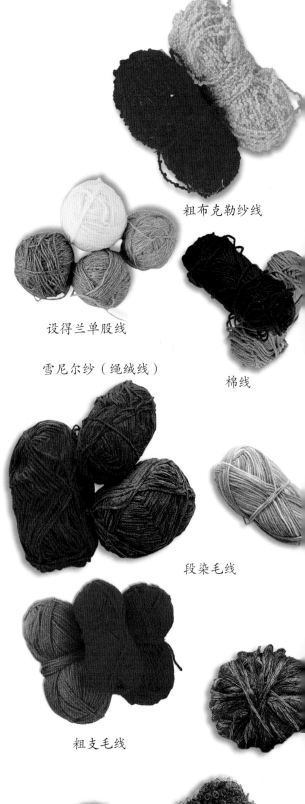

粗布克勒纱线

设得兰单股线

雪尼尔纱（绳绒线）

棉线

段染毛线

粗支毛线

粗腈纶线

花色线

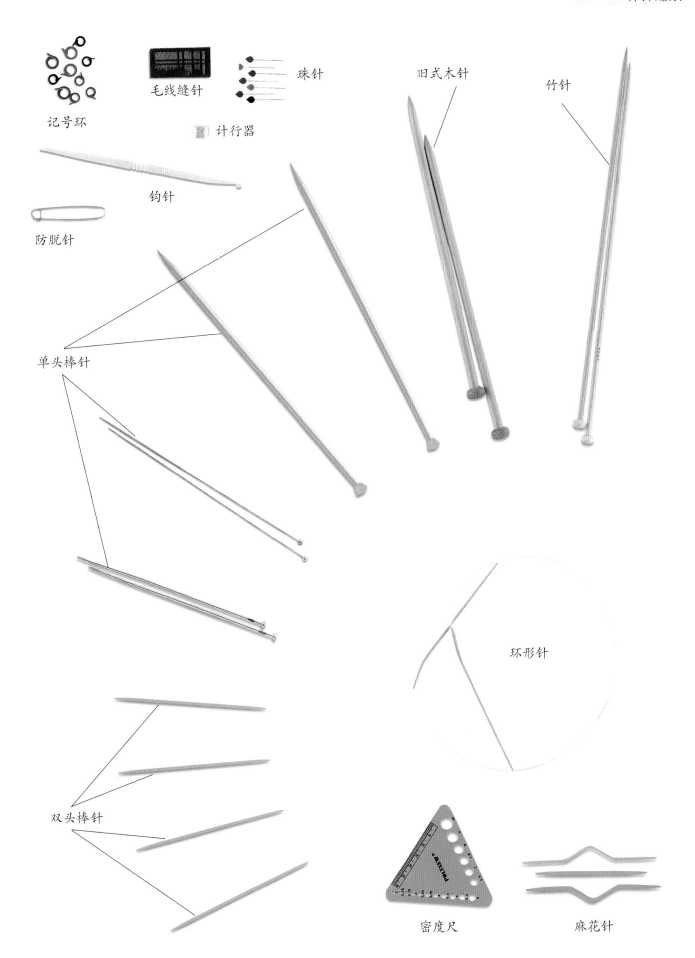

记号环

毛线缝针

珠针

计行器

钩针

防脱针

旧式木针

竹针

单头棒针

环形针

双头棒针

密度尺

麻花针

技艺
Techniques
起针
Casting On

棒针织物是用 2 根棒针来完成的，随着针数的增加织物也在一点点变大。关于持针线的方法并没有固定的规则，世界上不同地区的人们拿针和线的方法不同，而且每个人在实际操作中都会有自己的方法。习惯左手工作的人则需借助镜子把图解反过来看。

这些用漂亮的花色线织的衣片全部是平针完成的

起针

　　棒针编织的起针从一行线圈开始。最常用的有两种起针方法，一种是用单针，另一种是用双针。第一种也叫手指挂线起针法，对初学者来讲最为容易，起的边松紧性大，而且耐穿。不管使用哪种方法，起针的松紧度要适中，不能太紧。

　　两种起针法均是先打一个活结作为第 1 针。

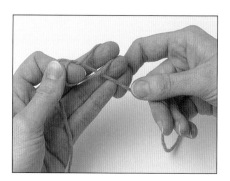

1 打活结，长线绕短线 1 圈。

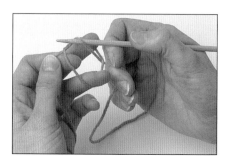

2 用针尖把长线一端从线圈里挑出来。

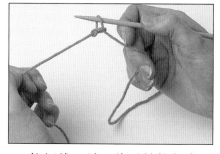

3 拉短线一端，将活结拉紧套在棒针上。

单针起针

1 在线端打个活结，线端预留至少 30 厘米长，外加起针行的长度（每针用线大约 2.5 厘米）。把活结套在棒针上，右手拿针。将短的线端绕在左手手指上并用拇指压紧。

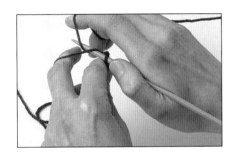

2 右手将针尖穿到左手食指和中指之间的毛线下面，并将长的线端从棒针下面绕上来。

3 将棒针和毛线从紧绷的毛线下面拉出来织成 1 针，拉紧左手中的毛线将新起的针固定在棒针上。

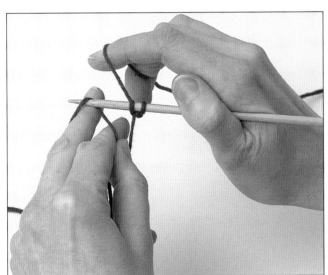

4 重复以上步骤，起完所需针数。

双针起针

1 线端留出 30 厘米的长度，在此处打个活结，套在左手棒针上。右手棒针从前向后穿进线圈。右手执线，毛线从中指和无名指下面经过缠在小指上以控制毛线的松紧。

2 右手食指将毛线自下而上绕到棒针上面（挂线）。

3 新的线圈织成，用右针针尖将线圈从活结里挑出来。

4 将新线圈穿到左手棒针上，挨着活结。

5 将右手棒针从前面穿进新线圈，毛线从下往上绕到针尖上面，重复步骤 2，织出新的线圈。重复以上步骤直到起完所需针数。

下针和上针
Knit and Purl

所有棒针编织的花样都离不开最基本的两种针法——下针和上针。如果是下针编织，线圈留在织物背面，正面非常平坦；如果是上针编织，线圈留在织物正面，使得正面看起来是一行行的凸起。

平针是所有针法里面最简单的一种，平针里面所有的行都是织下针。织物正反面可互换，有弹性，手感好，是织毯子、围巾和毛衣的理想针法。

下针

1 织针拿在右手如拿铅笔状。毛线挂在食指上，压在中指和无名指下面，再轻轻缠在小指上。线的松紧要适中，以能轻松收放为度。右针从前至后穿进左针上第1个线圈。

只用改变毛线颜色即可轻松织出条纹图案。

2 右针针尖现在在左针下方。毛线往前经右针下面绕到上面。

3 右针尖从左针下面拉出1个线圈，此为1针。

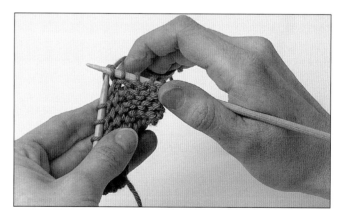

4 将线圈从左针挑到右针上。重复以上步骤织完1行，将衣片放在左手上开始织下一行。

正针编织（Stocking Stitch）

这是织衣物最常用的针法。顾名思义，是一行下针、一行上针不翻面交替编织，织出来的衣物正面非常平滑。

反针编织（Reverse Stocking）

从正面看，所有针目均为上针。不翻面编织时，下针与上针逐行交替编织，看起来像是细密的平针织法，用于对比色图案的编织，尤其是渔夫毛衣的编织。

上针

1 将毛线从右针下面拉到前面。

2 右针针尖自右向左穿进左针上的线圈里。

3 毛线自上而下、自右向左经两针交叉处绕至右针前面。

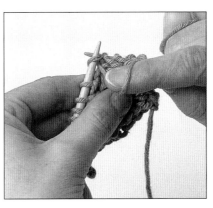

4 右针针尖向下、向后绕到左针下面，将新织的线圈挂在右针上。照此织完此行。

看图编织

Following a Pattern

初看图解，会把它当成是一串复杂的密码，但其实图解的标注是相当简明、清晰的。人们在编织过程中，每一行都可参考一系列规范的缩略语和符号。本书中用到的缩略语和符号表示如下：

仔细阅读图解，开始编织前请务必了解其操作指南。为了达到最好的编织效果，请使用规定的毛线。色差意味着颜色的不同，所以要仔细阅读毛线团上的商标，保证颜色一致。

缩略语

beg	开始
c	麻花
cont	继续
dec	减针
foll	如下
inc	加针
K	下针
K2tog	左下 2 针并 1 针
K2tog tbl	左下 2 针并 1 针 扭针
m1	加针
patt(pat)	花样
P	上针
P2tog	上针 2 针并 1 针
psso	用滑针盖住空针
RS	正面
rep	重复
sl st	滑针
sts	针数
tog	并针
WS	背面
yrn(yo)	针上挂线
yfwd(yf)	挂针
( )	重复括号内所述针法
*	重复 * 号后面所述针法

定位珠针和尺子可以用来测量针数

编织密度

棒针编织一定要保证合适的密度。不但要针数均匀，而且还要符合图解中的尺寸要求。编织密度决定针数的多少，进而决定织物的尺寸，所以密度一定要合适。测量密度之前可以先用规定的毛线和棒针织出来一个样片。大多数图解都规定好了毛线的规格，可以借此估算一下成品的尺寸。如果要换线，更需要首先检查一下织片的密度。图解会规定针数，织好规定的行数之后，织物的尺寸需和要求的一致。

先织一个至少边长 10 厘米的正方形样片，自然摊开并固定在一个平面上，量出规定的宽度并做出记号，仔细数出这个范围内所有的针数，然后数出行数。如果针数过多，织得太紧，就要改用大一号的棒针；如果针数不够，织得太松，就要改用小一号的棒针。不断变换棒针的型号，直到织出的样片的大小符合给定的尺寸为止。如不符合，成品的尺寸就会有误，还要费时费工重新修改。

图案展示

Knitting Gallery

　　一个想象力丰富的编织者可以织出花样繁多的图案。不同的图案适合不同的趣味，同时需要不同的技巧来完成。专业设计师还会设计出很多配套的元素使时装更加时尚漂亮。但即使是式样最普通的毛衣，如果配以绣花珠饰，也会让毛衣增色不少。希望这里提供的图案能给你带来创作灵感。

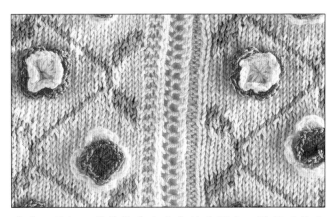

纯手工编织，装饰粉色和黄色钩花图案，增强了格子图案的效果。

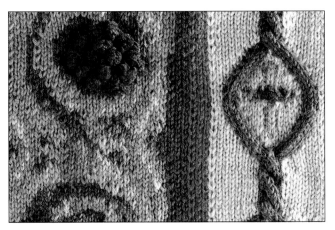

凸起的葡萄绒球是用柔软的深紫色雪尼尔纱织泡泡针完成的，效果非常抢眼。

传统的费尔岛毛衣图案从自然界汲取灵感，手套上的几何图案让人想起飘飞的雪花。

织毯及各民族风格的织物是嵌花编织的灵感源泉。图案可以在方格纸上作出图解。

小小的银珠和细腻的金线突出了具有中世纪简朴风格的花朵图案。

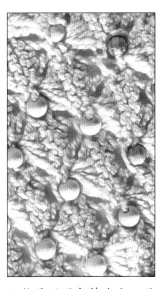

织物是用原色棉线由几种针法混合织成的，上面嵌有天然木珠。

纠正错针
Correcting Mistakes

对于初学者来讲，棒针编织过程中出现错针是很正常的。熟练掌控毛线和棒针需要一个过程，可以向有经验的编织者请教。掉针的情况很普遍：有时一行没织完放在一边，针就容易掉下来；有时织得太快也会掉针。其实用棒针很容易把掉针找回来。如果不注意因掉针形成一个线梯，也可以用钩针补救。

找回漏掉的1针上针

1 掉针之后将松掉的线圈再挑回针上。

2 右手棒针从织线下面自前向后穿进松掉的线圈里，然后挑回到针上。

找回漏掉的1针下针

1 掉针要找回来放回原来的行里。

3 左手棒针从前向后穿进线圈，越过织线把线圈挑起来，新的线圈留在右针上。

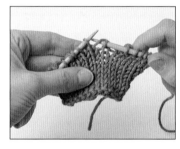

2 找到掉针以后，将右手棒针从前面穿进掉针的线圈里，织线在上，棒针在下。

4 再将新的线圈挂到左针上，开始织上针至此行结束。

3 左手棒针针尖越过织线将掉针挑起来挂在左针上，新的线圈留在右针上。

补救线梯

下针 下针是在第1个掉针处将钩针从前面穿进去，把织线从线圈后面钩出来形成新的一针。按此方法沿着线梯找到最后一个掉针，挂在左针上。

4 左针针尖自左向右从前面穿进线圈，将线圈挂到左针上，重织此针。

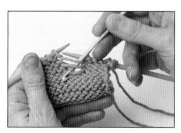

上针 上针和下针的补救方法是一样的，只是钩针是从织物的后面穿到前面的。

收针

Casting Off

收针表明编织完成，它往往是在织物的正面进行。收下针时用下针的织法，收上针时用上针的织法。领口和袖口的收针尤其重要。这些部位如果收针时收得太紧，织物就会变形。不过使用大号针可以把边收得宽松些。收针有几种特殊的方法，这里介绍的几种最常用，也最容易掌握。

收完针之后织物的边缘看起来非常整齐。首尾两端的线头沿着边缘缝进去，这样就看不见了

下针收针

1 前两针按正常的方法织。

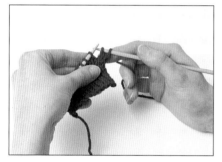

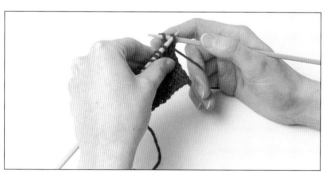

2 左针从左至右插入右针上的第 1 针。

4 织左针上的下一针，这时右针上有 2 针。再用左针将右针上的第 1 针放掉。如此反复直到收完此行。然后剪断毛线，将线头塞进最后一针里。收针完成。

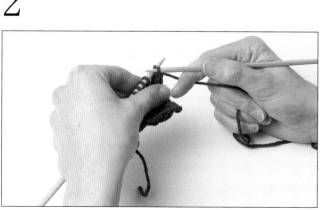

3 越过第 2 针，将第 1 针从右针上放掉，收完第 1 针。

上针收针 上针收法和下针收法完全一样：织 2 个上针，越过第 2 针将第 1 针放掉。

针法花样
Knitted Pattern Stitches

棒针编织有很多针法花样。这些针法融合了很多元素，比如复杂的麻花针、金属圈，以及凸起的泡泡针等，织物设计者也一直在不断提出新的想法。然而，很多新颖的图案仅用上针和下针两种针法就可以轻松织就。形式各异的桂花针让人觉得织物很结实，可以正反两用；罗纹针织出来竖条状的图案，主要用来织下摆边、袖口和衣领。要起到收身的效果，腰部针号要比织衣身时用的棒针小一号。水平沟垄状图案是由正针和平针织法交替完成的。

浮雕图案适合用普通织线（比如天然棉线）编织。

3 针 罗 纹 针
(Three by Three rib) 这种针法是先六针再三针的模式。

第 1 行 * 下针 3，上针 3，从 * 处重复；下针 3。
第 2 行 上针 3，* 下针 3，上针 3；从 * 处重复。图案为此 2 行的重复。

脊状条纹针
(Ridged Bands)

第 1 行 下针。
第 2 行 上针。
第 3、4 行 下针。
第 5 行 上针。
第 6 行 下针。
图案由此 6 行重复织成。

桂花针
(Moss Stitch)

每行针法如下：
* 下针 1，上针 1；从 * 处重复，下针 1。

双桂花针
(Double Moss)

第 1、2 行 * 下针 2，上针 2；从 * 处重复。
第 3、4 行 * 上针 2，下针 2；从 * 处重复。
图案由此 4 行重复织成。

渔夫毛衣图案

很久以前，住在海边渔村的妇人就会用上针和下针为当地渔夫编织毛衣，这些毛衣不但防水而且耐穿。很多国家沿海的港口和渔村都由此发展出风格独特的毛衣款式，比如菱形图案、之字图案或 V 形图案。时至今日这些仍是经典款式。

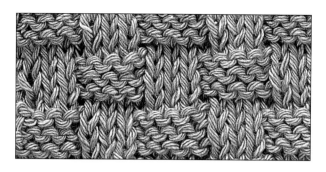

平纹梯形图案 此图案为 14 针的重复。

第 1 行 * 下针 1，上针 2，下针 1，上针 1，下针 2，上针 2，下针 2，上针 2，下针 1；从 * 处重复。

第 2 行 *（上针 1，下针 2）两次，上针 2，（下针 2，上针 1）两次；从 * 处重复。

第 3 行 * 下针 1，上针 2，下针 2，上针 2，下针 2，上针 1，下针 1，上针 2，下针 1；从 * 处重复。

第 4 行 * 上针 1，下针 2，上针 3，下针 2，上针 3，下针 2，上针 1；从 * 处重复。

图案由此 4 行重复织成。

席纹图案 此图案为 8 针加 5 针的重复。

第 1 行 （正面）下针。

第 2 行 下针 5，* 上针 3，下针 5；从 * 处重复。

第 3 行 上针 5，* 下针 3，上针 5；从 * 处重复。

第 4 行 同第 2 行。

第 5 行 下针。

第 6 行 下针 1，* 上针 3，下针 5；从 * 处重复，至最后 4 针处，上针 3，下针 1。

第 7 行 上针 1，* 下针 3，上针 5；从 * 处重复，至最后 4 针处，下针 3，上针 1。

第 8 行 同第 6 行。

图案由此 8 行重复织成。

波浪针 8 针加 6 针。

第 1 行 （正面）下针 6，* 上针 2，下针 6；从 * 处重复。

第 2 行 下针 1，* 上针 4，下针 4；从 * 处重复，以上针 4、下针 1 收尾。

第 3 行 上针 2，* 下针 2，上针 2；从 * 处重复。

第 4 行 上针 1，* 下针 4，上针 4；从 * 处重复，以下针 4、上针 1 收尾。

第 5 行 下针 2，* 上针 2，下针 6；从 * 处重复，以上针 2、下针 2 收尾。

第 6 行 上针 6，* 下针 2，上针 6；从 * 处重复。

第 7 行 上针 1，* 下针 4，上针 4；从 * 处重复，以下针 4、上针 1 收尾。

第 8 行 下针 2，* 上针 2，下针 2；从 * 处重复。

第 9 行 下针 1，* 上针 4，下针 4；从 * 处重复，以上针 4、下针 1 收尾。

第 10 行 上针 2，* 下针 2，上针 6；从 * 处重复，以下针 2、上针 2 收尾。

图案由此 10 行重复织成。

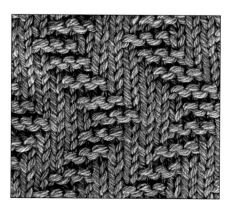

之字图案 6 针重复。

第 1 行 （反面）所有奇数行织上针。

第 2 行 * 下针 3，上针 3；从 * 处重复。

第 4 行 上针 1，* 下针 3，上针 3；从 * 处重复，以下针 3、上针 2 收尾。

第 6 行 上针 2，* 下针 3，上针 3；从 * 处重复，以下针 3、上针 1 收尾。

第 8 行 * 上针 3，下针 3；从 * 处重复。

第 10 行 上针 2，* 下针 3，上针 3；从 * 处重复，以下针 3、上针 1 收尾。

第 12 行 上针 1，* 下针 3，上针 3；从 * 处重复，以下针 3、上针 2 收尾。

图案由此 12 行重复织成。

加针和减针

Increasing and Decreasing

随着棒针上针数的加减变化，织物的形状一点点显露出来。要想使织物宽度增加，就在针行上加针；想使宽度减小就减针。织物种类不同，加减针的方法也不同。有时候加减针效果不明显，有时则是为镂空织物加点修饰。

织蕾丝织物（比如图中这些精致的设得兰单股线围巾）的时候，针数是不变的，也就是说，每减1针，就需另加1针

减针

左下 2 针并 1 针

1 最简单的减针方法是 2 针并 1 针，在针行两端或是在中间减针都可以。上针的减针方法类似。在一行的起始，将棒针自右向左穿入前 2 针，照常织下针，使织物渐渐向右倾斜。

2 在一行的结束仍旧织 2 针并 1 针，棒针自左向右穿入最后 2 针，这时织物逐渐向左倾斜。这种两边同时减针的方法适用于袖子的编织，可使织物一边向右倾斜，一边向左倾斜。

滑针的方法（滑针 1，下针 1，用滑针盖住空针）

1 在一行起始，第 1 针不织，滑到右棒针上。

2 照常织第 2 针。

3 织完第 2 针，将左棒针针尖穿进滑针，越过第 2 针，放掉滑针。

4 一行结束时，将倒数第 2 针滑到右针上，织最后 1 针，再将滑针放掉。

加针

在 2 针之间加针（加下针 1），多加的针是加在 2 针之间那段水平编织线上。

挂针加针法

另外一种加针方法是在 1 个线圈里织 2 针。这种加针方法效果不如前一种那么平整，因此常用于接缝处。

1 用右针挑起新织的针和左针上第 1 针之间的编织线，挂在左针上。

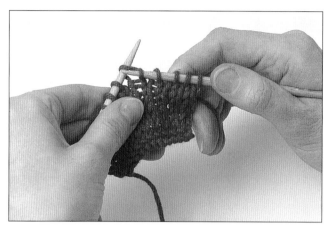

1 照常织下针，织完后针留在左棒针上。

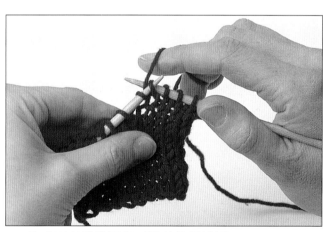

2 从后面穿进线圈织下针并拉紧线圈。

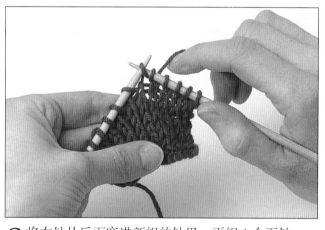

2 将右针从后面穿进新织的针里，再织 1 个下针。

3 将新织的针挂在右针上。

3 将 2 针挂到右棒针上。

花色编织
Working With Colour

从传统的费尔岛图案毛衣，到当今流行的嵌花毛衣或者提花毛衣可以看出，用多种颜色的毛线搭配编织，可以变换出无尽的彩色图案。条纹图案是最快最简单的凸显颜色的方法，既可以用对比色，也可以柔和搭配。费尔岛毛衣的工艺看起来很复杂，但其实这种图案设计巧妙，每行只用两种颜色编织即可。

在行首加线

这是一种双色毛线合织的方法，很简便，用于织横条纹图案。织完后将线头缝进织物里面。

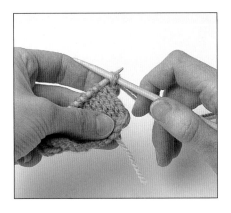

1 织第 1 针时照常把右棒针穿进针目，将新加的毛线留出 30 厘米的长度，打个活结，和左棒针上的第 1 针并在一起。2 种线一起织。

2 松开第 1 股线，2 股线并成一股织接下来的 2 针。其余针目用单股新线编织。

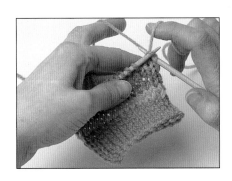

3 织条纹时线头拉在外侧。

多色图案是按照图解来编织的，图解中每个方格对应 1 针。这样的彩色图解非常直接地表现原设计图案，因为方格中可直接画上对应的色彩。但许多印刷的图解是黑白的，需要借助一系列符号来表示不同的色彩

在行内加线

嵌花图案会要求在 1 行的中间加线，这样可以随意织出色块。织完后将线头缝进织物。

1 把第 1 股线拉在织物后面，新线打结套在棒针上继续织下一针。

2 接下来的 2 针用双股新线来织，然后松开短的线头，继续用单股新线编织。

嵌花图案

如果2种颜色出现在同一行里，这2种线必须平滑地织在一起，而且要防止出现洞眼。

将织线绕到背面

2种颜色出现在同一行，一次只织1种颜色的线，另一种线必须放在背面，这样可以同时掌握2种线的松紧。

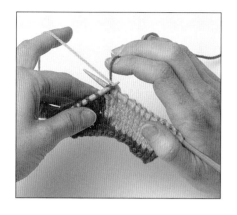

1 织下针行的时候，将第1种颜色的线放在织物背面向左拉紧，用第2种颜色线绕过绷紧的第1种线织下一针。

1 织下针行的时候，松掉的织线拉紧放在织物背面，这样编织线在织下一针之前可以从它上面绕过去。

2 织上针行时，第1种线放在前面向左拉紧，将第2种颜色的线绕过第1种再开始织下一针。

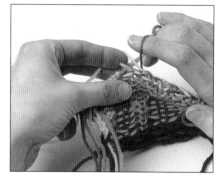

2 织上针行的时候，松掉的织线拉紧放在2个棒针针尖的中间，这样织下一个上针之前，编织线可以从它上面绕过去。

3 确保松掉的织线不影响编织线的工作。

费尔岛辛比斯特图案中使用了花色毛线，在织双罗纹的小菱形图案时其颜色从深到浅逐渐变化

毛衣背面显示这些颜色怎样交替，同一种颜色的线圈不会超过3针

作品 *Projects*
麻花靠垫（抱枕）
Cable Cushion (Pillow)

材料

- 100 克靛蓝色粗棉线
- 1 对直径 4.00 毫米的棒针
- 1 支麻花针
- 1 块边长 33 厘米的深蓝色细条灯芯绒
- 边长 33 厘米的蓝色磨毛棉布
- 颜色一致的缝纫棉线
- 边长 30 厘米的枕芯
- 纸板

渔家手工编织的渔夫毛衣经过很多年的演变，逐渐成为一种非常实用的款式。那时的渔夫毛衣是用结实的含羊毛脂的羊毛线织成的，不但防水而且结实。这里介绍的靠垫（抱枕）将靛蓝色棉线和历史悠久的图案相结合，桂花针和麻花针让人想起来自干诺岛的耿西毛衣。天然的靛蓝色染料常用于牛仔布的织染，因此，像牛仔布一样，这种靠垫（抱枕）用久了会褪色。靠垫（抱枕）成品的边长是 30 厘米。

（注：棉线弹性小，为了保证编织的松紧度，编织时尽量靠近针尖部位）

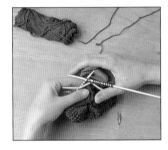

1 扭麻花图案 织 3 针滑到麻花针上，把麻花针固定在织物正面，再从左针上织 3 针，然后织麻花针上的 3 针。此步骤缩略为（C6f），意思是"麻花 6 挂针"。

2 缝合 灯芯绒和蓝色磨毛棉布正面相对，将三边缝在一起，留 12 毫米的缝份，并熨烫平整，从缝份处将正面翻转过来。将棒针的麻花图案盖在棉布上，取靛蓝色棉线，将接口用藏针缝缝起来。

3 塞入枕芯。以藏针缝缝合第 4 条边。

4 做流苏时，将毛线缠在 7.5 厘米宽的纸板上，绕 20 圈。将纸板抽出来，把线圈按图中所示缝在角上，靠近绣线部位的一端用毛线绑紧。

编织指南

起 60 针。

第 1 行 重复织下针 1，上针 1。
第 2 行 重复织上针 1，下针 1。
第 3 行 同第 1 行。
第 4 行 同第 2 行。
第 5 行 下针 1，上针 1，下针 1，上针 1，上针 7，麻花 6 挂针，上针 7，（下针 1，上针 1）6 次，上针 7，麻花 6 挂针，上针 7，下针 1，上针 1，下针 1，上针 1。
第 6 行 上针 1，下针 1，上针 1，下针 1，下针 7，上针 6，上针 7，（上针 1，下针 1）6 次，下针 7，上针 6，下针 7，上针 1，下针 1，上针 1，下针 1。
第 7 行 下针 1，上针 1，下针 1，上针 1，上针 7，下针 6，上针 7，（下针 1，上针 1）6 次，上针 7，下针 6，上针 7，下针 1，上针 1，下针 1，上针 1。
第 8 行 上针 1，下针 1，上针 1，下针 1，上针 5，下针 2，上针 6，下针 2，上针 5，（下针 1，上针 1）6 次，上针 5，下针 2，上针 6，下针 2，上针 5，上针 1，下针 1，上针 1，下针 1。
第 9 行 下针 1，上针 1，下针 1，上针 1，上针 5，上针 2，下针 6，上针 2，下针 5，（下针 1，上针 1）6 次，下针 5，上针 2，下针 6，上针 2，下针 5，下针 1，上针 1，下针 1，上针 1。
第 10 行 上针 1，下针 1，上针 1，下针 1，上针 5，下针 2，上针 6，下针 2，上针 5，（上针 1，下针 1）6 次，上针 5，下针 2，上针 6，下针 2，上针 5，上针 1，下针 1，上针 1，下针 1。
重复 5~10 行 12 次，重复 1~4 行（80 行）。收针。

竹篮花边
Basket Edging

手工编织的花边结实，用途广，大小和质地都可随意变化。这里的一款竹篮花边织幅较大，选用的是未经漂白的棉线，但也可以用珠光钩编棉线或双股雪兰毛线，可在很细的棒针上织领子或袖口的花边。这种传统的图案被称作"十钎"，因为钎法是十针的循环重复。

材料

- 粗支棉纱
- 1 对直径 3.50 毫米的棒针
- 竹篮
- 缝针

1 用一个简单的针法即可获得竹篮花边的边饰效果：将毛线挂在棒针上加 1 针，然后下面 2 针并 1 针织下针。在编织指南中缩略为（挂针，左下 2 针并 1 针）。

编织指南

起 10 针。1~14 行间完成图案。

第 1 行 滑针 1，下针 3（挂针，左下 2 针并 1 针）2 次，挂针，下针 2。

第 2 行 双数行全部织下针。

第 3 行 滑针 1，下针 4（挂针，左下 2 针并 1 针）2 次，挂针，下针 2。

第 5 行 滑针 1，下针 5（挂针，左下 2 针并 1 针）2 次，挂针，下针 2。

第 7 行 滑针 1，下针 6（挂针，左下 2 针并 1 针）2 次，挂针，下针 2。

第 9 行 滑针 1，下针 7（挂针，左下 2 针并 1 针）2 次，挂针，下针 2。

第 11 行 滑针 1，下针 8（挂针，左下 2 针并 1 针）2 次，挂针，下针 2。

第 13 行 滑针 1，其余织下针。

第 14 行 收 6 针，其余织下针（共 10 针）。

2 收针。花边长度足以绕竹篮一圈时，在第 14 行处收针，这样之字图案就完成了。将 2 个花边整齐地连接好，再把花边与竹篮边对齐。

3 用缝针把花边固定。用小针脚自右至左将花边缝在竹篮上。小心不要把线拉得过紧。

设得兰蕾丝披肩

Shetland Lace Scarf

设得兰位于苏格兰和斯堪的纳维亚半岛之间，由大约100个小岛组成，处在北海和北大西洋的交界处。耐寒的设得兰绵羊自古就在这些岛屿上生活，500年来它们的羊毛一直是毛衣编织的原料。多花色的费尔岛毛衣罩衫非常有名，但最细的单股和双股设得兰毛线则用于编织蕾丝围巾和披肩。其图案的灵感来自周围海上起伏翻滚的波浪。披肩的成品尺寸是90厘米×25厘米。

材料

- 双股设得兰毛线
- 25克白色毛线
- 蓝色、粉红色、浅紫色毛线各15克
- 1对3.00毫米的棒针
- 缝针

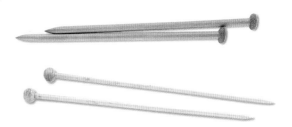

编织密度

用3.00毫米的棒针，10行为一个图案，宽2.5厘米。

用白色毛线起75针。

第1行 下针2，左下2针并1针，（下针3，挂针，下针1，挂针，下针3，左下3针并1针）一直织到最后11针。其余为下针3，挂针，下针1，挂针，下针3，左下2针并1针，下针2。

第2行 全下针。

此2行构成基本图案，再重复5次，以后的图案用以下颜色的毛线编织，每个条纹结束时换线。

*

**

2行蓝色。

2行浅紫色。

2行粉红色。

2行白色。

2行粉红色。

2行浅紫色。

2行蓝色。

**

8行白色。

从**到**重复1次。

8行白色。

重复从**到**部分完成波纹花色。

*

24行白色。

2行蓝色。

24行白色。

重复*到*的花色波纹1次。

24行白色。

2行蓝色。

24行白色。

重复*到*的花色波纹1次。

12行白色结束。

1 3针并1针的时候注意不要织得太紧，保证右手棒针在线圈里穿行自如。

2 收针要宽松，线头藏进背面。

3 将披肩两端用珠针固定住，凸显边上的尖峰形状，然后垫上湿布轻轻熨烫。可以用熨斗熨干，或在阳光下晒干。

婴儿外套
Baby Wrap

这款婴儿外套暖和又舒适，适合冬天外出时穿着。编织线是粗支纱线，领窝和袖口用的是柔软的棉线。几何图案和儿童模样的图案有简单的图解作参考。织物的前片、后片先分开织然后缝在一起。拉链缝在底边，方便开合。成品尺寸是衣长51厘米，胸围28厘米。

材料

◆ 浅紫色、灰褐色、紫色、蓝绿色、深绿色粗支纱线各50克
◆ 3.25毫米和4.50毫米棒针各1对
◆ 3.25毫米环形针
◆ 防脱针
◆ 2粒纽扣
◆ 2厘米×41厘米长的拉链
◆ 边长60厘米的里布
◆ 同色缝纫棉线

后片

用4.50毫米的棒针，浅紫色毛线，起68针。

第1行 下针。

第2行 上针。

第3行 加针1，全下针，加针1。

根据图解编织图案，在第5、7、9行首尾处各加1针（76针）。对比色线拉紧放在织片后面。

第54行 此行首尾处各减1针，减4行之后剩60针。照图解织12行。

第94行 此行织下针，加20针。

第95行 此行织上针，加20针。继续照图解织，接下来的17行织100针。最后5行用浅紫色线织。收针。

前片

按后片样式织到第105行，然后减针织左肩和领窝处。以图解为准。

第106行 下针45，然后把中间10针挂在防脱针上，继续织这44针。领边减1针，其余织下针。

第107行 行尾减1针（领边）。

第108行 此行不减针。

第109行 行尾减1针（领边）。

第110行 此行开始时减1针。

第111~115行 织余下的图案，5行织浅紫色线。

收针。反向织右肩和领窝。

缝合

将线头缝好，轻轻熨平。在左手袖口往上数 27 针的地方，用对比色线在前后片都做上记号。此外在前后片的起针边以及离起针边 5 行远的地方做记号。

1 袖口 用 3.25 毫米的棒针接 40 针，以 1 针下、1 针上的罗纹针织 8 行。收针也织罗纹针。

2 接口 正面对齐，从右侧开始，顺着肩膀的接口缝到领窝，再一直缝到左侧的记号处。

3 领子 从左侧顶端开始，用环形针沿胁织 4 针，沿领窝织 8 针，从防脱针处织 10 针，沿领窝织 8 针，后领织 20 针，胁织 4 针，以上针数用罗纹针织 4 行然后收针。肩膀收针处缝上扣子。

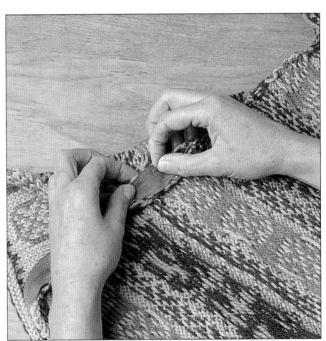

4 缝上拉链 在底部开口处将拉链用珠针固定，然后用针线固定，一直缝到前后片的底边上做记号处。

领子开口处收针

后片 从记号处到领窝织 13 针，织 3 行罗纹针然后收针。

前片 从记号处到领窝织 13 针。

第 1 行和第 2 行 下针 1，上针 1，罗纹针。

第 3 行 下针 1，收 1 针，罗纹针 4，收 1 针，罗纹针 4。

第 4 行 罗纹针 4，起针 1，罗纹针 4，起针 1，下针 1。收针。

5 做衬 裁下 2 块里布，尺寸要比织物大 4 厘米，在肩膀、胁及边缝处与织物缝合。将织物反面对齐，在袖隆、领窝和每个开口处将里布缝在织物的背面。

宝宝手套和鞋子

Baby Mittens and Baby Shoes

手工编织的毛线鞋子很适合送给刚出生的宝宝做礼物，而且第一双这样的鞋子往往被当作纪念品收藏起来。右图中这种条纹图案的丁字形毛线鞋是用耐穿好洗的棉线织的，适合新生儿到四个月大的宝宝。与之配套的小手套选的是最基本的图案和最简单的款式，小宝宝可以一直穿到九个月大。

手套所需材料

◆ 少量粗支纱线——粉色、橘黄色和黄色 3 种颜色
◆ 1 对 3.00 毫米的棒针
◆ 1 对 3.50 毫米的棒针
◆ 缝针

编织密度

用 3.50 毫米的棒针，在边长 10 厘米的正方形内织 21 针、30 行，平针。

从袖口开始，用 3.00 毫米的棒针，粉色线，起 34 针。

第 1 行 下针 2，上针 2。

第 2 行 上针 2，下针 2。

织完第 1、2 行后再重复 8 次，换成橘黄色和黄色线，3.50 毫米棒针，全部织成条纹图案（2 行橘黄色，2 行黄色）。

扣眼行（下针 2，挂针，左下 2 针并 1 针）织到最后。

从上针行开始，织 19 行平针。

减针行 下针 1，（左下 2 针并 1 针穿针，下针 12，左下 2 针并 1 针）2 次，下针 1。

下一行 全上针。

减针行 下针 1，（左下 2 针并 1 针穿针，下针 10，左下 2 针并 1 针）2 次，下针 1。

（30 针）收针。

1 **编绳** 剪 6 段 45 厘米长的毛线，粉色线、橘黄色线和黄色线各 2 段。一端打结系紧，留出 2.5 厘米长的流苏。用重物将此端压住，或者用别针将其固定到某处，然后从打结处编绳。距末端 2.5 厘米处打结。将流苏梳理整齐。

2 **缝合** 反面对齐，用最后一行留下的黄色线缝边。

3 翻面后缝合侧边。

4 用粉色线连接手腕处。最后把编绳穿到孔眼里。

第 7 行 下针 1，加针 1，下针 15，加针 1，下针 1，加针 1，下针 15，加针 1，下针 1。

第 9 行 下针 1，加针 1，下针 17，加针 1，下针 1，加针 1，下针 17，加针 1，下针 1。

第 11 行 下针 1，加针 1，下针 19，加针 1，下针 1，加针 1，下针 19，加针 1，下针 1。

第 12 行 全下针。

换橘黄色线和黄色线，鞋面织成条纹图案（2 行橘黄色，2 行黄色）。

第 13 行 下针 17，滑针 1，下针 1，用滑针盖住空针，下针 11，左下 2 针并 1 针，下针 17。

第 14 行 双数行，全织上针。

第 15 行 下针 17，滑针 1，下针 1，用滑针盖住空针，下针 9，左下 2 针并 1 针，下针 17。

第 17 行 下针 17，滑针 1，下针 1，用滑针盖住空针，下针 7，左下 2 针并 1 针，下针 17。

第 19 行 下针 17，滑针 1，下针 1，用滑针盖住空针，下针 5，左下 2 针并 1 针，下针 17。

第 20 行 全上针。

第 21 行 下针 9。

收针 9，下针 5（包括收针后留在棒针上的针数），收针 9，下针 9。从上针开始，沿此 9 针织 4 行平针。收针。

织踝带

回到剩下的 9 针，在同一棒针上再起 12 针。这 12 针织上针，后面的 9 针也织上针（共 21 针）。

织 4 行平针。收针。

织丁字部分

回到中间的 5 针，从上针开始，织 15 行平针。收针。

第 2 只宝宝鞋

织法同第 1 只。脚踝处互相对称。

鞋子所需材料

◆ 少量粗绒线——粉色、橘黄色和黄色 3 种颜色
◆ 1 对 3.00 毫米的棒针
◆ 2 粒同色纽扣或珠子
◆ 缝针

编织密度

3.00 毫米棒针，边长 10 厘米正方形内织 21 针、30 行，平针。

从鞋底开始织。用粉色线，起 25 针。

第 1 行 下针 1，加针 1，下针 9，加针 1，下针 1，加针 1，下针 9，加针 1，下针 1。

第 2 行 双数行全上针。

第 3 行 下针 1，加针 1，下针 11，加针 1，下针 1，加针 1，下针 11，加针 1，下针 1。

第 5 行 下针 1，加针 1，下针 13，加针 1，下针 1，加针 1，下针 13，加针 1，下针 1。

1 缝合 在脚跟处将鞋底和鞋帮缝在一起。脚踝部末端用橘黄色的绒线做一个小环，用扣眼绣来做。

2 将丁字带和脚踝缝在一起，末端从脚踝上面绕过去缝在其背面。

3 在鞋面上缝上纽扣或珠子。

流苏童帽

Tasselled Hat

这款带流苏的儿童帽织法很简单，初学者也很容易掌握。帽子的形状呈长方形，独特之处在于颜色的多样性和夸张的流苏，这两个特点使这款帽子极具装饰性。尺寸适合正在学步的小孩，但如果掌握了编织的松紧标准，帽子尺寸可以灵活变化。此款帽子的帽檐周长是35厘米。

材料

◆ 少量粗支纱线,颜色包括:A 黄色,B 酸橙色,C 粉色, D 明黄色,E 橘黄色,F 青绿色,G 红色, H 紫色
◆ 绣花剪
◆ 1对3.00毫米棒针,1对3.50毫米棒针
◆ 缝针
◆ 边长9厘米的纸板

编织密度

用3.50毫米的棒针,边长10厘米的正方形内织21针、30行。

用3.00毫米的棒针,A色线,起48针。织10行下针1、上针1的罗纹针。

换3.50毫米的棒针,用平针织以下条纹图案:

6行B,2行C

6行B,2行D

6行B,2行E

6行B,2行F

6行B,2行G

6行B,2行H

再织2行帽子顶部中心部位。

继续用平针织帽子的后片:

6行F,2行A

6行F,2行C

6行F,2行G

6行F,2行E

6行F,2行H

6行F,2行B

把线剪断,用3.00毫米棒针,G色线,织10行下针1、上针1的罗纹针。收针。

1 做流苏 将一部分织帽子所用彩线绕在硬纸板上，每种线绕8圈。用一截线绑住线圈系紧。

2 将线从纸板上取下来，左手拿住线圈一端，用缝针和毛线在线圈顶部做一个环。将另一端剪开。在靠近顶部12毫米的地方用线系紧。流苏部分梳理蓬松，用剪刀修剪整齐。

3 缝合 正面向里将帽子前后两部分对齐，用针线将边缝在一起，然后将正面翻过来。

4 将两个流苏分别固定在两角。

流苏饰边围巾
Fringed Scarf

大多数初学棒针编织的人都喜欢从编织条纹围巾开始，可以给自己织，也可以给自己的泰迪熊织，这也是对基础棒针织法最好的练习。织这种款式的围巾所用毛线的颜色往往选用类似粗花呢颜色的自然系列，织花色围巾也可以帮你处理掉那些零碎的毛线团儿。长长的流苏（颜色可以是同色系，也可以是对比色）为围巾添色不少。成品尺寸是 25 厘米 × 140 厘米，但可以加长或者变窄。

材料

◆ 各种颜色的粗支纱线
◆ 1 对 4.00 毫米棒针
◆ 边长 20 厘米的纸板
◆ 大号钩针

1 起 50 针，全下针织完。条纹的宽度可以随意，换毛线颜色时从下一行开始。线头可以到最后处理，也可以如图所示用左手拉紧藏在织线的后面。

2 剪断线头，缝好。

3 围巾织到所需长度的时候就收针，手劲要松。将做流苏的一束束毛线在纸板上缠 10 圈左右，取下来，挂在围巾两端。用钩针沿围巾的收边把线圈的一端从围巾里挑出来，将线束另一端绕过线圈打结系紧。重复做 15 个线束左右。

4 把线圈末端剪开做成流苏并修剪整齐。

滑雪帽
Ski Hat

冬 中这款具有北欧风格的滑雪帽，用环形针织要比用棒针织容易得多。这样织出来的帽子没有笨拙的边缝，而且线头都织进了帽子的里侧。因为用环形针不存在换针行的情况，帽子可以整个用下针来织，所以能织出平针的效果。每织完一圈就用一个记数环或对比色毛线做一个标记。成人戴的帽子帽围尺寸是 63 厘米。模板部分有费尔岛条纹图案的图解，照此进行编织。

材料

◆ 棕色、灰褐色、浅灰色、米黄色、深绿色双股线各 50 克
◆ 2 支 4.00 毫米的环形针，1 支 60 厘米长，1 支 40 厘米长

用棕色线起 96 针。织 21 行下针 2、上针 2 的罗纹针。条纹图案的花色如下所示。注意织第 1 圈时针目要平整

1 收针 处理好线头，轻轻熨烫帽子。制作头顶的系绳：将 3 根 60 厘米长的毛线拧紧，直到绳子自己扭在一起，两端系紧形成环状。把绳子穿进帽子顶部的孔眼里，缝好。

2 做流苏 把 1 根 60 厘米长的毛线绕在 1 个 5 厘米宽的纸板上，把线束穿进绳圈一端的线圈里，针缝固定，并将流苏边缘修剪整齐。绳圈另一端也系上流苏。

第 1、2 圈 棕色。
第 3、4 圈 灰褐色。
*第 5 圈 棕色。
第 6 圈 浅灰色。
第 7 圈 棕色。*
第 8、9 圈 绿色。
第 10、11 圈 重复 * 到 *。
第 13、14 圈 灰褐色。
第 15、16 圈 棕色。
第 17 圈 浅灰色。
第 18、19 圈 绿色。
第 20 圈 灰褐色。
第 21 圈 棕色。
接下来织平针。
第 22~24 圈 棕色。
第 25 圈 （下针 3 棕色，上针 1 灰褐色）织完整圈。
第 26 圈 下针 1 灰褐色，*（下针 1 棕色，下针 3 灰褐色）从*重复到最后 3 针，此 3 针为下针 1 棕色，下

针 2 灰褐色。
第 27 圈 灰褐色。
第 28~32 圈 参照 P490 图案 1，从左至右织。
第 33 圈 灰褐色。
第 34~39 圈 参照 P490 图案 2，用灰褐色做背景。
第 40 圈 灰褐色。
第 41~45 圈 参照 P490 图案 1。
第 46 圈 灰褐色。
第 47 圈 （下针 1 棕色，下针 1 灰褐色），织完整圈。
第 48 圈 棕色。
第 49~55 圈 参照 P490 图案 3。
第 56、57 圈 棕色。
第 58、59 圈 灰褐色。
第 60 圈 绿色。
第 61、62 圈 灰褐色。
第 63 圈 浅灰色，下针

10，左下 2 针并 1 针，左下 2 针并 1 针，*（下针 20，左下 2 针并 1 针，左下 2 针并 1 针），从 * 重复 3 次，下针 10。（88 针）
换小号针。
第 65 圈 棕色线，下针 9，左下 2 针并 1 针，左下 2 针并 1 针。*（下针 18，左下 2 针并 1 针，左下 2 针并 1 针），从 * 重复 3 次，下针 9。（80 针）
第 66 圈 灰褐色。
第 67 圈 灰褐色，下针 8，左下 2 针并 1 针，左下 2 针并 1 针，*（下针 14，左下 2 针并 1 针，左下 2 针并 1 针），从 * 重复 3 次，下针 8。(72 针)

第 68 圈 浅灰色。
第 70 圈 棕色。
第 71 圈 浅灰色，下针 6，左下 2 针并 1 针，左下 2 针并 1 针，*（下针 1，左下 2 针并 1 针，左下 2 针并 1 针），从 * 重复 3 次，下针 6。（56 针）
第 72 圈 棕色线，（下针 1，加针 1）织完此圈。
第 74 圈 棕色线。
第 75 圈 收针。

雪尼尔纱手袋

Purse Bag

材料

◆ 50 克红色雪尼尔纱
◆ 50 克白色雪尼尔纱
◆ 1 对 4.5 毫米棒针
◆ 缝针
◆ 2 粒珍贝扣

这款手袋是红白色搭配的经典北欧风格，颜色非常亮丽。雪尼尔纱质地柔软，手感如天鹅绒一般，和珍贝扣相得益彰。小鹿和雪花图案表现节日主题，非常适合圣诞气氛。手袋可作为礼物送人，或是作为特殊的袋子，用来放小礼物。成品尺寸是 16.5 厘米 × 12.5 厘米。

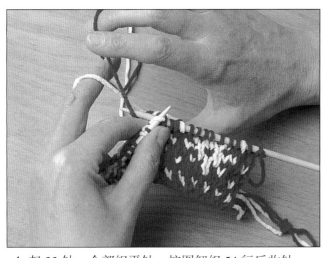

1 起 33 针，全部织平针。按图解织 54 行后收针。

2 在织片底端缝出扣眼，做法如下：缝针穿上红色线，用毛边缝的方法锁前 11 针，做一个 2 厘米长的环，再锁下面 9 针，然后再做一个环，再接着毛边缝，直到最后。将织片对折，正面相对，将侧边缝上。将正面翻过来，毛边缝。

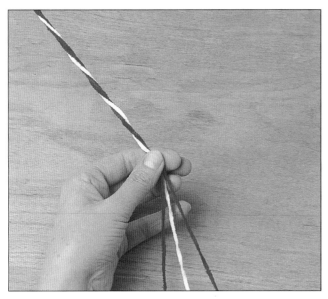

3 截取 3 根 90 厘米长的纱线，2 根红色，1 根白色。一端捏紧，将 3 股纱线扭成绳子后对折，再次扭紧后两端打结系紧，留出一小段流苏。

4 如图所示，将线绳缝在手袋上，手袋的正面缝上两粒珍贝扣。

棒针玩偶

Baby Doll

棒针编织的玩具颇受人喜爱，图中这款玩偶便独具特色。它的样子活泼可爱，大人小孩儿看了都会喜欢。这款设计看似简单，但其实蛮复杂的：鼻子、耳朵、手指、脚趾，还有胳膊腿儿全是分开织的（每样都尽量用最少的针数），然后再逐个缝到玩偶的身体上。

材料

◆ 3.00 毫米的棒针和 3.50 毫米的棒针各 1 对
◆ 50 克（或 20 克）抹布纱（100% 珠光棉线）
◆ 碎的双股纱线，做玩偶的尿片
◆ 黑色绣花棉线
◆ 可水洗的聚酯纤维填充物
◆ 安全别针
◆ 缝针
◆ 粉色蜡笔

身体和头部

从身体底部开始，用抹布纱（钩编棉线）和 3.00 毫米的棒针起 16 针。

第 1 行 每织 1 针下针，加 1 针下针（32 针）。

以 1 行上针开始，接下来织 19 行平针。

头部

下一行 下针 6，（左下 2 针并 1 针）3 次，下针 8（左下 2 针并 1 针）3 次，下针 6（26 针）。

减针行 整行织左下 2 针并 1 针——共 13 针。

把棉线剪断，线头藏进背面。

胳膊

从手开始：起 5 针。

第 1 行 每织 1 针下针加下针 1（10针）。

以 1 行上针开始，再织 13 行平针，收针。

第 1 条腿

从脚趾开始：起 10 针，织 6 行平针。

脚跟

下针 5，翻面。

滑针 1，上针 3，翻面。

滑针 1，下针 2，翻面。

滑针 1，上针 1，翻面。

滑针 1，下针 2，翻面。

滑针 1，上针 3，翻面。

滑针 1，下针 4，翻面。

滑针 1，上针 5，翻面。

继续织平针，织 14 行，收针。

第 2 条腿

和第 1 条腿织法一样，但织脚跟时要从棒针上最后 5 针处开始减针。

耳朵

起 3 针，织 1 行下针，收针时织上针。棉线末端系紧形成耳朵形状。

鼻子

起 3 针，收针。将两端的棉线系紧形成 1 个小小的圆球。

大脚趾

做 2 个和鼻子一样的圆球。

小指

起 2 针，收针。

拇指和 2 个中等尺寸的手指

起 3 针，收针。

中指

起 4 针，收针。

尿片

粗羊毛线和 3.50 毫米棒针 1 对，起 34 针。第 1 行织下针。

减针 首尾织左下 2 针并 1 针。

下一行 下针。

重复前 2 行，留 2 针不织。

下一行 织左下 2 针并 1 针，线头藏进背面。

1 **身体和头部** 正面向里对折缝好。将正面翻转出来，填满填充物并塞紧。将下端各针目缩缝并缝好返口。在脖子的部位系一根棉线，线头藏到里面。

2 **胳膊** 正面向里对折，沿长边缝合。翻回正面后填充。手腕处系一根线，线头藏在里面。整理手指并将其缝到手掌上。

4 **脚和腿** 正面向里对折，竖向缝边。翻回正面后填充。在脚踝处系一根棉线。线头藏在背面。用一根抹布纱（100% 的珠光棉线）和缝针，在脚掌前部来回走线，缝出脚趾的形状。

3 把胳膊和身体缝在一起。身体部分的缝线留在背部中间的位置。

5 把大脚趾缝到脚的顶端，腿和身体缝接起来。在身体的下半部用针线来回走线缝出臀部的形状。

肚脐 在腹部中间纵向回针缝，缝出肚脐的形状。

6 **脸部** 缝上耳朵和鼻子。如图所示用黑色单股绣花棉线缝出眼睛和嘴巴。用粉红蜡笔轻轻涂抹脸颊、鼻头、膝盖和胸前的扣子等部位。

头发 在头顶缝上黑色小棉线线圈，打上结，再剪出一绺小发束。

尿片 给玩偶包上尿片，用安全别针固定。如果玩偶是给小孩子玩，最好将其针缝固定。

钩针编织

Crochet

从厚厚的绒线帽到精致的蕾丝，只用一支钩针和一团纱线，就可以变换出无数美轮美奂的钩针作品。灵巧的钩针受到国际时装设计师的青睐，很多品牌中都有钩织的身影。基本钩针技法的用途千变万化，而且一些非传统的材料，比如拉菲草（酒椰纤维），或是手撕的布条，都可以使钩针编织这种传统的工艺绽放异彩。

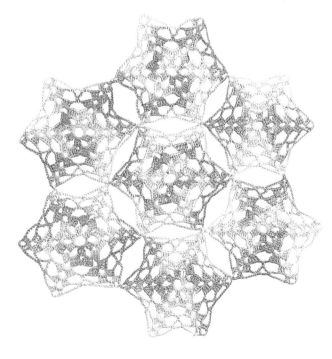

工具和材料

Tools and Materials

细线

钩针编织，只需一团纱线、一支钩针而已。至于纱线，无论毛线、棉线皆可，也可以用特殊的材料比如绳子和拉菲草。但除此之外，还可以选用特殊的钩编棉线，使织物质地手感更好。

纱线

钩编棉线按重量成卷来卖。编号从 3 号开始，这是最粗的 2 股线，一般叫做工艺棉线。最大的编号是 60 号，是结实的 6 股线，用于蕾丝编织。段染线种类繁多，可以钩出来有趣的花色。20 号线是较粗一点的 6 股线，用来钩垫子和花边，通常是白色，也有其他颜色。珍珠纱与刺绣线有些相似，有种亮丽的珠光色。双股棉线很结实，适合做包包、餐具垫，或是床罩等大的物件。花式纱线织出的衣物轻薄透气，金属线的重量、颜色有很多种，适合织晚装。

金属线

钩针

纱线越细，所需钩针号数也就越小。和棒针一样，钩针也分不同的尺寸，宽度从 0.75 毫米到 10 毫米不等，10 毫米的钩针用来织条纹小块地毯，或是开口圆形织物。最小号的钩针是不锈钢的，大号的则是弹力塑料做的。也有些人认为木质的用起来更加顺手。好的钩针边缘光滑，不会挂破纱线。过去有骨质钩针，现在古玩店还能找到。基本的缝制工具也是必需的，处理线头要用不同大小的缝针。小剪刀也是必不可少的，剪断纱线的时候用得着。

拉菲草

细棉线

花色线

钩编棉线

118

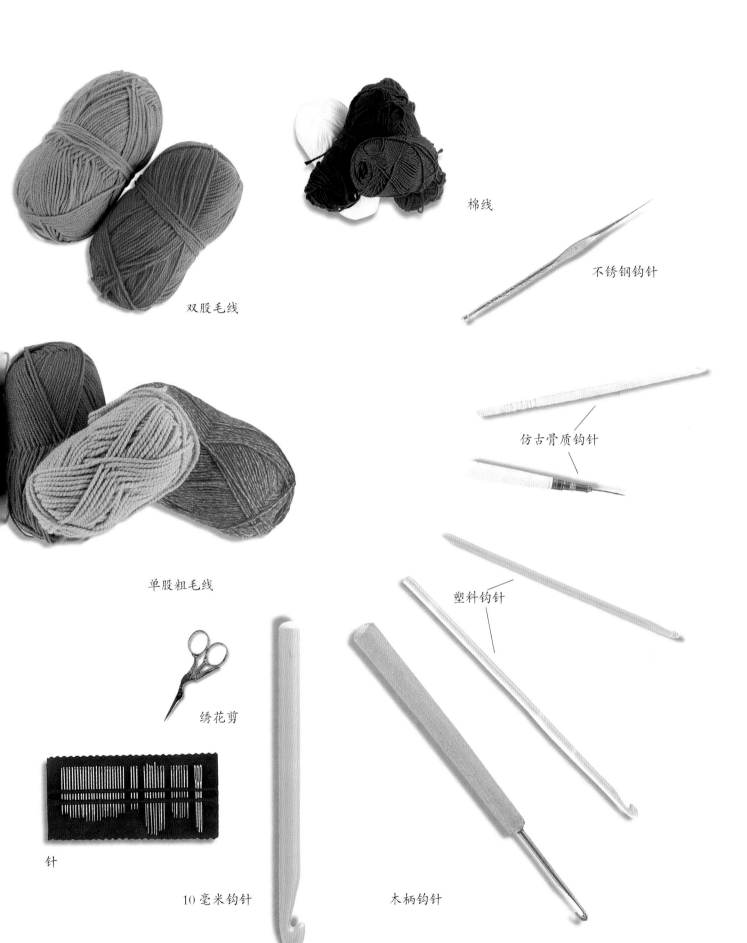

棉线

不锈钢钩针

双股毛线

仿古骨质钩针

塑料钩针

单股粗毛线

绣花剪

针

10毫米钩针

木柄钩针

技艺 *Techniques*
起针

Starting Off

钩针针法简单来讲就是用一支钩针从一个线圈里拉出另一个线圈。和棒针编织不同的是，棒针上可以同时有很多针数，而钩针编织则自始至终只留一个针目在钩针上，因为更易于操作。线和织物在一只手上，钩针则在另一只手上。如果是初次尝试钩编，需要经过练习才能掌握钩编的松紧度，在练习中找到适合自己的持针线的方法。手法自然熟练需要一个过程，其间可以调换钩针的型号来改变松紧度。习惯用左手的人在参考本书图片时需要把图片反过来看，或是把图片放在镜子前面，只看镜子里的图片即可。

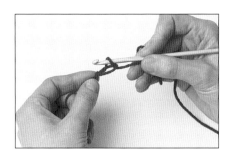

1 持针做活结 把主线绕在线头上，用钩针钩出一个活结。手拿钩针的姿势和拿铅笔的姿势一样。

2 拉线的两端把活结固定在钩针上。这时拿针的姿势和拿刀的一样。

持线 线夹在左手拇指和食指之间。为了保持松紧一致，线绕在左手中指和无名指后面，然后压在小指上，这样就可将其控制在两根手指之间，松紧由中指指尖掌握。

锁针（辫子针）

锁针（辫子针）是钩针编织的基础，接下来的针目都是在锁针上完成的。

1 拉紧活结，钩针先绕到线的下面再绕到上面（绕线）。

2 小心地把线从线圈里钩出来形成一个新的线圈。

3 重复这个动作直到辫子钩到需要的长度。

参照图解

许多钩编说明都是以缩略语或符号的形式出现，这样理解起来更加容易。常用符号如下所示：

alt 交替（交叉）	lp（s）线圈
beg 起始	patt 花样
bet 在……之间	rep 重复
chs 锁针	rnd 第……圈
cont 继续	sc 短针（美制）
dc 短针	sk 跳针
dec 减针	sp（s）针眼
hdc 中长针（美制）	t-chs 立针
dtr 长长针	tog 并针
htr 中长针（英制）	tr 长针
inc 加针	yoh 绕线

* 要按规定重复。

（ ）一般表示需要重复的几种针法的联合，也可以是额外的说明，比如该行的针数。

条纹钩编
Working in Stripes

掌握了基本针法（参看 P122、123）之后，可以将这些方法结合起来，用设想中的颜色，钩出很多有趣的图案。简单的几行长针就可以变换出条纹或方块图案。

巧妙搭配颜色就可以产生方格和条纹的效果

横条纹

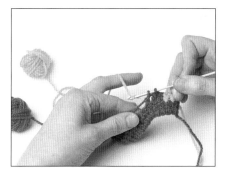

1 将不同颜色的条纹织在一起就出现条纹效果。前一行的最后一针接上另一种颜色的线。

2 在每一个条纹的末尾将线剪断或是换上所需要的线，线头要用缝针缝进织物里。

3 宽条纹就是将同一种线多钩几行。如果是重复的条纹图案，可以将线松松地垂在一边。

双色钩编

　　斜条纹或直条纹是在一行内同时用两种或多种颜色的线，钩法和方块等色块的钩法以及更为复杂的嵌花图案的钩法一样。

1 每个色块钩到最后一针时换线，用钩针把第2种线钩进来完成最后一针。

2 沿此行接着往下钩，每隔几针就换一种颜色。所使用的针法也同样变换。

3 钩窄条纹时将松掉的线隐在织物后面；钩宽条纹时则把松掉的线放到织物前面。

基本针法

Basic Stitches

钩 编有 5 种基本针法，在此基础上可以演变出其他针法。这 5 种针法的变化即从滑针（不增加织物高度）到长长针（tr）都取决于线圈的个数。立针，要从一行的起始处开始，在每一行的最后一针上钩，这样才能保证针数不变，而且钩编平整。钩编的第 1 行都是在一针锁针上开始的。钩编过程中，钩针穿过前一针的 2 个线圈，从前往后钩出来，拉紧（引拔）。

从上面按顺时针方向：长针、中长针、短针、长长针

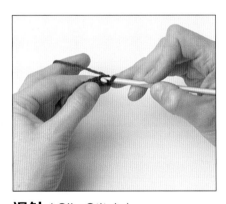

滑针（Slip Stitch）

1 跳过 1 锁针，* 将钩针穿进下个锁针的上半针里。

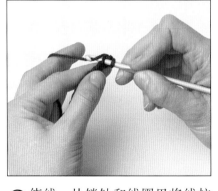

2 绕线，从锁针和线圈里将线拉出放在钩针上。第 1 个滑针完成。

3 重复*部分直到钩完锁针。翻面，织 1 针起立针，从第 2 针的 2 个线圈里织下一个滑针。最后一个滑针从立针中引拔出。

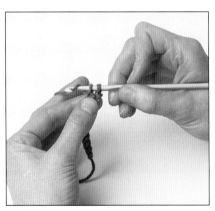

短针（Double Crochet）

1 跳过 1 锁针，* 将钩针穿进下个锁针的上半针里。

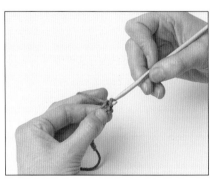

2 * 绕线，只从锁针里拉线。再绕线，从钩针上的 2 个线圈里引拔，完成 1 短针。从 * 处重复直到钩完锁针。翻面。

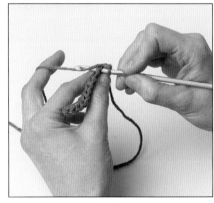

3 织立针，继续钩下一个短针。从最后一个短针上织起立针。

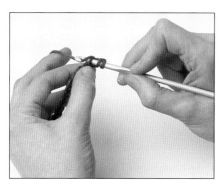

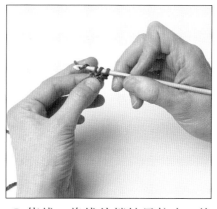

中长针（Half Treble）

1 跳过 2 锁针，* 绕线，将钩针穿进下一锁针的上半针里。

2 绕线，将线从锁针里拉出，钩针上共 3 个线圈。

3 绕线，将线穿过钩针上的 3 个线圈并拉出，1 个中长针完成了。从 * 处重复至锁针结束。织 2 个起立针，钩针上 2 个线圈一并钩出完成下一个中长针。

长针（Treble）

1 跳过 3 锁针，* 绕线，将钩针穿进下一锁针的上半针里。

2 绕线，从针上相邻 2 个线圈里将线拉出（钩针上共 2 个线圈）。

3 绕线，从余下的 2 个线圈里将线拉出，完成 1 长针。织 3 针起立针后继续，下一个长针从钩针上第 2 针的针目里穿进去。此行最后一个长针是钩在前一行的第 3 针立针上面。

长长针（Double Treble）

1 跳过 3 锁针，* 绕 2 次，将钩针穿进下个锁针的上半针里，绕线，从锁针里拉出来（钩针上共 4 个线圈）。

2 绕线，从相邻的 2 个线圈中拉出来，再绕线，从后面 2 个线圈中拉出来（钩针上共 2 个线圈）。

3 绕线，从最后两个线圈中拉出来完成 1 长长针。从 * 处重复直到最后。翻面，钩 4 个起立针后继续，下一个长长针从钩针上第 2 个锁针的针目里穿进去。此行最后一个长长针钩在前一行的第 4 个起立针上面。

收针

钩编结束时都需要收针以免线头散开。钩完最后一针之后，用钩针把最后的线圈拉出来，留 13 厘米长的线头后断线，用缝针将其缝进织物里面藏起来。

圆形花片钩编（环形起针）

Working in the Round

环形编织时，先将基础锁针连成一个圆环，接下来的针目就在这个圆环上完成，一圈圈钩下去，不用翻面。这种技巧适合钩小的圆形花朵做花拼图案，或是钩传统的小型桌巾以及稍大些的物件比如围巾或桌布。帽子或其他立体小物件也是用这种方法来钩，只不过在每一圈上加针或减针而已。

左图：这些圆形的花朵娇小玲珑，钩起来很容易。完成后，可将花瓣的边缘连接形成一串花朵

钩基础环

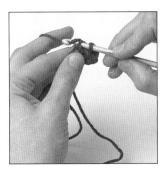

1 钩一串短的锁针，将钩针穿进最后一个锁针的上半针里。

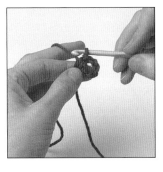

2 将线从线圈里拉出来钩出1个滑针，以此将两端连起来。

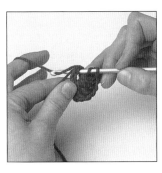

3 钩针穿过圆上各锁针，环形钩出第1圈。

环形长针

圆形图案的每一圈都要相应增加针数，新的颜色也可以在一圈起始时加上去，并将线头钩进针行里。每一圈都要钩在立起的锁针上，有的1针，有的2针，有的3针。和立针的作用一样，代替第1针。

1 第1圈 钩5锁针，用滑针围成一个环。钩3个锁针，沿中心圆钩16个长针完成第1圈，用滑针与第3个锁针连起来。第2圈 钩3个锁针，两个长针织进同一个孔眼，最后在第3个锁针上引拔。

2 第3圈 钩3锁针，（2针退1针，1针退1针）织完此圈。滑针到第3个锁针上引拔。第4圈（1长针上2长针，2长针上各钩1长针）。第5圈（1长针上2长针，3长针上各钩1长针）。

右图：这朵太阳花是在一个圆环内钩出一个花心和一簇簇花瓣完成的，用的针法是长长针

颜色说明

用第1种颜色起8锁针，用滑针连成圆形。

第1圈 钩3锁针，15个长针形成环形，第1圈结束时在第3个锁针引拔。如果需要，从这里换色。

第2圈 下面2长针之间钩2短针。2短针钩进同一个针目，每针里钩2短针至结束。在第1个短针内引拔（32短针）。接下一种颜色。

钩编花瓣

第3圈 起6锁针，*绕线3次，把钩针穿进下一个短针，绕线，把针拉出来（针上余5个线圈），（绕线，把针从2个线圈里拉出来）3次（针上余2个线圈）。*处重复2次，绕线，从余下的线圈中引拔，一个花瓣完成。

起9锁针。从处重复至1圈结束。

第5圈 钩1锁针（9锁针上钩9短针）到此圈结束。在第1个锁针处引拔连接。收针。

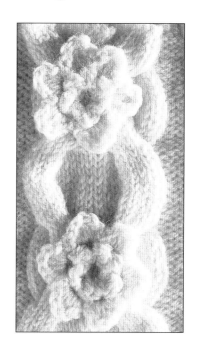

上图：这些可爱的爱尔兰钩编玫瑰是用厚阿兰毛线钩的，可装饰在图案华丽的麻花棒针织物上

左图：这些六边形图案是用亮色的零碎纱线钩的。之所以出现彩色玻璃窗的效果，是因为每个六边形的边都是黑色，和其他颜色形成了鲜明的对比

方形花片钩编

Crochet Squares

这种阿富汗方块，或称老祖母方块，长久以来深受大家喜爱。最早的阿富汗手工编织地毯的设计是出于节省的考虑：当时纱线很贵，所以穿小了的衣服往往会拆掉，这样纱线可以再用。钩编方块毯在当时主要是考虑其保暖性，同时因为颜色选择在当时还是一种奢侈的需求，所以使用起来相当随意。今天的阿富汗方块地毯钩织仍是利用零碎纱线的好办法。

上图： 这个样品结合了阿富汗方块钩编技巧和爱尔兰花朵钩编技巧。棉线突出了花朵图案

基础方块

大小随意、颜色多样的小方块有种珠宝效果，尤其是边缘用同一种颜色的情况；一个大方块则可以当毯子用。

1 起 6 锁针，用滑针围成 1 个基础环。

第 1 圈 钩 3 个锁针当第 1 个长针，然后沿基础圆钩 2 个长针，（*2 锁针，3 长针）3 次，2 锁针，在第 3 个锁针处钩滑针。完成第 1 种颜色。

2 选一个角接上第 2 种颜色的纱线：拿着线头绕线拉出一个环。将 2 个颜色的线头钩进前面几针里。

3 **第 2 圈** 钩 3 锁针，将（2 长针，2 锁针，3 长针）钩进同一针里面，(3 长针，2 锁针，3 长针钩进下一针里)3 次，滑针到第 3 个锁针引拔。其余线圈用同样方法。沿四边每针里钩 1 个 3 长针的线圈，每个角上的线圈是 2 长针。

连接图案

一个个小方块可以用两种方法连在一起：缝合或是短针钩缝。手工缝合可使接缝处比较平整，而钩编缝合则有凸起的效果。注意线头要织进去，不要露出来。

1 用缝针穿一根 45 厘米长的纱线，拿住方块，背面向上，穿过各自线圈以回针缝将两边缝紧。

2 用短针沿两边线圈钩缝，这样接缝处结实漂亮。方块可以一块一块钩缝上去，也可以等所有方块都钩好，按顺序摆放好后先水平缝合，再竖直缝合。

这个阿富汗方块的中心是8个凸起的针迹。雪尼尔纱和羊毛线的搭配效果很别致

这是一个六边形阿富汗图案，第1圈共12针，每边各2针，然后以正常方法加针

这些基础方块花色繁多，每一圈颜色都不相同。奶油色的底色，使得拼缀的效果十分突出，而且连接处细密紧实

贝壳和花瓣

　　贝壳图案形似扇形，是由几个长针织进同一个孔眼钩编而成的。花瓣图案则是倒着的扇形，钩的时候将几个相邻长针的线圈留在钩针上，钩线一次性从这些线圈中引拔产生。这两种针法结合起来可以钩出很多种有趣的图案。

这些花色样品展示的几种钩编图案，是由贝壳和花瓣图案交替钩编而成的

钩贝壳针

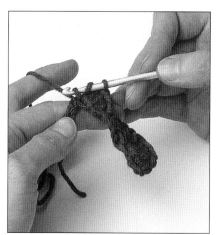

　　将钩针穿进第3个锁针里，然后在这一针里织7个长针。最后一针用滑针和第3个锁针连起来。

方形网眼钩编
Filet Crochet

方形网眼钩编是一种古老的钩针编织法，在 19
世纪末达到鼎盛。今天这种织法在荷兰、法
国和德国等地仍很流行。在那里，人们用这种技巧
织窗帘、桌布，还有花样镶饰和装饰性的花边等。
它由一个个规则的方形网眼组成，用长针和锁针钩
编而成。把其中一些网眼织满，图案就浮现出来。

右图：这个花篮图案最早出现在 20 世纪初，当时女性
生活悠闲，有时间做精致钩编并借此展示她们的才艺。
此件钩编作品是用钢针和细棉线钩成的

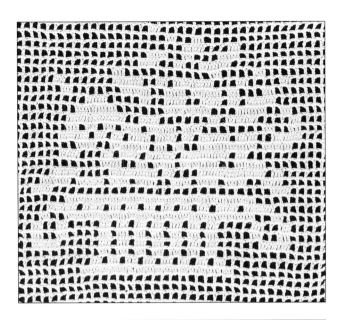

钩网眼

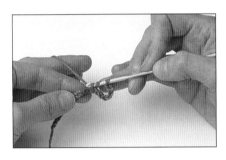

1 按照图解，每个方块代表 3 个
锁针，所以数基础锁针时用 3
乘以方块的数量再加 5 针起立针就
行了。从钩针处开始，在第 8 个锁
针上钩 1 个长针。

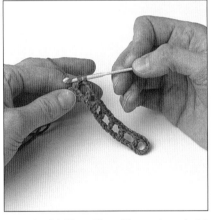

2 （2 锁针，跳 2 针，下一个锁
针里钩 1 长针）重复钩完此行，
最后以 1 长针和 5 起立针结束。

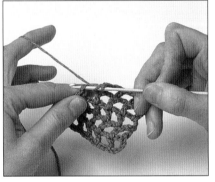

3 以下各行针法：从钩针处数在
第 2 个长针上钩 1 长针，跳 2 针，
下一个长针里再钩 1 长针，重复钩
织并以 5 起立针结束。在前一个长
针上钩长针时，钩针穿过前后 2 个
线圈。

钩线块

1 在前一行 2 锁针下面钩 2 长针。
在行首时起 3 起立针，然后在 2
锁针里钩 2 长针，下一长针里钩 1
长针。

2 线块和网眼交错产生棋盘效果。
将最后的长针钩进前一行的起
立针。

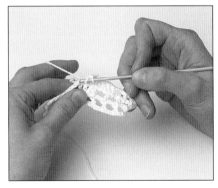

3 钩完一个线块继续钩织时，穿
过前面每针的 2 个线圈钩 4 长
针。

对照图解

很多书里都有方形网眼钩编图解。图解印在方格里很容易参考。每个白格子代表网眼，黑格子代表线块。奇数行顺着从右到左的方向，从右下角的方块开始。偶数行从左向右看图解。对于复杂的图案，可以复制一张大图，每钩完一行就在上面做个记号，这样就很容易掌握钩编的进度。很多十字绣图案可以用于方形网眼钩编，而且很容易把图解画在方格纸上。

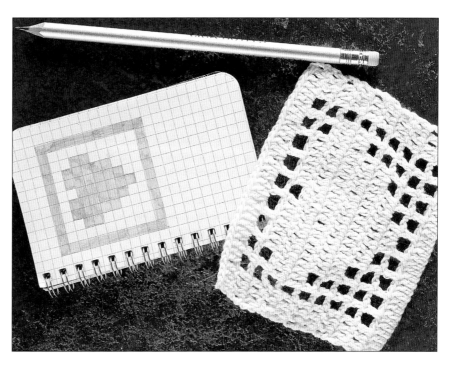

方形网眼钩编可大可小，线的种类也很丰富。图中这件简单的靛蓝色棉网钩编上面加了一些装饰，把长针和条纹状辫子钩在了一起。这种方法也可用在以丝带装饰的蕾丝织物上。

这条雪尼尔围巾不是严格意义上的方形网眼钩编，上面的网眼呈 V 形，纹理效果很独特。

作品 *Projects*

花朵盒子

Flower Box

钩编工艺用途很广，钩针线也不局限于羊毛线和棉线，钩编物件也不仅仅是平面的。其实，稍加想象力，用上亮色的拉菲草绳，就可以把一个空的乳酪盒子变成一个花朵形状的令人愉悦的储物盒。

材料

- 1束双色拉菲草绳（织盖子和四周）
- 少量不同颜色的拉菲草绳（织花瓣用）
- 3.50毫米的钩针
- 带盖子的硬纸板圆盒，直径大约11.5厘米
- 铅笔、银色锡箔纸、卷尺、聚乙烯黏合剂
- 大孔缝针
- 胶带

1 盒底、盒盖的内侧都铺上锡箔纸。可先将锡箔纸揉皱再展开，这样会有纹理效果。把盖子放在锡箔纸上沿盖子形状画圆，留 5 厘米缝份，把圆形剪下来。沿圆边每隔 1 厘米向中心方向剪一个口子，然后用胶水把锡箔纸粘在盖子上面，剪开的锡箔纸的边缘部分包住并粘在盖子边缘的两侧。画两张盒底，留 4 厘米缝份把两个圆剪下来。像前面一样把边缘剪开，然后用胶水把盒底内外包裹严实。

3 把钩好的盖子盖在盒盖上。用一截拉菲草绳包缝。再把钩好的盒底用平针缝缝上，侧边部分应该只有盒子高度的一半，这样便于盖子盖严。

2 选 1 种主色拉菲草绳钩盒盖：

第 1 圈 3 锁针，滑针和第 1 个锁针围成圆形。第 1 圈 1 锁针，6 短针，滑针到第 1 个短针引拔。

第 2 圈 1 锁针，下面 6 针每针上钩 2 短针，滑针到第 1 个短针引拔。

第 3 圈 1 锁针，*（第 1 针里钩 1 短针，下一针里钩 2 短针），从 * 处重复到完成此圈。滑针到第 1 个短针引拔。

第 4 圈 1 锁针，每针上钩 1 短针，滑针到第 1 个短针引拔。重复第 3、4 圈 3 次。

第 11 圈 1 锁针，60 针里每针钩 1 短针，滑针到第 1 个短针引拔。

第 12 圈 每一针的下半针里钩 1 锁针，*（下面 14 针每针钩 1 短针，错过一针不钩），从 * 处重复 3 次。滑针到第 1 个短针引拔。

第 13 圈 下面 56 针每针钩 1 锁针 1 短针，滑针到第 1 个短针引拔。

第 13 圈重复 1 次收针，或是等边缘部位和盒子一样深时收针。留出 90 厘米长的线头缝进去。

4 盒盖四周钩上花瓣，每个花瓣用不同颜色的线。面向盖子内侧，把拉菲草绳接到最后的粉色圈上，紧挨着的 5 针上各钩 1 滑针，1 锁针，使盒子正面向上，沿前段往回钩，第 1 针钩 1 短针、1 中长针。第 2 针钩 2 长针，第 3、4 针钩 2 长长针，第 5 针钩 2 长针，最后一针钩 1 中长针和 1 短针。*1 锁针，反转盒子，上一行 12 针每针钩 1 个滑针，然后收针。按逆时针方向，面向盒子内侧，在第 1 个花瓣左侧开始钩第 2 个花瓣。重复此过程直到钩完 10 个花瓣。所有的线头都缝到盖子内侧。

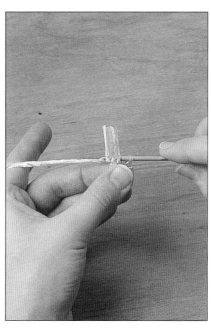

5 盖子中心位置钩一个提手：起 4 锁针，用滑针和第 1 针形成圆环，沿圆环钩 1 锁针 10 短针，用滑针与第 1 个短针连接，收针，留一截长线头缝进盖子中间，短线头缝到盖子内侧。提手周围用不同颜色缝 8 个直针，线头粘在盖子内侧并修剪整齐，上面盖上锡箔纸包着的纸板。

钩编布条包

Fabric Bag

这款乡村风格的包包是在碎呢地毯工艺的基础上，用撕成长条的旧布钩编而成的。这种方法很实用，可以利用做衣服剩下的碎布头，棉布或是混纺材料质地最好。布条弹性小，除非是斜裁布条，钩编时手劲要松。

材料

- 3 米长各色棉布
- 10 毫米钩针
- 和棉布同色的缝纫线
- 缝针

1 把棉布撕成 1.2 厘米宽的布条，并按颜色缝在一起卷成球状。

第 1 圈 起 4 锁针，1 起立针。前 3 锁针里各钩 1 短针，第 4 锁针里钩 4 短针。在锁针背面钩 2 短针，第 4 个锁针里钩 3 短针。滑针到第 1 锁针上（12 针）。

第 2 圈 在第 1 个短针里钩 1 锁针，剩下 11 短针上各钩 2 短针，滑针到第 1 个锁针上（24 针）。

第 3 圈 1 锁针，8 短针，下个短针上钩 2 短针，1 短针，下个短针上钩 2 短针，8 短针，下个短针上钩 2 短针，1 短针，下个短针上钩 2 短针，1 短针，滑针到第 1 锁针上（28 针）。

2 第4圈 1锁针，8短针，下个短针上钩2短针，1短针，下个短针上钩2短针，11短针，下个短针上钩2短针，1短针，下个短针上钩2短针，1短针，滑针到第1锁针（32针）。

第5圈 1锁针，9短针，下个短针上钩2短针，1短针，下个短针上钩2短针，13短针，下个短针上钩2短针，1短针，下个短针上钩2短针，2短针，滑针到第1锁针（36针）。

第6圈 1锁针，每个短针上各钩1短针，最后滑针到第1锁针（36针）。

第7圈 1锁针，9短针，下个短针上钩2短针，1短针，2短针，15短针，下个短针上钩2短针，1短针，下个短针上钩2短针，4短针，滑针到第1锁针（40针）。

第8圈 1锁针，每个短针上钩1短针，最后滑针到第1锁针（40针）。

第9圈 1锁针，9短针，下个短针上钩2短针，1短针，下个短针上钩2短针，17短针，下个短针上钩2短针，1短针，下个短针上钩2短针，7短针，滑针到第1锁针（44针）。

第10圈 1锁针，每个短针上钩1短针，最后滑针到第1锁针（44针）。

第11圈 1锁针，下个短针上钩9短针，1短针，下个短针上钩2短针，19短针，下个短针上钩2短针，1短针，下个短针上钩2短针，9短针，滑针到第1锁针（48针）。

第12圈 1锁针，每个短针上钩1短针，最后滑针到第1锁针（48针）。

第13圈 同第12圈。

第14圈 1锁针，9短针，下个短针上钩2短针，1短针，下个短针上钩2短针，21短针，下个短针上钩2短针，1短针，下个短针上钩2短针，11短针，滑针到第1锁针（52针）。

第15圈 1锁针，每个短针上钩1短针，最后滑针到第1锁针（52针）。

第16圈 同第15圈。

第17圈 1锁针，下面9个短针上各钩1短针，下个短针钩2短针，1短针，下个短针上钩2短针，23短针，下个短针上钩2短针，1短针，下个短针上钩2短针，13短针，滑针到第1锁针（56针）。

第18圈 1锁针，每个短针上钩1短针，最后滑针到第1锁针（56针）。

第19圈 同第18圈。

第20圈 1锁针，9短针，下个短针上钩2短针，1短针，下个短针上钩2短针，25短针，下个短针上钩2短针，1短针，下个短针上钩2短针，15短针，滑针到第1锁针（60针）。

第21圈 1锁针，每个短针上钩1短针，最后滑针到第1锁针（60针）。

第22圈 同第21圈。

第23圈 1锁针，9短针，下个短针上钩2短针，1短针，下个短针上钩2短针，27短针，下个短针上钩2短针，1短针，下个短针上钩2短针，17短针，滑针到第1锁针（64针）。

第24圈 1锁针，每个短针上钩1短针，最后滑针到第1锁针（64针）。

第25圈 同第24圈。

收针。

3 做提手：把布条连在包包顶边右手起1/3处，钩37锁针的辫子，连到左手起1/3处。翻面，每个锁针上钩1短针。剪掉线头，用针线将提手缝在包包内侧。重复此过程做另一个提手。

婴儿毯和毛线球

Baby Blanket and Woollen Balls

右图这款婴儿毯会让任何一个婴儿室亮丽无比，彩虹的颜色给男婴女婴做礼物都很合适。醒目的 v 形图案用的是基础长针的织法，钩起来又快又简单。配套的毛线球可以很好地利用剩余毛线，将各种颜色的线拼在一起，里面填充聚酯纤维棉，也可以放一些干豆进去做成大点的孩子和大人都喜欢的杂耍球。成品毯子是边长大约 90 厘米的正方形。

婴儿毯所需材料

◆ 红色、橘红色、黄色、绿色、浅蓝色、深蓝色和紫色婴儿用双股毛线各 50 克
◆ 3.50 毫米钩针
◆ 缝针

1 用红色线起 153 锁针。

第 1 行 从钩针处数起在第 4 锁针上钩 1 长针，接下来 7 锁针内钩 7 长针，下面 3 针 *（挂线，拉出线圈，再挂线，拉出 2 个线圈，针上留 1 线圈）。从 * 处重复 2 次（针上 4 线圈）挂线，拉出全部 4 线圈，这样有 13 长针。9 长针，下个锁针上钩 3 长针，9 长针 *。

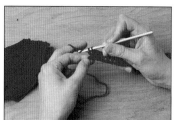

2 从 * 到 * 重复 7 次直到行末。最后一次重复时最后 2 长针钩进同一长针里，翻面。

第 2 行 3 锁针，第 1 锁针上钩 1 长针，也就是说后 2 锁针位置不变。钩 7 长针，*（1 长针行，9 长针，下个长针上钩 3 长针，9 长针）。从 * 处重复钩到末端，最后 2 长针钩进同一长针里，翻面。重复第 2 行钩出花色。

剪断红色线，接上橘红色线，开始钩第 2 个条纹。

3 每种颜色钩 2 行：黄色、绿色、浅蓝色、深蓝色、紫色。重复这 7 种花色 4 次，最后钩 2 行红色线收针。

4 把线头织进去。垫湿布低温熨烫，使毛毯成型。

毛线球所需材料

◆ 剩余粗毛线

◆ 3.50 毫米钩针

◆ 可水洗的聚酯化纤填充棉

◆ 缝针

1 起 16 锁针做基础针。

第1行 1 锁针，跳 1 针，4 短针，8 长针，4 短针。翻面。

第2行 1 锁针，下面 4 短针上钩 4 短针，8 长针上钩 8 长针，4 短针上钩 4 短针。翻面。

2 这两行构成基础花色，重复 9 次完成球的形状。普通球可以用一种颜色钩，但是不同颜色的毛线交替编织能钩出更有趣的花色。西红柿球的顶部是用短针钩的。

3 用缝针把两端连起来，保证所有线头都缝进球里面。

4 用回针缝把边缝起来，缝到一半处将填充棉塞进去，填满，接着把边缝完后收针。用两手把球团成圆形。

草莓和西红柿帽子

Strawberry and Tomato Hats

这 些可爱的充满诱人水果气息的婴儿帽让大人孩子看了都
喜欢。草莓帽子的花茎、花萼和帽子是整体的环形编织，
草莓籽则是用棉线绣上去的。西红柿帽子和草莓帽子的钩法
一样，但颜色是一种更温暖的红。帽子成品的尺寸是外边周
长 35 厘米，适合一岁前的婴儿。

材料

- 双股棉线：
  50 克红色
  20 克绿色
  10 克黑色
  10 克黄色
- 3.50 毫米和 4.50 毫米钩针各 1 支
- 大孔缝针

1 用 4.50 毫米钩针，绿色线，起 5 锁针。在钩针第 2 锁针上钩 1 滑针。* 剩下 3 锁针各钩 1 滑针，形成花茎。

第 1 圈 3 锁针，滑针到第 1 锁针形成一个圆。钩 1 锁针，5 短针，在圆环开始处钩滑针到第 1 短针引拔。

第 2 圈 1 锁针，接下来 5 短针上各钩 2 短针。

第 3 圈 1 锁针，（第 1 针上钩 1 短针，其余针上各钩 2 短针）4 次，滑针到第 1 短针引拔。

第 4 圈 1 锁针，（下面 2 针上各钩 1 短针，其余针上各钩 2 短针）4 次，滑针到第 1 短针引拔。

第 5 圈 1 锁针，（下面 3 针上各钩 1 短针，其余针上各钩 2 短针）4 次，滑针到第 1 短针引拔。

第 6 圈 1 锁针，（下面 4 针上各钩 1 短针，其余针上各钩 2 短针）4 次，滑针到第 1 短针引拔（共 30 针）。

3 换红色线，钩针穿到前一行每针的后线圈里，起 1 锁针（下面 5 针上各钩 1 短针，下一针上钩 2 短针）4 次，滑针到第 1 短针引拔。

第 8 圈 1 锁针（下面 6 针上各钩 1 短针，下一针上钩 2 短针）4 次，滑针到第 1 短针引拔。

第 9 圈 1 锁针，（下面 7 针上各钩 1 短针，下一针上钩 2 短针）4 次，滑针到第 1 短针引拔。

第 10 圈 1 锁针，（下面 8 针上各钩 1 短针，下一针上钩 2 短针）4 次，滑针到第 1 短针引拔。

第 11 圈 1 锁针，（下面 9 针上各钩 1 短针，下一针上钩 2 短针）4 次，滑针到第 1 短针引拔。

第 12 圈 1 锁针，（下面 10 针上各钩 1 短针，下一针上钩 2 短针）4 次，滑针到第 1 短针引拔。

第 13 圈 1 锁针，60 针上各钩 1 短针，滑针到第 1 短针引拔。

再重复第 13 圈 13 次钩到第 27 圈。

2 钩叶子。

第 7 圈 *（12 锁针，从钩针数第 2 锁针上钩 1 滑针，下个锁针上钩 1 滑针，下面 2 锁针上各钩 1 短针，下面 2 锁针上各钩 1 中长针，下面 2 锁针上各钩 1 长针，下面 3 锁针上各钩 1 长长针，把叶子和帽子用滑针连起来，1 滑针连到 12 锁针的第 4 针的前面线圈里，另一滑针连到下个锁针的前面线圈里）。从 * 处重复 5 次。

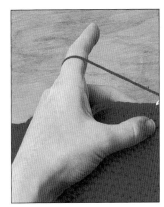

4 第 27 圈 换 3.50 毫米钩针，钩 2 锁针，2 锁针上钩 1 长针，其余 59 针上各钩 1 长针，滑针到第 1 长针引拔。收针，并把线头缝进织物。

5 钩草莓帽子时，用黑色线缝草莓籽，每一个都是用雏菊绣针法，这样反面的针脚就特别小。最后在每个草莓籽中心位置用黄色线绣一个小的直线绣。

棉线休闲袋
Cotton Duffle Bag

这款轻巧的休闲袋使用天然原色棉线钩成，方便存放，是理想的夏季沙滩包。使用的钩针有两种尺寸：3.50 毫米的钩针钩底部，细密结实；4.50 毫米的钩针钩 V 形图案的包身，宽大松弛。底部和包身顺着一道结实的边缝钩在一起，很耐用。成品休闲袋的尺寸是 35 厘米深，袋口 51 厘米宽。

材料

- ◆ 150 克棉线
- ◆ 3.50 毫米钩针和 4.50 毫米钩针各 1 支
- ◆ 缝针

1 底部：3.50 毫米钩针，起 5 锁针，用滑针和第 1 锁针连起来形成圆环。

第 1 圈 1 锁针，围绕圆环钩 11 短针，滑针到第 1 锁针的半针上引拔（12 针）。

第 2 圈 3 锁针（作为第 1 长针），钩 1 长针，（下个短针上钩 1 长针，再下个短针上钩 2 长针）一直到这圈结束，滑针到起始第 3 锁针上半针引拔（18 针）。

第 3 圈 3 锁针，1 长针，每个长针上钩 2 长针到这圈结束，滑针到起始第 3 锁针上半针引拔（26 针）。

第 4 圈 3 锁针，每个长针上钩 1 长针到这圈结束，滑针到起始第 3 锁针上半针引拔（54 针）。

第 5 圈 3 锁针，（下个 2 长针上各钩 1 长针，在下一个长针上钩 2 长针）到这圈结束，滑针到起始第 3 锁针上半针引拔（70 针）。

第 6 圈 3 锁针，每个长针上钩 1 长针到这圈结束，滑针到起始第 3 锁针上半针引拔（70 针）。

第 7 圈 3 锁针，（下个长针上钩 1 长针，再下个长针上钩 2 长针）到这圈结束，滑针到起始第 3 锁针的半针上引拔（106 针）。

第 8 圈 3 锁针，每个长针上钩 1 长针到这圈结束，滑针到起始第 3 锁针的半针上引拔。收针（106 针）。

2 包身：用 3.50 毫米钩针，起 103 锁针。

第 1 行 在钩针第 4 锁针上钩 1 长针，接下来每个锁针上钩 1 长针（100 长针）。翻面。

第 2 行 3 锁针（作为第 1 长针），每个长针上钩 1 长针（100 长针）。翻面。

第 3 行 重复第 2 行。

第 4 行 换 4.50 毫米钩针。4 锁针，跳 2 长针，（下个长针上钩 1 长长针，1 锁针，1 长长针 [=1 V 字针]。跳过 2 长针，下个长针上钩 1 V 字针），最后一针上钩 1 长长针。翻面。

第 5 行 4 锁针，（1 V 字针上钩 1 V 字针），重复，最后一针上钩 1 长长针（31 V 字针）。翻面。

第 6~21 行 重复第 5 圈 16 次。

孔眼行： 换 3.50 毫米钩针。

第 22 行 1 锁针，前一行每针上钩 1 短针（95 短针）。

第 23 行 1 锁针，每个短针上钩 1 短针（95 短针）。

第 24 行 3 锁针，（1 短针上钩 1 长针）2 次，（2 锁针，跳 2 短针，下面 3 短针上钩 3 长针）重复到此行结束，用 3 长针结束。

第 25 行 1 锁针，每针上钩 1 短针。

第 26 行 1 锁针，每个短针上钩 1 短针至此行结束。收针。

3 整理：把钩好的部分熨平并整出形状，用缝针把线头藏好。将两片包身用短针连起来，底部和包身的底边也用短针缝合。

肩带

用 3.50 毫米钩针起 10 锁针。

第1行 第 4 锁针上钩 1 长针，以下每个锁针上钩1长针（7针）。翻面。

第2行 1 锁针，每个长针上钩 1 短针至此行结束（7针）。翻面。

第3行 3 锁针，每个短针上钩 1 长针至此行结束（7针）。翻面。

重复钩第 2、3 行，直到肩带长 51 厘米为止。

4 将肩带对折，对折处穿过接缝缝在袋子顶部，两端如图所示缝在底部。用锁针钩一条锁针链做绳子，或者直接用棉线搓一条绳子，从背后穿进孔眼里，固定即可。

杯垫和餐具垫

Coasters and Placemat

图 中这套餐具垫和杯垫是用各种颜色的粗棉线钩成的。这套垫子不仅美观而且实用：棉线不传热，吸水，洗完不变形。这种凸起的针法一般只用一种颜色钩，但这款条纹图案视觉上增加了厚度和质感。钩杯垫可以很好地练习环形编织，因为每个杯垫上搭配的 3 种颜色都不同。

1 **杯垫** 用第 1 种线起 7 锁针，用滑针形成圆环。

第 1 圈 3 锁针，围绕圆环钩 14 长针，滑针到 3 锁针的顶部引拔。

第 2 圈 3 锁针，同一针内钩 1 长针，（1 针上钩 2 长针）至此圈结束，滑针到 3 锁针顶部引拔，断线（28 针）。

2 **第 3 圈** 换第 2 种线。3 锁针，1 长针（下一针上钩 2 长针，1 长针）至此圈结束。滑针到 3 锁针顶部引拔，断线（42 针）。

第 4 圈 换第 3 种线。2 锁针，每针上钩 1 中长针至此圈结束。滑针到 2 锁针顶部引拔（42 针）。

3 收针。藏好线头，把垫子轻轻熨平。

杯垫所需材料

◆ 深紫色、深红色、黄褐色、灰绿色、暗绿色粗棉线各 50 克
◆ 4.50 毫米钩针
◆ 大孔缝针

1 餐具垫 第1行 用深紫色线，起42锁针。从钩针数在第4锁针上钩1长针，其余锁针每针上钩1长针。翻面。

第2行 3锁针，绕线。钩针从右至左穿进下个长针的孔眼，把线拉出线圈，然后完成长针。下个长针上再钩1个正面凸起长针。

2 用同样方法钩下面3个凸起长针，但钩针是在织物后面从右至左穿进孔眼，所以叫凸起反面长针。钩（3正面长针，3反面长针）5次，最后3针钩3正面长针。翻面。

第3行 3锁针，2正面长针，（3反面长针，3正面长针）6次。断线，翻面。

第4行 换深红色线，起3锁针，2正面长针，（3反面长针，3正面长针）6次至此圈结束。翻面。

第5行 （3正面长针，3反面长针）6次至剩最后3针，3正面长针，断线。翻面。

这2行钩出篮状编织图案，下面换线后继续这种钩法。

第6和7行 黄褐色。

第8和9行 灰绿色。

第10和11行 暗绿色。

第12和13行 灰绿色。

第14和15行 黄褐色。

第16和17行 深红色。

第18到20行 深紫色。

餐具垫所需材料

◆ 深紫色、深红色、黄褐色、灰绿色、暗绿色粗棉线各50克
◆ 4.00毫米钩针
◆ 大孔缝针

3 边缘用灰绿色线。把线接到垫子顶部边缘的右侧，每针上钩1长针，每个角上针目里钩3长针。沿四周在每个长针外侧钩3长针，这样可以盖住线头，或者把线头藏进去。最后把灰绿色线头藏好，然后熨烫使垫子平整。

窗帘帘眉
Curtain Heading

方格针编织传统上使用细钩针和白色棉线，用来做蕾丝窗帘和家具布艺的边饰，广受大家喜爱。图中这款窗帘帘眉的灵感来自于爱德华时代，既可以和落地网状（或薄纱）窗帘配套放在客厅里，也可搭配短的咖啡屋风格的窗帘放在厨房里。这款蕾丝还可用来搭配亚麻布，或是镶到缝有丝带的带子上。成品的宽度是 7.5 厘米，重复的图案尺寸是 6.5 厘米。

材料

- 20 号白色钩编线 50 克
- 1.25 毫米钩针
- 窗户宽度 1.5 倍的透明织物
- 珠针
- 白色棉缝线、缝针
- 黄铜窗帘环

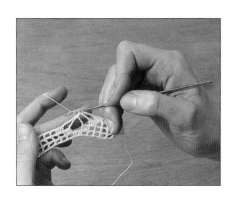

1 起 57 针。

第 1 行 从钩针数第 4 锁针上钩 1 长针，下个锁针上钩 1 长针，2 锁针，跳 2 锁针，下个锁针上钩 1 短针，（2 锁针，跳 2 锁针，下个锁针上钩 1 长针）6 次，下面 3 锁针上各钩 1 长针，（2 锁针，跳 2 锁针，下个锁针上钩 1 长针），2 锁针，跳 2 锁针，下个锁针上钩 1 短针，2 锁针，跳 2 锁针，下面 2 锁针上各钩 1 长针。翻面。

第 2 行 3 锁针，1 长针上钩 1 长针，5 锁针，下个长针上钩 1 长针，（2 锁针，跳 2 锁针，下个长针上钩 1 长针）5 次，1 空当处钩 2 长针，下个长针上钩 1 长针，11 锁针，跳 2 长针，下个长针上钩 1 长针，1 空当处钩 2 长针，（2 锁针，跳 2 锁针，下个长针上钩 1 长针）5 次，5 锁针，下面 2 长针上各钩 1 长针。翻面。

第 3 行 3 锁针，第 1 长针上钩 1 长针，2 锁针，跳 2 锁针，下个锁针上钩 1 短针，2 锁针，跳 2 锁针，下个长针上钩 1 长针（2 锁针，跳

2 锁针，下个长针上钩 1 长针）4 次，1 个空当处钩 2 长针，下个长针上钩 1 长针，6 锁针，11 锁针线圈里钩 3 短针，6 锁针，跳 3 长针，下个长针上钩 1 长针，1 个空当处钩 2 长针，（2 锁针，跳 2 锁针，下个长针上钩 1 长针）4 次，2 锁针，跳 2 锁针，下个锁针上钩 1 短针，2 锁针，跳 2 锁针，下面 2 长针上各钩 1 长针。翻面。

第 4 行 3 锁针，下个长针上钩 1 长针，5 锁针，下个长针上钩 1 长针，（2 锁针，跳 2 锁针，下个长针上钩 1 长针）3 次，下个空当处钩 2 长针，下个长针钩 1 长针，6 锁针，空当处 1 短针，下面 3 短针上各 1 短针，1 空当处钩 1 短针，6 锁针，跳 3 长针，第 4 长针上钩 1 长针，下个空当处钩 2 长针，下个长针上钩 1 长针，（2 锁针，跳 2 锁针，下个长针上钩 1 长针）3 次，5 锁针，下面 2 长针上各钩 1 长针。翻面。

第 5 行 3 锁针，下个长针上钩 1 长针，2 锁针，跳 2 锁针，下个锁针钩 1 短针，2 锁针，跳 2 锁针，下个长针上钩 1 长针，（2 锁针，跳 2 锁针，1 长针）2 次，下个空当处钩 2 长针，下个长针上钩 1 长针，6 锁针，1 空当处钩 1 短针，下 5 短针上钩 1 短针，1 空当处钩 1 短针，6 锁针，跳 3 长针，下个长针上钩 1 长针，1 空当处钩 2 长针，下个长针上钩 1 长针，（2 锁针，跳 2 锁针，下个长针上钩 1 长针）2 次，2 锁针，跳 2 锁针，下

个锁针上钩 1 短针，2 锁针，跳 2 锁针，下面 2 长针上各钩 1 长针。翻面。

第 6 行 3 锁针，下个长针上钩 1 长针，5 锁针，下个长针上钩 1 长针，2 锁针，跳 2 锁针，下个长针上钩 1 长针，1 空当处钩 2 长针，下个长针上钩 1 长针，6 锁针，1 空当处钩 1 短针，下面 7 短针上各钩 1 短针，1 空当处钩 1 短针，6 锁针，跳 3 长针，下个长针上钩 1 长针，下个空当处钩 2 长针，1 长针上钩 1 长针，2 锁针，跳 2 锁针，下个长针上钩 1 长针，5 锁针，下面 2 长针上各钩 1 长针，翻面。

第 7 行 3 锁针，下个长针上钩 1 长针，2 锁针，跳 2 锁针，下个锁针上钩 1 短针，2 锁针，跳 2 锁针，下个长针上钩 1 长针，2 锁针，跳 2 锁针，下个长针上钩 1 长针，1 空当处钩 3 长针，6 锁针，跳 1 短针，下面 7 短针上各钩 1 短针，6 锁针，1 空当处钩 3 长针，下个长针上钩 1 长针，跳 2 长针，下个长针上钩 1 长针，2 锁针，跳 2 锁针，下个长针上钩 1 长针，2 锁针，跳 2 锁针，下个锁针上钩 1 短针，2 锁针，跳 2 锁针，下面 2 长针上各钩 1 长针。翻面。

第 8 行 3 锁针，下个长针上钩 1 长针，5 锁针，下个长针上钩 1 长针，（2 锁针，跳 2 锁针，下个长针上钩 1 长针）2 次，2 锁针，跳 2 锁针，下个长针上钩 1 长针，1 个空当处钩 3 长针，6 锁针，跳 1 短针，下面 5 短针上各钩 1 短针，6 锁针，1 个空当处钩 3 长针，下个长针上钩 1 长针，2 锁针，跳 2 长针，

2 第10行 3锁针，下个长针上钩1长针，5锁针，下个长针上钩1长针，（2锁针，跳2锁针，下个长针上钩1长针）4次，2锁针，跳2长针，下个长针上钩1长针，1空当处钩3长针，2锁针，1空当处钩3长针，下个长针上钩1长针，跳2长针，下个长针上钩1长针，（2锁针，跳2锁针，下个长针上钩1长针）4次，5锁针，下面2长针上各钩1长针。翻面。

第11行 3锁针，下个长针上钩1长针，2锁针，跳2锁针，下个锁针上钩1短针，2锁针，跳2锁针，下个长针上钩1长针，（2锁针，跳2锁针，下个长针上钩1长针）5次，2锁针，跳2长针，下个长针上钩1长针，下面2锁针空当处钩2长针，下个长针上钩1长针，（2锁针，跳2锁针，下个长针上钩1长针）6次，2锁针，跳2长针，下个锁针上钩1短针，2锁针，下面2长针上各钩1长针。

图案由此11行组成。钩出窗帘的宽度，藏入线头，轻轻熨平。

下个长针上钩1长针，（2锁针，跳2锁针，下个长针上钩1长针）2次，5锁针，下面2长针上各钩1长针。翻面。

第9行 3锁针，下个长针上钩1长针，2锁针，跳2锁针，下个锁针上钩1短针，2锁针，跳2锁针，下个长针上钩1长针，（2锁针，跳2锁针，下个长针上钩1长针）3次，2锁针，跳2长针，下个长针上钩1长针，1个空当处钩3长针，5锁针，跳1短针，下面3短针上各钩1短针，5锁针，1空当处钩3长针，下个长针上钩1长针，2锁针，跳2长针，下个长针上钩1长针，（2锁针，跳2锁针，下个长针上钩1长针）3次，2锁针，跳2锁针，下个锁针上钩1锁针，跳2锁针，下面2长针上各钩1长针。翻面。

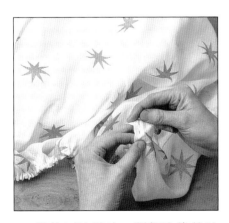

3 织物四边缝边，顶部边缘的地方松散地缝一行平针，拉线做褶子。

4 用珠针把织物固定在蕾丝上，调整褶子使两部分对齐。将两边缝整齐。

5 把帘环缝在帘眉的上沿，间隔均匀。

水杯罩

Jug (Pitcher) Cover

水杯上带珠饰的蕾丝罩在维多利亚时代非常流行，在室内，牛奶放在储藏柜里或是桌子上时可以拿罩盖着；在室外，此罩则是夏天野餐必备之物，可以保护柠檬汁不受昆虫的侵扰。图中这款现代版的水杯罩是用细蓝线和白线编织的，边上装饰着晶莹剔透的彩色玻璃珠。

材料

- 20 号白色钩编线 20 克
- 少量蓝色线
- 1.25 毫米钩针
- 28 个玻璃珠

编织方法

先用蓝色线起 10 锁针，滑针围成圆环。

第 1 圈 沿圆环钩 4 锁针，4 长长针，去掉钩针，先穿进锁针上部，再穿进长长针上部，绕线，引拔形成爆米花针，6 锁针，*（5 长长针钩到圆上，去针，穿进第 1 针长长针上部，再穿进第 5 针长长针上部，挂线，拉线形成爆米花针，6 锁针）。从 * 处重复 5 次，钩 6 爆米花针，滑针到第 1 针爆米花针引拔。收蓝色线。

第 2 圈 在任意 6 锁针线圈的中间接上白色线。7 锁针，*下个线圈里钩 3 长长针，其他线圈留在针上，绕线，引拔（1 长长针圈完成）7 锁。同一线圈里钩（1 长长针圈，7 锁针）2 次，从 * 处重复 2 次，下面 6 锁针线圈里钩 1 短针，滑针到第 1 针锁针引拔。

第 3 圈 下一个 7 锁针线圈上前 4 个锁针钩滑针，*9 锁针，下个 7 锁针线圈里钩 1 短针。从 * 处重复到此圈结束，滑针到第 1 针锁针引拔。

第 4 圈 下一个 9 锁针线圈上前 5 锁针钩滑针，*11 锁针，下个 9 锁针线圈里钩 1 短针。从 * 处重复到此圈结束，滑针到第 1 针锁针引拔。

第 5 圈 下一个 6 锁针上钩滑针，*13 锁针。下一个 11 锁针线圈上钩 1 短针。从 * 处重复，滑针到第 1 针锁针引拔。

第 6 圈 沿 7 锁针钩滑针。9 锁针，*（1 长长针线圈，7 锁针）3 次，1 长长针线圈，9 锁针，下个线圈里钩 1 短针。从 * 处重复 5 次，滑针到第 1 针锁针引拔。

第 7 圈 5 锁针滑针，*（7 锁针，下个线圈里钩 1 短针）。从 * 处重复到此圈结束，滑针到第 1 针锁针引拔。白色线收针。

第 8 圈 在任意 7 锁针线圈的第 4 锁针上接蓝色线。*（3 锁针，1 长针，2 锁针，2 长针）全部钩进同一个锁针空当处，1 锁针（2 长针，2 锁针，2 长针）钩进下个线圈的中间锁针里。1 锁针。从 * 处重复到此圈结束。滑针到第 1 针锁针引拔。

第 9 圈 下个长针上钩 1 滑针，下面 2 锁针空当处钩 1 滑针，在 2 锁针空当处钩（3 锁针，2 长针，3 锁针，3 长针）。下个锁针空当处钩 1 短针。下个 2 锁针空当处钩 *（3 长针，3 长针，1 锁针空当处钩 1 短针）。从 * 处重复到此行结束，滑针到第 1 个 3 锁针线圈的顶部引拔。蓝色线收针。

第 10 圈 重新把白色线接到蓝色花边后面一个 4 锁针空当处，钩进前一白色线行。（7 锁针，下面第 4 针锁针里钩 1 短针）到此行结束，滑针到第 1 针锁针引拔。

第 11 圈 在第 4 针锁针线圈里钩 1 滑针，（9 锁针，下个线圈里钩 1 短针）到此行结束，滑针到第 1 针锁针引拔。

第 12 圈 沿 5 锁针线圈钩滑针，（11 锁针，下个线圈里钩 1 短针）到此行结束，滑针到第 1 针锁针引拔。

第 13 圈 重复第 12 圈。

第 14 圈 重复第 12 圈。

第 15 圈 在第 6 针锁针里钩 1 滑针，（12 锁针，下个线圈里钩 1 短针）到此行结束，滑针到第 1 针锁针引拔。

第 16 圈 重复第 15 圈。

第 17 圈 在第 6 针锁针里钩 1 滑针，（13 锁针，下个线圈里钩 1 短针）到此行结束，滑针到第 1 针锁针引拔。

第 18 圈 在第 7 针锁针里钩 1 滑针，（14 锁针，下个线圈里钩 1 短针）到此行结束，滑针到第 1 针锁针引拔。

第 19 圈 从正在用的线团上量一截 4.5 米的线并截断。把玻璃珠穿上。

挂玻璃珠 *（14 锁针，去针，把 1 个玻璃珠穿到线圈上，再把针穿进线圈，下个线圈上钩 1 短针）。从 * 处重复直到挂完玻璃珠。在第 1 针锁针上钩滑针。收针。整理好线头。轻轻熨烫。

雪花图案
Snowflake Motif

钩针图案的变化很多。一个基础花形用不同颜色、不同粗细的纱线编织就会呈现不同的形状。图中这个六边形的图案可以单独出现，也可连在一起做垫子或者桌布的图案。

工具

◆ 少量 20 号钩编线
◆ 1.25 毫米钩针
◆ 小珍珠（可选用）

起 12 锁针，在第 1 针锁针上钩 1 滑针使之连成圆环。

第 1 圈 3 锁针，沿圆环钩 2 长针，5 锁针，（3 长针，5 锁针）5 次，在起始第 3 针锁针顶部钩 1 滑针（6空当处）。

1 **第 2 圈** 在第 5 锁针空当处钩 1 滑针，4 锁针，4 长针，4 锁针，5 长针，*下个空当处钩（5长针，4 锁针，5 长针），从 * 处重复 5 次，在第4 针锁针上钩 1 滑针。

2 **第 3 圈** 在接下来 4 锁针空当处钩 1 滑针，3 锁针，3 长针，3 锁针，4 长针，3 锁针，*下个空当处钩（4 长针，3 锁针，4 长针，3 锁针）。* 处重复 5 次，在第 4 针锁针上钩 1 滑针。

第 4 圈 在下个锁针空当处钩 1 滑针，此空当处钩（3 锁针，2 长针，3 锁针，3 长针），6 锁针，下面 3 锁针空当处钩1 短针，6 锁针，*（3 长针，3 锁针，下面 4 锁针空当处钩3 长针，6 锁针，3 锁针空当处钩 1 短针，6 锁针）。* 处重复 5 次，在第 3 针锁针上钩 1 滑针。

第 5 圈 在 3 锁针线圈上钩 1 滑针，（3 锁针，1 长针，3 锁针，2 长针）钩进 3 锁针空当处，6 锁针，6 锁针空当处钩 1 短针，3 锁针，6 锁针空当处钩 1 短针，6 锁针，*（2 长针，3 锁针，3 锁针空当处钩 2 长针，6 锁针，6 锁针空当处钩 1 短针，3 锁针，6 锁针空当处钩 1 短针）。* 处重复 5 次，在第 2 针锁针上钩 1 滑针。

3 收针，缝好线头。把图案的六角展开，取珠针固定在布上，用湿布轻按。

4 前 2 圈可钩一个小型花样（如图所示），非常适合做胸针图案。

特殊技艺

Special Techniques

本章将介绍手工缝纫、编织中的一些特殊技法。其中，缩褶、手编地毯等技法打造的作品艺术效果独特，而另外一些技法囊括了各种新奇的创意，为珠子、亮片、流苏、缎带、绒球、花式纽扣等司空见惯的饰品提供新颖的搭配方式，给手作生活增添惊喜。创意无极限，全在手指间，一起试试吧！

纱线染色
Dyeing

纱线、布料在染色后，可焕发出全新的质感和活力。过去多使用植物染料，染后色泽自然，体现出一种随性的艺术美感。现在，化学染料可以量化，色牢度好，操作简便，多用于现代化规模生产。市面上有冷水染料、热水染料两大类，均可用于合成、天然纤维的染色。还有一些特别配方的化学染料，可以用在洗衣机中直接为大件、多件织物同时染色。

段染

除了织物以外，段染也可为棉线、毛线染出自然的渐变色。段染纱线的颜色深浅不一，织就的成品织物图案独特，色彩多样，层次丰富。喜欢的话，刺绣时可选用色调搭配和谐的段染细线，能呈现不同一般的立体效果。

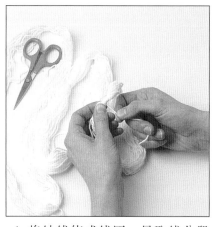

1 将纱线绕成线团，另取线分段捆扎。希望不同颜色过渡自然的话，可以捆扎得宽松一些；反之，则捆扎得紧一些，使染出的相邻两色间突出一小段白色。置水中充分浸泡，拿出后拧干水分。

2 参看染料的使用说明，取一平底锅，加水煮沸，按照稀释比例加入染料，继续加热使染液持续沸腾。若使用的染料颜色较多，每次只需加入少量。操作时，可用长柄钳夹着线团，将待染色的线段（两个捆扎点间的部分）放入染液后浸泡1分钟。同理，加水烧热放入新染料，为另一线段染色，直至染色完毕。

3 将染色后的线团入水多次冲洗，直至不再掉色，晾起来直至风干。细心剪断捆扎的线，将染线缠绕成线团。

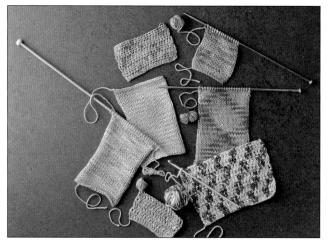

使用段染的纱线进行棒针和钩针编织时，织物的颜色错落有致，呈现出色彩缤纷的条纹、菱形图案

线的段染颜色经过精心设计后，为织物打造出规则的几何线条和菱形

扎染丝巾
Tie-Dye Scarf

作为一种传统的染色工艺，扎染多用来为织物、衣饰打造各种造型的平面图案。它的操作步骤简单，在对布料进行打结、缩褶、折叠、用线（橡皮筋）捆扎之后染色，就可打造出千变万化的非凡效果。由于其手法简单，广为流传，艺术价值反倒不为人重视。手法娴熟之后，可在一件织物上染出多种颜色。

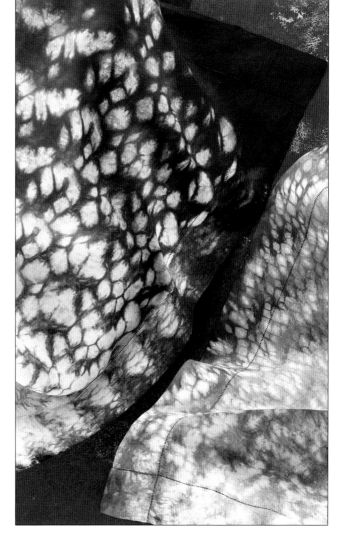

材料

◈ 素色的白棉布或丝绸围巾
◈ 线
◈ 热水或冷水染料
◈ 盐

扎染：格网图案

欲打造圆形、格网图案时，可将 1 粒纽扣或者珠子放在布料的中心，用橡皮筋固定。将布料多次卷折后用线隔段捆扎。

扎染：条纹图案

将布料卷成卷，用线隔段捆扎后就可染出条纹图案。

1 选用新丝巾的话，可先放入水中洗去整烫剂。多次冲洗干净后，拧干水分。将丝巾平铺在台面上，取一根线沿对角斜放，卷成筒。

2 将两端的线头放在一起收紧，使丝巾缩褶成圆形，勿使其散开。两线头打结固定在一起。

3 取一旧平底锅，加水和染料，遵照染料的使用说明为丝巾染色。染色完毕后，割断捆扎线，打开丝巾。放入水中多次冲洗，直至不再掉色为止。

布条毯
Fabric-Strip Rugs

有了暖暖的壁炉，温馨的炉边毯，不管是多么寒冷的冬日，家都是永恒的天堂。将各色碎布、毛料拼缝在一起，或是贴缝在一块底布、网格布上，即可打造出一款简单实用的花式地毯。希望省工但又追求精致效果的话，不妨尝试制作一款由各色布条编织而成的地毯。

绳条地毯

绳条地毯，即将各色布带辫在一起盘成圆形，作为地毯使用。这种工艺历史悠久，至今仍然广为流传。美国宾夕法尼亚州生活着一个原始的部落——阿米诺人，他们仍然保留着这一手工艺术，并将它和编织手法结合起来制作地毯：用棒针将布带编织成方形或者六边形，作为中心，将辫带放在外侧，以此为中心层层环绕。布料可选取穿旧的女装、童装，这些衣物颜色比较鲜艳，裁成布条后，可缠成团备用。裁剪布条时，若斜向裁剪弹性更好。布带没有毛线的弹性好，编织时比较难以操作，可选用大号的棒针（大于 10 毫米）。布条不要拉得太紧，编织时会更容易些。

手编方毯

1 收集一些印花碎布、旧衣物，撕成 4 厘米宽的布条。将各布条拼接到一起，卷成团备用。

2 使用大号棒针，开始起 10 针，将布条编成约 7.5 厘米宽的编织带（此宽度效果较为理想）。建议用平纹织法，使地毯的正反面可自由使用。

3 将各条编织带用粗线缝到一起，形成方形的多色地毯。如图所示，各条编织带宽度一致，形成一张棋盘格图案的地毯。

这款圆形地毯是用 12 毫米的钩针以长针编织而成的。布带取自旧布料，内外各层的钩编带颜色各异，搭配和谐，呈现出一个色调淡雅的同心圆

绳条圆毯
Braided Rug

早期，由于受生产工艺的限制，布料奇缺，人们便自己动手，发明了非常环保的手辫地毯：将各种颜色、质地的旧布料、床上用品剪成布条，手辫在一起作为地毯、地垫使用。虽然较为环保，但取材受限，布条的颜色缺乏精心设计，搭配在一起形成的地毯大多颜色杂乱。如图所示，这款圆形的手辫地毯就采用了这一传统的工艺，选用了人造丝、套染的格子布和莎丽，经过精心的色彩搭配，立刻打造出一款五彩缤纷、热情洋溢的现代工艺品。

材料

◆ 各色布料
◆ 扣眼线
◆ 手缝针
◆ 安全别针
◆ 重物（可选用）
◆ 质地较厚的布料（底布）

1 沿布纹将各色布料撕成宽 6.5 厘米的布带。将 3 种色调一致的布条辫到一起，可形成 1 条宽宽的色带，而不同颜色的 3 种布条辫在一起，即可打造出色彩斑斓的效果。

2 取针线，将 3 种布条的一端缝在一起，然后固定到一个平面上。例如，可用安全别针将其固定到椅子的扶手布套上，还可在布带的顶端压上重物，或者将布条的一端挂在吊环上。

3 布条的毛边向里卷少许，将 3 种布条辫到一起。辫到末端时，可取针线缝接上另 3 种布条；或者想省时间的话，如图所示，可以直接将新布条叠放在上一条布条的末端，再继续手辫。

4 手辫带达到数米长后，可动手缝到底布上。把手辫带放置在台面上，将布带的末端整平，如图所示，以末端为中心层层盘卷。边盘卷，边用藏针缝或平针缝，每次挑少许布，将内外层辫带缝合到一起。长 18 米的手辫带可盘卷成直径 60 厘米的圆形地毯。需要更大尺寸的话，可相应增加手辫带的长度。最后，在地毯的背面缝一层质地较厚的底布，使地毯更加经久耐用。

抽褶法

Smocking

将多余的布料压折成纹的方法即为抽褶法，源于中世纪，可为衣服增加浪漫动感的抽褶装饰。以前在英国的乡间，农民多穿着宽松的百褶罩衫到田间劳作，这一习惯延续了多个世纪，直至19世纪30年代，英国东南部埃塞克斯郡的老人们依然保留着这一古老的穿衣传统。这种罩衫由粗亚麻布制作，由于耐磨、防水、经久耐穿，适合作为工作服。制作时，先裁剪一大块长方形布，对折，压折腰身、肩膀、袖口部位的布料，用抽褶法固定褶纹。

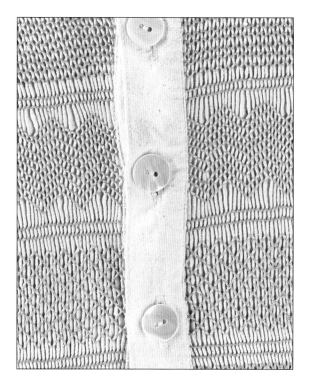

如何压出百褶纹

缝制之前，先将布料拉紧。用铅笔在布料的背面标记出多行圆点或网格。想省事的话，可使用印有斑点或网格图案的热烫式转印纸，热烫到素布上即可印出图案。

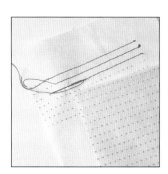

1 将转印纸正面向下放在布料上，热烫转印图案。沿着布上圆点形成的水平线，每次在圆点处挑一针，从右向左缩缝布料。

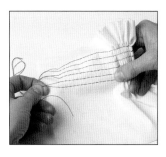

2 在水平方向轻拉各条缝线，使布料上形成凸起的褶纹。在缝线的末端打结固定，防止褶纹散开。

3 对于带有斑点、方格图案的印花布，可直接沿图案缩缝，即可形成抽褶纹。

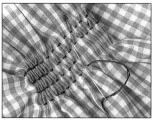

蜂巢针

这种针法用在上、下两排圆点之间。从上排第1条褶纹的左侧出针，用回针缝在前两条褶纹上各缝1针。针线在布料的反面向下移动，在下排的第2、3条褶纹间入针，用回针缝在下面两条褶纹上各缝1针。针向上移动，上排布上用回针缝固定褶纹。上下移动针线，一直缝到布边，再在第3、4排圆点间用回针缝固定褶纹。立体蜂巢针的缝制方法相同，唯一的不同在于需在布料的正面上下移动针线，故可在布料上形成网格状的蜂窝图案。

麻花针

这一针法也是从左向右水平缝合褶纹。从第1条褶纹的左侧出针，让线位于针的下方，跨过第2条褶纹缝1针，从第1、2条褶纹间出针。让线位于针的上方，跨过第3条褶纹缝1针，从第2、3条褶纹间出针。依此类推缝合其余的褶纹，即可形成上下起伏的麻花针。

儿童吊带裙

Child's Sun Dress

抽褶法可打造出浪漫的百褶纹，多用于制作可爱的童装。从古至今，不管时代如何变迁，爱美的小女孩们都对印花的百褶泡泡裙情有独钟。这款吊带裙制作简单，蓝底白点再加上浪漫的褶皱，尤其适合一岁半以下的女童。裙子的腰身采用蜂巢针压出百褶纹，松紧自如，适合各种腰围，无需添加拉链、纽扣收紧腰身。

材料

◆ 35 厘米 ×154 厘米的小斑点棉布
◆ 缝纫机、配色线
◆ 疏缝针、疏缝线、珠针
◆ 蓝色、蓝绿色、绿色、浅蓝绿色、白色、浅柠檬绿色、黄色、亮黄色的多股刺绣线

1 裁下 1 块 30 厘米 ×154 厘米的斑点布。顶边、底边向下折少许，用缝纫机压线固定折边，卷折折边，再次机缝固定。

3 拉紧缩缝线，形成百褶纹，布边用回针缝加缝 1 针固定。将布料翻到正面，从外侧的褶纹出发，采用立体蜂巢针在褶纹处缝出 8 条线，颜色依次为：蓝色、蓝绿色、绿色、浅蓝绿色、白色、浅柠檬绿色、黄色和亮黄色。缝合完毕后，拆除第 2 步的 6 条缩缝线。将布的侧边缝合到一起，作为裙子后侧的中线，使用缝纫机在接缝线上压出 Z 形线迹，熨平缝份。

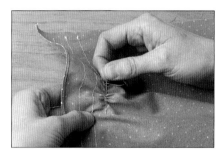

2 将斑点布翻到反面，从顶部的折边向下每隔 2 厘米做标记，共需 6 个标记点。取各色绣线，用缩缝法在每个标记点处手缝一条水平线，使布上出现 6 条缩缝线。缩缝时，可在布上的各个斑点位置入针，如果斑点间隔较宽，可在其中间点挑线入针。

4 从斑点布上裁下 4 条 5 厘米 ×30 厘米的布条。布条正面相对纵向对折，机缝固定散边，布条的一端剪成尖锥形。修剪毛边，将布条翻到正面，作为肩带。熨平肩带，并用缝纫机压线固定。将 4 条肩带分别缝到裙身前、后侧顶边内，最后，依据小孩的身高为后肩带预留相应的长度，顶端打结固定。

丝带和蝴蝶结

Ribbons and Bows

美丽飘逸的丝带人见人爱,市面上有各种质地、花色、宽度的可供选用,适合不同的场合。生产厂家瞄准这一商机,不断研发出诸如彩虹色细纱丝带、金属色调的金银色丝带(多用于圣诞饰品)以及双面印花丝带等新型产品。此外,波纹塔夫绸、乡村风格格子布、奢华的天鹅绒、罗缎等材质的传统丝带颜色也更加丰富。多逛逛手工艺用品店、百货商场,相信定能淘到不少心仪的丝带。

丝带玫瑰、丝带徽章和蝴蝶结

这些贴心的丝带饰品可为礼物、饰品添加浓浓的浪漫气息。针对不同的节日,可选用不同的丝带包装礼物,例如情人节可选用印有心形图案的丝带,圣诞节可选用圣诞主题的丝带,而婚庆送礼则可选用印有风铃、幸运马蹄铁图案的丝带,让小小的丝带传递你的无尽祝福。装饰家居、床上用品可选用温馨淡雅的嫩色丝带,还可用小段丝带扮靓各种布艺背景。

丝带玫瑰制作简单,可用于装饰各种手缝作品。缎带光泽可人,若选用多种色调和谐搭配,雍容典雅的华贵气息会油然而生。

1 **丝带玫瑰** 取一段丝带,在 2/3 处将丝带的短边竖直向下折,长、短边形成三角形,将长边向右折向三角形的下方,压平折线并固定。将短边向下折压住长边,将长边向下折压住短边,交错折叠长、短边,一直到丝带的末端,形成风琴式折页。

2 将折页的两端并到一起,用一只手的拇指和食指捏紧,另一只手用力拉丝带末端的长边,这样,折页自然缩到一起,形成玫瑰造型。

3 一手紧握丝带玫瑰,使其不会散开,取针线缝合玫瑰的各条底边,固定花瓣的造型。

滚边丝带 这种丝带系出的蝴蝶结栩栩如生,立体感强。喜欢的话,可将丝带环、丝带的末端折成流畅的弧线边,别有一番风味呢!

手编丝带靠枕

Ribbon-Weave Cushion (Pillow)

这款几何线条丰富的格子靠枕制作方法十分独特，由格子呢、格子棉布裁剪的丝带手工编织而成。采用的方法为格网编织法。制作时，先将各条丝带竖直摆放，作为编织的经线，从侧边从上向下依次添加水平的丝带，作为纬线，每条纬线上下绕过经线，可形成一块纵横交错的手编布。变换丝带的颜色、宽度，可产生各种意想不到的编织效果。

材料

A: 红色格子呢丝带，长 122 厘米，宽 4 厘米
B: 蓝色格子呢丝带，长 244 厘米，宽 2.5 厘米
C: 绿色丝带，长 122 厘米，宽 2.5 厘米
D: 红色丝带，长 122 厘米，宽 1 厘米
E: 蓝色丝带，长 122 厘米，宽 1 厘米
F: 黄色丝带，长 61 厘米，宽 2.5 厘米
遮蔽胶带
边长为 30.5 厘米的正方形热熔式黏合纸
两块边长为 30.5 厘米的正方形底布
边长为 28 厘米的正方形靠枕芯
缝纫机、与丝带和底布颜色相配的机缝线
熨斗、珠针和烧烤用牛皮纸

1 将黏合纸纸面向下放在一个干净、平整的台面上。裁剪各条丝带，长度均为 30.5 厘米，共可得到 26 条丝带。将各条丝带水平放置在黏合衬上，颜色依次为: B、E、A、C、D、B、F、B、D、C、A、E、B。取珠针，将丝带的两端固定到黏合纸上。

2 将剩余的 13 条丝带按上述次序竖直摆放，上下交错，和水平的丝带编织在一起。取珠针，将这些丝带的两端也固定到黏合纸上。注意，编织好的布边长度应为 30.5 厘米。

3 将一张牛皮纸盖在手编丝带的上层（熨烫时防止烫焦丝带），热烫牛皮纸，使各条丝带和下层的黏合纸牢固黏合。操作时，可从中心向外仔细熨烫，烫到布边时先拆除珠针。具体的熨烫时间可参看黏合纸的使用说明。

4 拿去牛皮纸，检查丝带是否牢固黏合。小心揭去黏合纸底部的纸层，使手编丝带正面向上放在底布上。添加底布是为了固定丝带，防止其任意拉伸变形，使用轻薄的布料做底布也没关系。在丝带上再次放置牛皮纸，取熨斗热烫，使底布和丝带黏合到位。在手编丝带的四边上机缝压线。

5 取另一片底布，作为靠枕的后片。手编丝带和该布正面相对叠齐。取珠针固定后机缝各边，留下返口暂不缝合。从返口处将布料翻到正面，将靠枕的四角拉平，填入靠枕芯，采用藏针缝缝合返口。

流苏和绒球

Tassels and Pompoms

现代人注重生活质量，对居家环境的要求越来越高，从而催生了一门全新的家居装饰艺术：带饰。经常逛街的话，你会发现一些设计独特、造型精美的流苏、穗带，当然价格不菲。不过，基本造型的流苏制作比较简单，学会之后，随意点缀在布艺作品上效果非常不错。几乎任何纱线、棉线都可制作流苏，不过风格大不相同：酒椰叶纤维线做成的流苏能为卧室、洗浴室的饰品带来清新自然的气息；金色机绣线雍容华贵，可用于包装礼品；雪尼尔线古典意蕴浓郁；毛线、棉线能营造出一种简约质朴的氛围。有了这么多种材质，流苏几乎能和任何风格的家居用品相匹配，可谓居家扮靓不可或缺的布艺饰品。

如何制作流苏

流苏的制作方法简单易学，采用不同材质的线可打造出不同风格的成品。流苏的顶端可缠绕上对比色的线，还可添加珠子，增添几分妩媚和动感。

1 裁下一张卡纸，其宽度略大于成品流苏的水平宽度。将线竖直缠绕在卡纸上。缠到预定宽度后，剪断线，用线头系紧流苏的顶端。

2 用手握紧流苏的顶端，将流苏从卡纸上滑下，取剪刀剪断其底端的线。

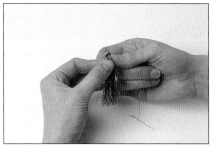

3 取颜色搭配和谐的线缠绕在流苏的顶部，并将线的末端打结，固定流苏顶端。

黑色天鹅绒和雪尼尔纱线

黑色的天鹅绒典雅奢华，宝蓝色的雪尼尔纱流苏沉淀着浓浓的复古气息，两者的邂逅造就了这款别具一格、动静有致的靠枕。制作时，将宝蓝色的流苏均匀摆放在天鹅绒面上，形成条条平行的斜线，手缝固定。

绒球项链

Pompom Necklace

和流苏一样，绒球的制作也比较简单，而且充满无限乐趣，孩子们一定喜欢参与其中。圆圆的绒球无比可爱，可用来装饰帽子、围巾、毛衣等衣饰，串在一起就可作为毛毛虫、小蛇等儿童玩具，如图所示，它还能和各色珠子交错搭配拼成一串五颜六色的趣味项链呢！喜欢这款项链中的绒球吗？制作时均采用了单色的棉纱线，球面打散的线头酷似柔软的天鹅绒，令人爱不释手。当然，也可混合搭配多种颜色的纱线来制作单个绒球，成品的动感效果十足，不妨一试！

材料

- 圆规、铅笔
- 卡纸
- 织补针
- 各种颜色的零碎棉纱线
- 圆形的细橡皮筋
- 各种颜色的木珠

1 用圆规在卡纸上画 2 个直径为 4 厘米的大圆，圆心位置不变，圆内分别画出直径为 2 厘米的小同心圆。剪去大圆外的卡纸，再剪去中间的小圆，成为 2 个中空的卡纸圆环。2 个圆环叠放在一起，将织补针穿上棉纱线，将纱线均匀缠绕在圆环上。

2 不断在圆环上缠线，直到纱线遮盖住环形的卡纸，并填满环内的中空部位。取剪刀，将刀尖插入 2 张卡纸环间，沿着纸环的外沿剪断纱线。

3 用棉纱线沿各个方向缠绕在剪断的线间，使得两层圆环外的线不会松散。线的末端打个松松的结，拆除中间的卡纸圆环。手抓各条纱线使其自然散开，并剪去略长的线头，成为一个圆形的绒球。再制作几个不同颜色的绒球。

4 针内穿入一段长长的橡皮筋，先穿上 3 粒木珠。针线从 1 个绒球的中心穿过，再穿上 3 粒木珠，然后穿 1 个绒球，依此类推，一直穿到合适的长度为止。最后，将橡皮筋的两端打结，并添加 1 粒珠子隐藏线头。

珠子和亮片

Beads and Sequins

珠绣艺术为时尚界的新宠，不管是巴黎时装展上作为压轴戏亮相的婚纱礼服秀，还是国际交谊舞大赛上选手们的各式华丽衣饰，由珠子、亮片勾勒出的色彩派对总是令人惊叹。除了在时尚界大放异彩外，造型各异的珠子、亮片穿在一起，点缀在编织、绒绣、布艺作品上，也是不错的家居创意呢！

巧用珠子、亮片

可在手工艺用品店买到各式亮片。印度产的亮片造型独特、色泽花样繁多，可谓这类饰品中的精品。使用时，可部分重叠摆放成行，穿在一起作为饰品（该方法可盖住内层的串线），还可采用花式针法绣出各种造型，或者在顶部缝上1粒珠子固定在衣饰上。

亮片花

片片亮片花俏丽可人，花心若能配上小巧玲珑的白色贝壳珠，效果就更棒了。

亮片串

针穿入亮片的中心孔，跨过亮片的边缘缝1针，再取1枚亮片，边缘位于上1枚亮片的中心。针穿过中心孔，再跨过边缘缝1针，依此类推，可形成亮片串。

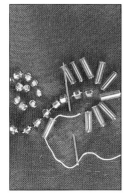

珠绣

使用细线（最好是串珠线），每次缝1粒珠子，可形成各种精美的造型。

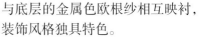

明线珠绣

金色的亮片团团叠放，中间为金色的花式回针缝线迹，与底层的金属色欧根纱相互映衬，装饰风格独具特色。

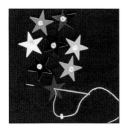

平面亮片

使用小号针，穿过亮片和顶层珠子后出针，再次穿进亮片的中心孔，将珠子固定在下层的亮片上。

杯金片

这款源自印度的圣诞星饰品色泽绚丽，上面密集点缀了五彩缤纷的杯金片，并由彩虹色米珠加以固定，闪闪的星星不知掳走了多少人的芳心。

白色的蕾丝边晶莹浪漫，有了这些珠子和亮片的零星点缀，更是突出了其流畅轻盈的自然美。

各色珠子巧妙地摆放在底层帆布上，用双股线缝合后，就可打造出这款绣球花主题的椅子坐垫。珠子的世界竟能如此繁花似锦。

珠饰心形靠枕

Beaded Heart

嫩色的缎带、浪漫的蕾丝、娇媚的丝绸花，以及精致的串珠，为这款心形靠枕打造出浓浓的爱德华式复古情调。其设计理念颇为环保，主材为一片略有破损的旧蕾丝，小片蕾丝花和串珠遮盖住了破损处，令蕾丝旧貌换新颜，再罩在心形靠枕的表面，成为这款浪漫唯美的小号心形靠枕。如此娇小玲珑，哪里舍得坐靠呢，不妨摆放在梳妆台上，或加入香料悬挂在衣柜中，亦能为生活带来美的享受。

材料

◆ 绸布
◆ 配色线
◆ 玩具填充棉
◆ 百花香（可选用）
◆ 旧蕾丝
◆ 小号玻璃珠
◆ 透明亮片
◆ 珠针
◆ 丝绸花、叶
◆ 窄缎带

1 裁下2块心形绸布，正面相对叠齐，取针线缝合布边，并留一返口。修剪弧形的布边，斜剪布角，将布料翻到正面，作为靠枕面。填入适量的玩具填充棉，藏针缝缝合返口。喜欢的话，可在里面加入百花香，使其散发出淡淡的花香。

2 在蕾丝上描出等大的心形，沿蕾丝的内部线条缝上珠子和亮片。如蕾丝有破损的小洞，可放上小片蕾丝花缝补。

3 将装饰好的蕾丝平铺在靠枕上，盖住弧形顶边，并回折多余的蕾丝，再用珠针将其固定到靠枕面上。采用藏针缝将蕾丝缝合到位。最后，将丝绸花和缎带缝到心形凹口的下侧。

花式纽扣

Buttons

作为衣服的小配件，纽扣虽貌不惊人，在日常生活中却必不可少。从古至今，纽扣的取材可谓无所不有，既有天然的牛角、贝壳和椰壳，又有塑料、玻璃、陶瓷、金属等现代文明的产物。一些做工精美的纽扣更是时尚界"锦上添花"的杀手锏。早在18世纪，贵族子弟的衣饰上就出现了镶着半宝石的金边纽扣，有些纽扣上还彩绘有微型画像。现在，纽扣在时尚界被喻为"服装的眼睛"，Chanel（香奈尔）衣饰上精心设计的纽扣可与珠宝媲美，与双C标志一样成为该品牌的无声代言人，彰显着主人的身份和品位。

布面纽扣

身为纽扣家族的特殊一员，布面纽扣的实用性毫不逊色，且可与衣服的颜色融为一体，装饰效果非凡。喜欢的话，可依据家具、家饰的主色调，为一些大型纽扣穿上华美的各色彩衣，扮靓我们的爱家。除了印花布，也可用刺绣、绒线绣作品装饰纽扣。

如图所示，这些布面纽扣的装饰手法不同寻常，黑绣、抽纱、铺线绣等刺绣针法与镂空贴布手法竞相登场，打造出一枚枚美感十足的布面纽扣。

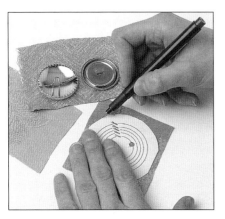

1 依据纽扣的使用说明书，先裁下一块比纽扣面略大的圆布，覆盖在扣面上。

2 沿布边缩缝一周，使扣面紧贴布层。将纽扣翻到背面。拉紧绣线，再加缝几针固定。

纽扣还可用来扮靓刺绣、贴布作品。如图所示，每片花朵贴布的中心都点缀了一粒珠母纽扣，可谓画龙点睛，为整款作品平添了几分生动和雅致。

纽扣镜框

Button Mirror

在这个张扬个性的年代，谁规定扣子就只能缝在衣服上？翻出那些寂寞已久的纽扣，让它们在新的岗位上重放光彩吧。这里，工整的十字绣针迹、印度十刹镜的圆片，还有大小不一的珠母纽扣竞相登场，打造出一款与众不同的纽扣镜框。制作时，可从收纳盒中挑选各种大小、颜色、造型的纽扣搭配使用。这款作品的纽扣色调统一，呈现出质感十足的金属色。当然，喜欢炫彩靓色的话，也可打造一款五彩缤纷的彩色镜框。

材料

- ◆ 画粉、画笔
- ◆ 黑色斜纹布（比框边大出 5 厘米）
- ◆ 宽 5 厘米的木框
- ◆ 珠母纽扣
- ◆ 红色、银色绣线
- ◆ 十刹镜圆片
- ◆ 聚乙烯黏合剂
- ◆ 扣眼线
- ◆ 适合木框的玻璃
- ◆ 定位针

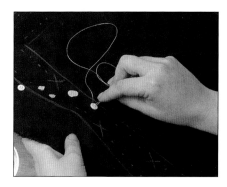

1 将木框放在黑色斜纹布上，描出镜框的轮廓线。在轮廓线内标记出十刹镜片、纽扣和十字形的位置，使其排成两排。依据标记点，用红色或银色的绣花线缝上纽扣，用黏合剂粘上十刹镜片。

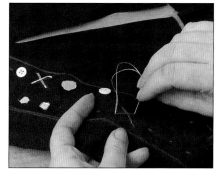

2 取针线绣出银色的十字形。注意，镜片、纽扣、十字形不必均匀排列，也不能分布过于凌乱。依据标记的轮廓线，向内移动至少 2.5 厘米留作缝份，在黑布中间裁出个镂空长方形。

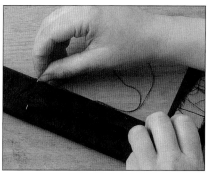

3 将装饰好的黑布盖在木框上，长出的布边向下折向木框的背面。用扣眼线将背面的布边缝合到一起。缝到外侧的框角时，斜剪布角，再仔细缝合内侧布角。最后，用定位针将玻璃固定到框内。

十字绣

Cross Stitch

与许多传统休闲方式一样，刺绣近年来有回潮趋势。十字绣学起来非常简单，乐趣无限。只要保持绣面整洁、针法正确，不管图样复杂与否，都能绣得很漂亮。

大部分十字绣绣品是在平纹织物上完成的，因为这种绣布便于计算十字绣线程，而且纹理之间有足够的空隙便于行针。最方便的绣布当数阿伊达布（刺绣用黄褐色十字布），这种绣布的纹路呈菱形花纹，便于计算格数，对初学者和有经验的刺绣者来说都是很常用的绣布。近几年，亚麻布料也多为大家选用。由于没有菱形的格纹，亚麻布料看起来似乎不如阿伊达布好用，但用久了之后，刺绣者也很快能习惯在这种布料上计算线程格数，而且绣品的最终效果看起来非常专业，可谓一分辛苦十分回报。

本书中很多绣品是由捻合棉线绣制的，但其他绣线，比如珍珠棉线和花线，也能呈现别具一格的效果。本书为每幅绣品的制作设计了清晰的程序，而且就十字绣相关的各种问题给出了明确的技术指导，不管你的刺绣功底如何，都可以很好地完成绣品。

对于较为复杂的绣品，我们给出了每一步的绣制图示，帮助你一步步完成作品。当然，我们也鼓励你试试其他一些工艺技巧，比如缝纫、绘图以及基本装裱来完善作品设计，以完美呈现你的十字绣作品。

绣线
Threads

捻合棉线是制作十字绣作品时最常用且功能最全的绣线，除此之外，还有很多其他绣线可用于绣品的制作。若用珠光棉线，绣品的针脚效果会令人眼前一亮，而羊毛线能在 7 支或 8 支的十字绣布上完成大而厚重的十字绣。本书中的一些绣品需使用绣花棉线、细棉线等绣线，另一些绣品则采用了新型的绣线材料，比如人造丝或有光泽的花线，都适用于亚麻绣布，在市场上一直都有销售。使用染成自然色的花线和专门用于十字绣的金属线效果非常独特。

花线或彩虹线

这种有光泽的棉线用于平纹亚麻织物效果最为理想。粗细与捻合棉线的两缕或三缕相当。多为纯色线，也有一些为色泽多样的挑染线。

人造丝线

这是一种有光泽的人造丝线，具有丝线的光泽和美丽效果，但比丝线价格便宜。只有纯色，由 4 股线捻合而成，如需杂色，可拆分后重新捻合。

羊毛线

常用于绒线绣，但也适合一些十字绣。常与 7 支的厚重十字绣布一起使用，多用于制作靠垫、工具收纳袋、椅罩等触感温暖、不易磨损的封套。

捻合棉线

这是刺绣的常用线，有 400 多种颜色以供选用。功能全面，可分成 6 股线单独使用，还可将其单股拆开，与其他颜色交错捻合，在刺绣时制造杂色效果。

珠光棉线

这种捻合线有独特的珍珠光泽，有 300 多种颜色。线的粗细不同，可用于不同材质的绣布。

金属线

虽然金属线在传统意义上不适合十字绣，但有时也会被特意用于绣品制作。它除金色、银色外还有很多其他颜色。质量上乘的金属线称为融合丝，可与其他绣线捻合，为绣品增添闪亮的效果。

绣布

平纹织物经、纬线数相等。每2.5厘米由多少根线组成，这块绣布就是多少格或支的绣布。织物的支数越高，密度就越大，质量就越好。阿伊达布（刺绣用黄褐色十字布）和哈当厄尔布均为有格纹的绣布。用28支亚麻绣布完成的十字绣作品应和用14支阿伊达布完成的作品大小相当，因为亚麻绣布以每2条经纬线构成的大格为1格。

亚麻布

传统亚麻绣布由纯亚麻材料制成，现在，很多亚麻布混有其他材质的纤维，颜色也各种各样。

阿伊达布和哈当厄尔布

这些绣布普遍用于十字绣，由经纬线织成，上有醒目的格子。阿伊达布通常是8~18支织物，密度不等，而哈当厄尔布通常为22支织物，适用于需精工绣制的作品，或可当11支绣布使用。

平纹绣布条

阿伊达布或平纹绣布条可以是任何宽度。有些是素色，有些带有装饰性花边。绣好之后的绣布条可用来装饰背景布，也可制成蝴蝶结、领带衬里或包包。

花式织物

一种编织时设计有十字绣图案的织物，适合制成餐巾、桌布或婴儿床罩。还有平纹织物混纺有亚麻线或卢勒克斯线（将铝箔夹入醋酸丁酯纤维薄膜间制成的丝），以制造特殊效果。

十字绣布

单线或双线织十字绣布通常用于绒线绣，但用于十字绣也非常棒。相配的绣线多选用羊毛线和珠光棉线。

可拆卸十字绣布

一种非交错编织的十字绣布，用于在非平纹织物或成品织物上进行十字绣。其编织方法特殊，在十字绣图案绣完后可被拆散、移除。

不可拆卸织物

塑料十字绣布、聚乙烯基织物、缝纫衬纸都可用于十字绣，以确保绣成的图案不会散开。

其他织物

热烫式黏合衬有时用来作为十字绣图案的衬里。

黏合纸普遍用于贴布。

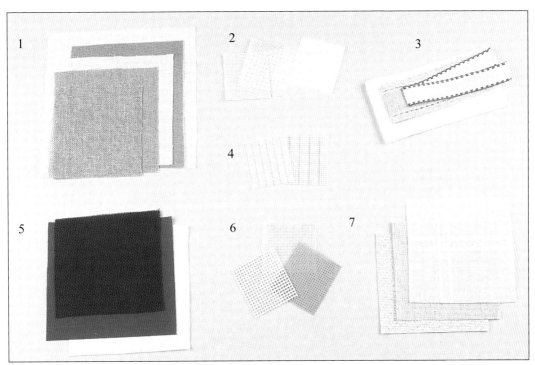

1. 亚麻布；
2. 塑料十字绣布，缝纫衬纸，黏合纸，热烫式黏合衬；
3. 阿伊达布和亚麻布条；
4. 14支和10支十字绣布；
5. 阿伊达布和白色哈当厄尔布；
6. 十字绣布；
7. 花式织物。

工具和材料
Tools and Equipment

万能胶

这种胶水适用于黏合纸和纸板。黏合时请遵照厂商的使用说明。

粗针 / 安全别针

用于滚边时固定面料，或将拉绳、滚边条穿引入通道内。

彩色水笔 / 铅笔

用于绘制十字绣图。色彩指示明确的绣图要比无色彩的绣图方便使用。

圆规刀

用来从卡板上切割小圆块。注意，请在卡板下铺上切割垫或木板，以免划伤工作台。

美工刀

美工刀的刀锋一定要锋利。用美工刀和不锈钢尺切割硬纸板时，请在纸板下铺上切割垫或木板，以免划伤工作台。

双面胶带

可用来将绣布粘贴到纸板或背板上。它不会像用胶水一样涂得到处都是，也比用线缝接省时。

简易格

这些印有格子的透明醋酸酯薄片大小各异。将绘画作品、照片或图片转换成十字绣图案时非常有用，操作也很方便。

易卷器

这种工具可使滚边容易操作，当然也可使用粗针或安全别针来替代它。

绣绷

这种圆形绣绷有好几种尺寸。在亚麻类绣布上刺绣时，选用很小的绣绷就可以了，你可随刺绣部位的变换随意移动它。请记住每次刺绣结束时一定把绣绷取下。绣绷不适用于十字绣布，因为绷圈太紧，容易损坏十字绣布。

绷架

十字绣作品通常是在绷架上完成的。绷架可以将绣布牢牢固定住，使针脚平整、均匀。我们为每幅作品推荐了绷架。可用于十字绣的绷架有很多种类，可根据个人喜好选择一种。

制图纸

这是一种格子纸，为便于计算，每10小格为一个大格，用于绘制十字绣示意图。可选择与绣布支数密度相当的制图纸，来绘制与完成后作品同比例的示意图。

打孔器

每次能打一个孔。制作工艺作品时用途更广泛。

方形绣架

这种绣架都是成对出售的，可绣制各种尺寸的绣品，但最适合绣制小的方形或长方形作品。绣布可以伸展开来，暂时用粗针或U形针固定在绣架上，绣完之后取下。

遮蔽胶带

遮蔽胶带对暂时性的粘贴很有用。可用于防止平纹织物毛边，或暂时黏合固定木板或纸板。

十字绣针

十字绣针针鼻很大，能容下较粗的绣线穿过，而针尖是钝的，以防扎伤绣布。成套绣针包含各种尺寸的，从14号细针到26号粗针不等。

刺绣针与十字绣针相似，但有锋利的针尖。

画笔

画笔的质量要好。应根据作品的尺寸选择相应型号的画笔。海绵画笔和涤纶画笔最适合刷乳液型涂料，不会留下刷毛的痕迹，且刷出来边缘整齐。

绕线板

绕线板可由塑料板或纸板制成。可将各色一定长度的绣线缠绕在各自的线板上备用。

水溶铅笔

这种特殊的水溶铅笔可用来在绣布上做精细标记，绣品完成后可用水将标记洗去。深色绣布用银色笔显色最好，而浅色绣布则应选用黄色笔。

卷绷

这种绷架多用于十字绣作品或长的作品，比如条状刺绣样本或拉铃绳。将平纹绣布的上下边与绷框的织带缝合固定，再根据刺绣需要将两边卷起，使绣布面紧绷。

（自左至右）：第1排　卷绷、绣绷（绷架）、方形绣架、制图纸、简易格、易卷器、打孔器、美工刀、绕线板、
　　　　　　　　软尺、双面胶带、胶带、彩色铅笔。
　　　　　　第2排　圆规刀、画粉、钢尺。
　　　　　　第3排　安全别针、珠针、针、粗针、十字绣针。
　　　　　最下排　裁衣剪、齿牙剪、裁纸剪、绣花剪、万能胶、白色疏缝线、手缝线、水消笔、铅笔、水
　　　　　　　　溶铅笔、涤纶刷、画笔。

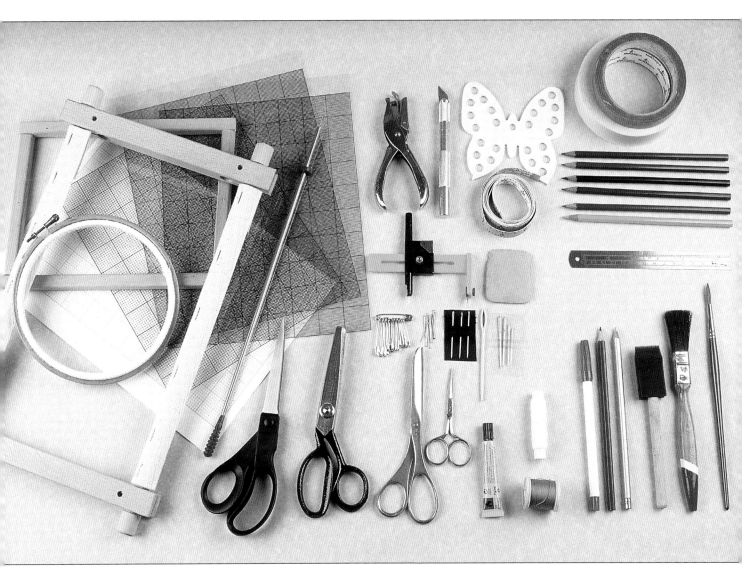

剪刀

　　剪裁纸张和布料的剪刀一定要分开，且应根据绣品的尺寸选择不同型号的剪刀。小绣花剪用来剪去多余线头非常理想，而大剪刀适用于裁剪布料。

　　齿牙剪用来在绣布上修剪出锯齿状的装饰性花边，同时可防止绣布毛边。

画粉

　　用于粗略地做暂时性标记，或在裁剪布料前在布料上画线。

软尺

　　软尺用来量布料，钢尺多用来量纸或纸板。请牢记用美工刀切割纸板时要用特殊的安全尺。

线

　　疏缝线通常为白色，且没绣线结实，但疏缝或在绣布上做刺绣标记时最好用对比色线。绣制作品时应选用相应颜色的绣线。

水消笔

　　这种笔的线迹几天后会自行消失。如果绣品完成后不过水洗，用这种笔则很理想。

技艺 *Basic Stitches*

基本针法
Basic Stitches

十字绣的十字可以单针绣完，也可先绣一排斜针再返回绣另一排斜针。不管用哪种方法，上面一针的方向要保持一致。如果绣边条或比较复杂的图案，最好在绣布上插根珠针，以提示上针的走向。

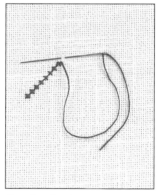

单 十 字 绣 (Single Cross Stitch)

这样绣出的十字稍凸出布面，可用于个别针的绣制或小细节处的绣制。羊毛绣布上采用单程十字绣效果非常理想。

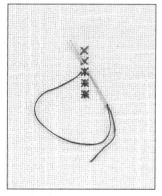

双 十 字 绣 (Smyrna Cross Stitch)

这种装饰性的十字绣由 1 个斜十字上面覆盖 1 个正十字构成。斜正 2 个十字可以是同色线，也可以是两色线。

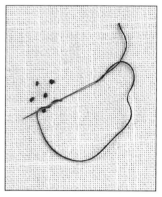

法式结粒绣 (French Knot)

绣制一些小细节时会用到法式结粒绣，比如绣眼睛、花蕊、浆果或为大面积十字绣添色时。这种结浮凸于绣布表面，立体效果独特。

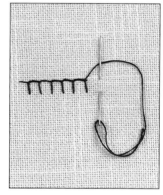

毛毯绣 (Blanket Stitch)

绣制开始前可为平纹绣布锁边，或为毯子、马甲、袋子等绣装饰性花边。

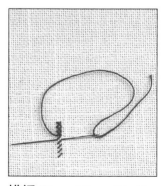

排绣 (Row of Cross Stitch)

先绣一排斜针或正针的半个十字，然后回头绣完十字的另一半。

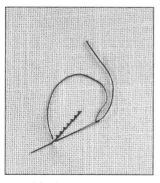

3/4 针 绣 (Three-Quarter Cross Stitch)

有细节性颜色变化时会用到 3/4 针绣，1 个十字只绣 3/4。

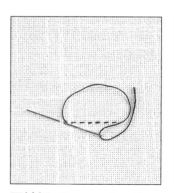

平针绣 (Running Stitch)

用于将图案疏缝在绣布上或绣制装饰性细节。霍尔拜因绣与之相似，但霍尔拜因绣是走 2 趟针，第 2 趟针填补第 1 趟针在绣布上留下的空隙。

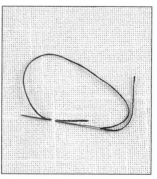

回针绣 (Back Stitch)

回针绣的效果有浮凸感。通常用来给十字绣作品勾边。注意针脚要均匀。

按图纸刺绣

Working from a Chart

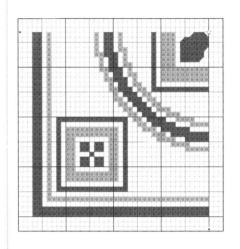

本书中的十字绣图由带有符号标志的彩色小方块和直线构成。清晰的图示可以复制或按需要放大。每一个彩色小方块代表一针十字绣，每幅绣品都配有详细图示，指示确切针位以及起针位置。

通常以绣布中心为中心点，标记纵横两条线。特别是绣大型作品时，疏缝纵横线交织成方格状，会对你大有帮助。疏缝时要仔细，大约每次出针、入针为 10 根线长度，然后从绣布中心点往外绣起。

针脚大小要由绣布类型和所用绣线决定。像阿伊达布和哈当厄尔布，织物本身呈方格状，非常便于计算和绣制。一些平纹绣布，像亚麻和珠伯伦面料，经纬线相等，就隔几条织线绣一针。在亚麻类绣布上刺绣看起来难度较大，但不用害怕，实际上手之后没那么难，而且效果非常棒，值得一试。

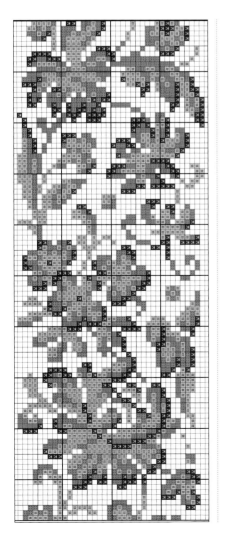

绣制连续图案

有时由于版面所限，本书只展示了图纸的一部分。比如说，壁橱或窗帘边饰，只给出连续图案的一个单元。刺绣说明会很清楚地告诉你从哪儿开始绣下一个单元。如果是连续图案，重复绣就行了，长度视要求而定。

绣制 1/4 图案

开始刺绣之前要仔细阅读说明并查看完成图。绣品完成的样子由你如何选择重复这一单元图案决定。下面有 3 种操作方法：

1 先绣制 1/4 图案，然后在下一单元绣制其镜像图案，依此类推直至整个图案完成。（可于 1/4 图纸边缘手持一镜，然后将镜面反射图案转移到方格纸上，镜像即成）。

2 将平纹绣布分为 4 等份，在每一个区域绣制同样的图案。

3 先绣制 1/4 图案，然后将绣布翻转 90 度，按与前一单元相同的图案再完成 1/4。依此类推，直至整个作品完成。

开始刺绣
Beginning

准备绣布

　　本书所列作品多用平纹织物做绣布。但平纹织物极易散边，建议最好在开始刺绣前处理好绣布散边问题。视绣布材质不同，以下提供几种处理方法：

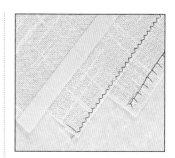

胶带

　　如果使用方形绣绷，最快的办法是用胶带沿绣布边缘粘好，然后用订书钉或大头针将其固定到绣架上。

锯齿绣

　　如果绣布是服装的一部分，则用缝纫机在绣布边缘走一趟锯齿状线，便于与其他部分镶接。

毛毯绣

　　这是最好的为平纹织物锁边的方法。先缉一道窄边或直接在毛边上绣都行。

从左至右：
胶带、锯齿绣、毛毯绣

绣花绷

　　绣花绷由两个环组成，内环是固定形状的，外环带螺丝可松紧。绣布夹在两环中间，可拧动螺丝调节，使布面紧绷。为避免绣布和已绣过的部位受损，需用窄的棉布条缠绕内环一圈。有些绣布不能使用绣花绷，否则会损毁绣布。这种情况下建议使用大的、长于刺绣图案直径的绣花绷。对小型刺绣作品来说，方形绣绷是最理想的选择，而大型作品最好用卷绷。

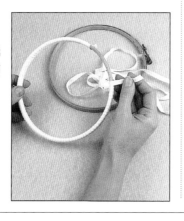

起针、收针

　　十字绣起针有好几种方法，收针方法是将针穿过其他针脚固定，剪掉多余线头。

1　将1根一定长度的绣线折叠，然后穿过针眼。绣十字的第1针，然后将针从背面穿过绣布绣第2针。

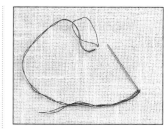

2　线尾留在绣布背面，约5厘米。绣几针之后将线尾穿入其他针脚固定。

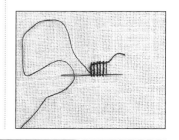

可拆卸十字绣布

　　此工具帮助你在非平纹织物或成品织物如毛巾、垫子等上刺绣十字绣图案。十字绣布织法特殊，所以拆卸非常方便。它只有10支和14支2种密度，也可使用纵横纤维没有交织固定的普通绣布替代它。

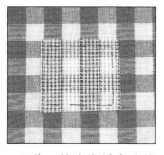

1　将一块十字绣布疏缝到织物需刺绣的部位。绣布块要比刺绣图案大，确保绣完后绣布四周仍有余地。

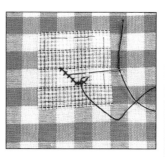

2　在绣布面上绣图案，每一针都要穿过绣布下面的织物。尽量使针脚平整、均匀。

3　完成后将绣布丝抽掉，每次抽一根。抽拉时用手指轻按住绣布一角会更方便。

完成作品

Finishing

边角处理

桌布、垫子等都需要做边角处理，使作品更美观，同时缝的边也使作品更耐用，清洗时不散边。

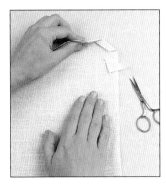

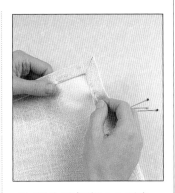

1 取绣布一边，缝一道窄边，用手指按压，然后松开。缝边相邻两角都会出现压痕，从压痕处剪掉两个正三角形，然后再次折边。

2 再往里折起0.5厘米，用大头针固定。四角用滑针缝好，用缝纫机或手工缝制滚边。

整理

通常十字绣作品完成后需用线收边，使之平整，以便将来容易拆卸、清洗。但对于保留时间不长的小型作品来说，装裱时用双面胶带会快捷、省事得多。

1 按需要剪下一定尺寸的纸板，四边都贴上双面胶带。修剪绣布边角，然后撕掉胶带上的保护纸，拉伸绣布，粘到胶带上。四角处注意整理漂亮。

装裱

如果一幅作品，比如说十字绣样本或图画需要长期保存的话，装裱时就得加倍小心。需用防酸的背板或纸。胶水或胶带可能留下酸性残留物，因此请避免使用。下方的装裱方法操作简便，可以确保绣品平整、端正。

1 按要求切割一定尺寸的背板。画纵横两条线确定其中心点。将绣布背面朝上放在一个平面上，上方覆盖背板。

2 使绣品中心线和背板中心线重合。绣布多出背板的部分折叠上来，并在中心线位置用珠针固定。轻轻拉伸绣布，并在两头位置也用珠针固定。其他边也照此处理。每一边从中心折起，每隔2.5厘米别一根珠针，要保持绣布纹理平整。

3 用双股线缝合四边，针脚间大约1.2厘米。如果用多股线，线尾要打个平结。每边走完针后把线提起来拉伸一下，使针脚收紧，以免脱线。边角需折叠好。其他边同样处理。

装饰

Additions

大多数刺绣作品会以装饰品加以修饰，十字绣也不例外。不管是饰有云母件或流苏的亚洲风格绣品，还是饰有维多利亚花边的传统风格薰衣草袋，饰物通常能增添十字绣作品的设计感，使完成的作品更吸引人。

珠饰

珠饰用双股线缝，且与其他形式的刺绣不同，起针时要打个死结。珠子要一颗一颗地缝上去，针法和十字绣的第1针相同。

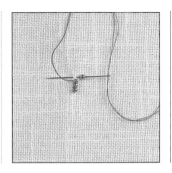

扣饰

选用有4个眼的扣子，用十字绣针法缝上去。

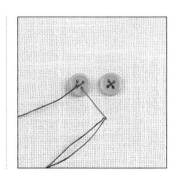

彩带饰

为小型连续性十字绣图案制作格子装饰，彩带再合适不过了。如果彩带需顺着织物纹理竖直放置，则先固定彩带装饰再刺绣图案。选用彩带的宽度应与绣布上一个十字的宽度相同。如果彩带需斜置，则先绣图案。

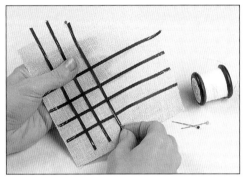

1 用珠针将彩带沿一个方向固定好位置，再沿与之垂直的方向固定其他彩带，压住先固定好的彩带。检查格子大小是否均匀，然后用线缝好各条彩带尾部。

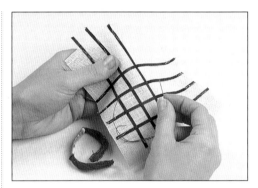

2 在每个交叉处缝一个十字。请注意，如果彩带斜置，交叉处缝的应是正十字。

线饰

用绣线做线饰是最理想的。可用同一颜色的绣线，也可用混杂色线，视刺绣作品需要而定。需要的线量取决于所需线饰的粗细。大体上，1米长的绣线可捻合成40厘米长的线饰。

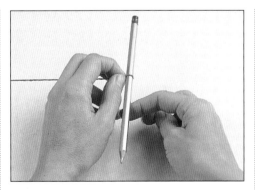

1 截取一定长度的绣线，长度为所要线饰的2.5倍。将绣线一端固定，另一端绕在铅笔上，将铅笔像螺旋桨一样旋转。

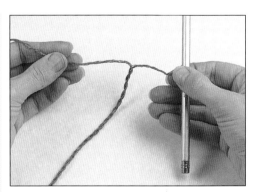

2 持续旋转铅笔直到绣线也开始拧转。按住绣线的中间位置将绣线折叠。用手指捋顺线头，在两头结合处打个平结。

镜饰

这种形状不规则的小镜片通常被缝制在衣服或挂件上，用于辟邪。人们相信，如果鬼怪看见自己在镜片里反射的影像会慌忙逃走。

传统十刹镜可在民族用品店买到，但现在多用时髦的大片闪亮装饰片替代。为求牢固，用双面胶或胶水先将镜片或闪亮装饰片粘到相应位置。

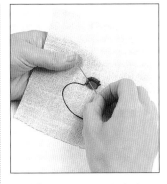

1 横向两针，再纵向两针将镜片固定，然后沿固定线绕线圈，形成线框。

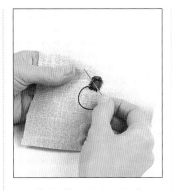

2 将线绕一圈，针穿过线框后再拉回来，穿入绣布背面。

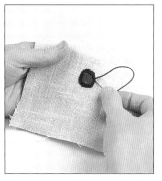

3 环绕十刹镜重复此动作，每针起针从前一个线圈中间开始，在绣布背面结束。

流苏制作

用刺绣作品的绣线制作流苏可使作品大为增色。制作流苏有很多方法，但基本手法大致相同。

下面介绍两种方法，都挺容易操作。第1种流苏适合缝缀在靠垫、垫子、书签等的角上；第2种适合缀在线饰或滚边尾端，看起来工艺更精巧。缝缀珠饰或在流苏头部以波浪绣修饰，直至整个盖住头部，会使制作的流苏更加漂亮。

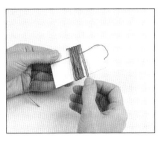

1 剪一块纸板，宽度要比做成后的流苏长度稍长。将绣线绕在纸板上，下面要留一段较长的线尾。

2 沿纸板一边剪断绣线，从中间处打一个水手结。水手结和平结相似，但打结前要绕两个扣。

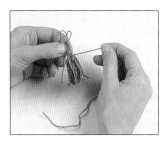

3 在这束线头部系一个水手结线扣，像花瓶颈一样。将线头修剪整齐。

1 将绣线绕在线板上，沿纸板一端剪断绣线。取一根线饰（或圆布条）一端打结，放置在一束绣线中。

2 从绣线中间将线饰（或圆布条）与绣线系在一起。

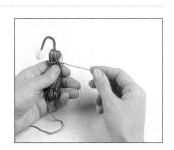

3 提起线饰，把绣线穗全放下来。在线饰结下面的位置绕系一条线，照前面的方法打结。流苏穗修剪整齐。

滚边条制作

斜剪织物产生的斜裁布条，通常用来包边、滚边或制成圆布条。这种布条纵向、横向延伸性都很好，适合圆角包缝、滚边。

1 沿与布边 45 度角将布块折叠，熨烫出折痕。使用画粉沿此折痕画平行线。布条宽度视作品要求而定，不过通常为 5~8 厘米。

2 将剪下的 2 条布条如图所示直边相对缝合（先用珠针固定）。如果织物正反面明显，则布条的一端需修剪整齐。

处理好缝份，熨平，剪掉多余边角。

圆布条制作

从字面意义来说，圆布条就是一卷织物，由斜裁布条纵向卷起，然后缝合制成。圆布条可代替线饰做拉绳，可像彩带一样缝于十字绣作品上增添作品质感，也可辫成辫子做包带用。

1 取 5 厘米长的斜裁布条，熨平，以免弹性太大。将布条纵向卷起，留 8 毫米缝份，然后缝合。修剪毛边，将布条筒套上易卷器。

不管是民俗或现代风格十字绣设计，都可用圆布条为作品增添醒目的立体效果

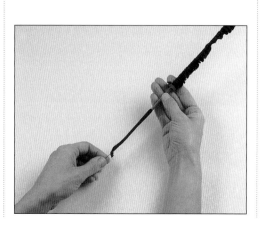

2 将易卷器金属丝套进布条筒，然后推进去。

用这种方法制作圆布条最为简单，但你也可以使用长的粗针来替代易卷器。如果你想要圆布条有饱满的效果，可随后用易卷器或长针填塞进毛线或绳子。

完成靠垫制作

　　靠垫有各种形状、大小。一些尺寸小的内装佛手柑或药草的垫子，以蕾丝或宽彩带饰边就很漂亮，而大靠垫可以添加滚边条体现精湛工艺。

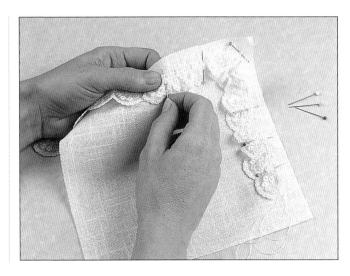

用蕾丝饰边

1 测量垫子周长，截取长度相当于周长两倍的蕾丝花边。沿蕾丝直边疏缝两道可抽拉线。将蕾丝花边摆放靠垫一周，整理好形状，用珠针固定后缝合。修整蕾丝接头处，折进，然后手工缝合。

滚边

1 裁剪、拼接斜裁布条，长度要足够绕靠垫外围一周。布条正面朝外对折，将芯线包入布条，紧沿芯线疏缝一道线，将芯线固定。

2 沿靠垫边固定并缝合滚边条，遮盖靠垫边缝。先衔接滚边条的两头，再缝合作品。

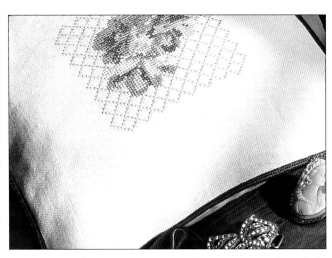

这个漂亮的靠垫使用了和图案中一种绣线同色的布条滚边

裱褙

　　画框、相框、镜框制作的起始步骤都是一样的。双面胶带的使用使裱褙容易得多。

1 按尺寸要求剪裁背板，标示出内框位置。通常左右、上下边距差不多，下方边距可以稍长一些。按标示刻出内框。

2 布块正面朝下，把背板放在作品上。内框处的布斜剪至四角，将边距修剪至距背板内框1.5厘米处。背板内框四边粘贴双面胶带，把下面底布的布边粘贴到胶带上。注意保持底布布面平整。把背板外的底布粘贴到背板上。

描图和转印
Tracing & Transferring

现在人们可以利用相应的电脑设备扫描图片，用制图程序将图片直接转变成十字绣图纸。用电脑制作可以融合颜色，减少刺绣时的绣线色号。颜色或图案中的细节可以随意调换，边条、单元图案可以复制下来，以创造新的图案设计。

但大部分刺绣者还是需要将图片转移到方格纸上，形成十字绣图纸。你可以直接将图片描画到方格纸上，但效果可能显得过于方方正正。描画或转移小图案可能比较简单，但最简便的方法是用"简易格"。这是一种透明的醋酸纤维薄膜，上面标有格子线。简易格有各种密度的，用于搭配各种密度的织物。你在制作规定大小的十字绣图纸之前，也可用复印机放大或缩小图片。

1 选择图片时，图片大小应与完成后的十字绣作品大小相同。将选好的格子薄膜覆盖在图片上，用胶带粘好。你可以用此直接做十字绣图纸，也可以把图像转移到真正的十字格图纸上。如果一个大格基本上由一种颜色构成，那么这个方块就绣上这种颜色。如果一个大格里两种颜色各半，用这两种颜色的绣线各绣一个 3/4 针绣。

刺绣小贴士

如果你选用的图片与作品完成后要求的尺寸不同，可以使用不同密度的简易格放大或缩小比例。例如，你想用羊毛线在 7 支的绣布上完成一幅 40 平方厘米的十字绣靠垫，但选用的图片只有 20 平方厘米。这种情况下，你只需选择一块 14 支的简易格来放大图片就可以了。

描图

如果你选用的图案比要求绣制的图案小，用格子纸描图或转印是很好的方法。转移图案时细节的详细程度要看要求，请一定使用芯质硬的削尖的铅笔描图。

1 将描图纸覆盖在图片上，用胶带固定。用削尖的铅笔描下图案轮廓，描画时尽可能细节化，以使放大后的图案更精确。

2 把描图纸翻过来，放在十字格图纸上，摆好图案位置。在描图纸上将图案轮廓再描一遍，图案就转印到图纸上了。这样转印出的图案是反的。如果想要和原图案一模一样，不要翻转描图纸，直接放在图纸上描。

放大图案

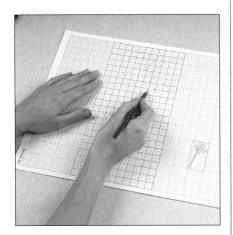

1 将小图放在方格纸上，给花朵加上茎。在方格纸上再画出一定比例大的格份，尺寸为完成后十字绣作品的大小。按小图将图案从左至右精确地转移到大格里。

2 参照小图在大图上标示出花瓣的阴影区和花心。用铅笔或水彩笔给图案上色。

可直接按照图纸用 10 支的可拆卸十字绣布绣图，也可使用简易格将图案绣在其他平纹织物上

旋转图案

目前，我们可以将图案扫描进电脑。现存的十字绣图案有很多，同一图案，你还可根据需要改变颜色，可操作性强，而且很便捷。可用电脑程序将图案向各个方向翻转45度、90度、180度。这种旋转方法在镶边时不可用。如果无法使用电脑，那么用传统的镜子映像的方法也很有效。

1 与图案一边成45度角，竖一面镜子。另置一张方格纸，将镜子里的映像画下来。如果想得到整个图案的映像，将镜子竖立在十字绣图案的一边上，画下镜子里的映像。

作品 *Projects*
中世纪风窗帘绑带
Medieval Tiebacks

这些漂亮、厚重的窗帘绑带非常适合用在前门厚重的大门帘上。

材料

- ◆ 70 厘米见方的粗麻布
- ◆ 剪刀
- ◆ 珠针
- ◆ 疏缝线
- ◆ 针
- ◆ 羊毛线: 10 米 8400 号捻合线 2 束, 8592 号线 4 束, 8630 号线 5 束
- ◆ 十字绣针
- ◆ 绣花绷
- ◆ 70 厘米见方的里布
- ◆ 70 厘米见方的铺棉
- ◆ 缝纫线
- ◆ 2 个大窗帘环

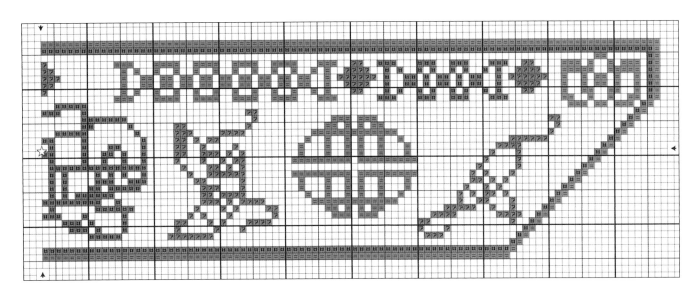

十字绣制作

　　窗帘绑带的尺寸一定程度上取决于你购买的粗麻布的尺寸。你可选用与窗帘、门帘尺寸相匹配的材料。麻布料各边留 20 个线位，用珠针标记，大概相当于图纸上 10 格的宽度。量出所需要的长宽，留出毛边的长度。在亚麻绣布上绗缝出纵横方格线，开始十字绣，每隔两条亚麻纤维绣一针。完成后，正面朝下反面熨烫。边缘毛边修剪至 1.2 厘米长。

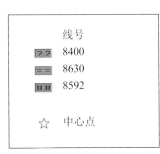

线号	
⫿⫿	8400
⚏	8630
⊞⊞	8592
☆	中心点

1 将里布修剪至和绣好的亚麻布同样尺寸，留 1.2 厘米缝份。裁剪一块铺棉，尺寸比里布略小。绣布面朝下，覆盖上铺棉，再覆盖里布，缝合。

2 在窗帘绑带背面两端各缝一个窗帘环扣。然后用没有针尖的粗针将绑带四边打毛，形成流苏。如果需要，用相同的方法再制作一个。

179

中世纪风靠垫

Medieval Cushion

年轻人喜爱这样明亮的色彩和张扬的徽章风格图案。靠垫的大小应适合窝在床上时用。

材料

- ◆ 46 厘米见方的 7 支苏丹十字绣布
- ◆ 针
- ◆ 疏缝线
- ◆ 羊 毛 线 线 号 8004、8016、8114、8140、8218、8414、8588、8714、8788、8784、9078、9096、9768
- ◆ 十字绣针
- ◆ 卷绷
- ◆ 珠针
- ◆ 剪刀
- ◆ 滚边条,长 180 厘米
- ◆ 缝纫线
- ◆ 缝纫机
- ◆ 46 厘米 ×56 厘米米色背布
- ◆ 40 厘米见方的靠垫芯

十字绣制作

在绣布纵横两个方向疏缝直线,形成方格。绣制十字绣图案,完成后用模具撑平绣布,使针脚平整。

1 将滚边条与绣布疏缝一圈,再机缝到位。背布较短的两边各折起 1 厘米折边,对折后剪裁为 2 片,折边处交叠,两布形成边长 30 厘米的正方形。

2 背布与十字绣布正面相对叠放,用珠针固定后疏缝,并用缝纫机缝合一圈。

3 修剪并缝合边和四角,将靠垫翻到正面,轻压塞进靠枕芯。

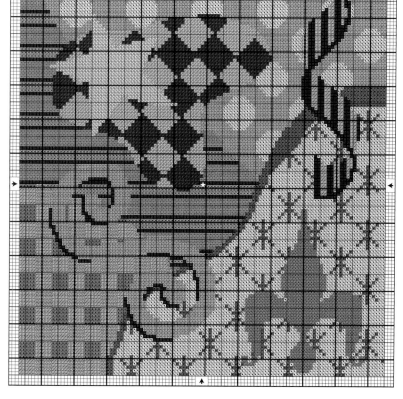

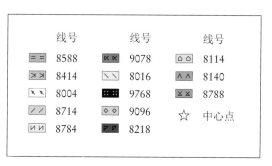

	线号		线号		线号
＝＝	8588	✕✕	9078	△△	8114
➤➤	8414	＼＼	8016	∧∧	8140
✕✕	8004	■■	9768	✕✕	8788
╱╱	8714	◇◇	9096	☆	中心点
ⅡⅡ	8784	▛▛	8218		

凯尔特风靠垫

Celtic Cushion

绣制这种靠垫时，绣线颜色可选不同明亮度的蓝、黄色。几种明亮度不同、图案设计相同的靠垫一起摆放在沙发椅上，非常醒目。

材料

- 35 厘米见方的 7 支苏丹十字绣布
- 针
- 疏缝线
- 羊毛线线号: 8704 号 8 束，8896 号 4 束
- 8020、8836 号各 2 束
- 十字绣针
- 卷绷
- 珠针
- 剪刀
- 125 厘米蓝色滚边条
- 缝纫线
- 缝纫机
- 30 厘米 ×38 厘米深蓝色背面布
- 30 厘米见方的靠垫芯

十字绣制作

在绣布纵横两个方向疏缝直线，形成方格。绣制十字绣图案，完成后用模具撑平绣布，使针脚平整。

1 疏缝滚边条与绣布，再机缝到位。背面布较短的两边各折起 1 厘米折边。对折后剪裁为两片，折边处交叠，形成 30 厘米见方的正方形。绣品正面和背面布的正面相对，取珠针固定。

2 疏缝并用缝纫机缝合一圈。将靠垫翻到正面之前，修剪并缝合边和四角。装入靠垫芯，轻压塞进。

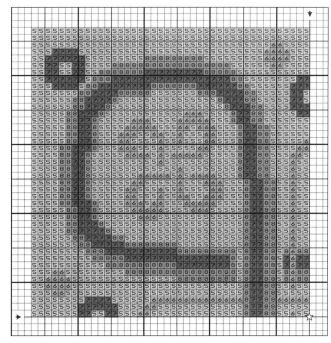

	线号		线号		
5 5	8704	7 7	8836	☆	中心点
6 6	8020	8 8	8896		

防火屏

将绣好图案的绣布装进防火屏，放于空荡的壁炉前，展翅飞龙就成了大家瞩目的焦点。

材料

- 疏缝线
- 针
- 51 厘米 ×61 厘米灰色 / 蓝色 28 支奇克平纹亚麻布
- 捻合棉线 1014、891 各 2 束，273、274、357、403、779、830、831、849、853、855、856、868、875、877、898、900、943、945、5975、8581 各 1 束
- 十字绣针
- 绣花绷
- 背板
- 美工刀
- 安全钢尺
- 结实的线
- 防火屏

十字绣制作

这是一幅大型作品，绣布使用的是平纹亚麻布。你可以借助绣花绷分成几个部分来绣。

1 在绣布上疏缝纵、横直线形成方格。用双股棉线，每隔两条亚麻纤维绣一针。翅膀处用 900 号单股线回针绣，其他部位的回针绣都用双股 403 号线绣。

2 反面熨烫。剪切符合防火屏大小的背板。将绣好图案的绣布绷到背板上，装入防火屏。

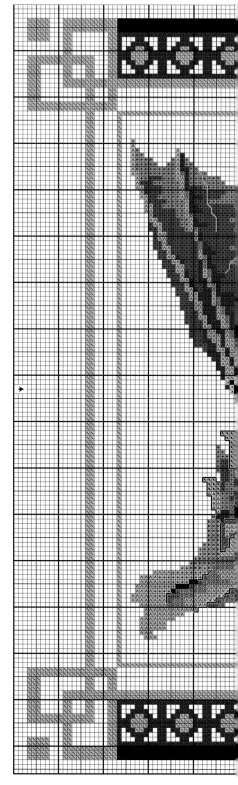

线号		线号		线号		线号		线号	
	357		856		945		403		868/5975
	830		891		1014		274/875		849/877
	831		898		5975		779/877		853/855
	853		900		8581		830/943		831/898
	855		943		273		830/831		898/945

☆ 中心点

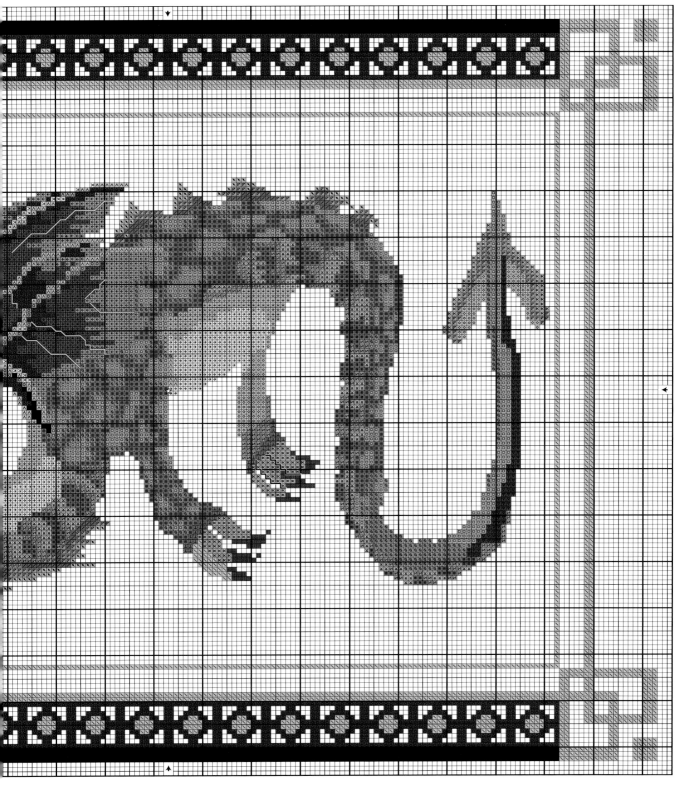

餐巾套环

Napkin Ring

素色餐巾用这种独特的十字绣套环装饰，整体效果非常优雅。

十字绣制作

　　用6股棉线绣制。刺绣前如把6股捻合的线分开再排好捋顺，绣出的针脚就会更平顺。完成后，将绣品反面熨烫。

材料

- ◆ 5 厘 米 ×15 厘 米 10 支单十字绣布
- ◆ 十字绣针
- ◆ 捻合棉线 70 号、 276 号
- ◆ 剪刀
- ◆ 5 厘 米 × 15 厘 米 米色毛毡
- ◆ 针

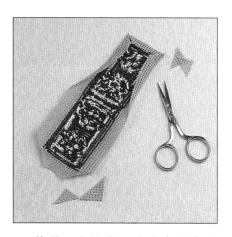

1 修剪 4 个边角，将多余的布料折进反面。

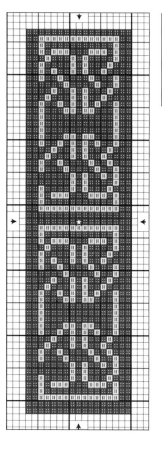

线号	
ⅡⅡ	276
⠿	70
☆	中心点

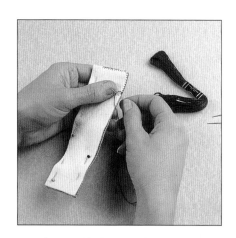

2 将毛毡剪裁至适当大小，用珠针将其和十字绣布固定，修剪整齐后，再用扣眼绣将其与布缝合。

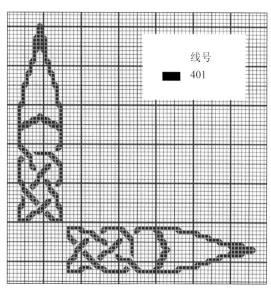

线号	
■	401

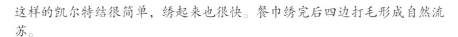

餐巾
Napkin

这样的凯尔特结很简单，绣起来也很快。餐巾绣完后四边打毛形成自然流苏。

十字绣制作

在与两边边缘各相距5厘米处，开始疏缝纵、横直线形成方格。用双股棉线每隔两条亚麻纤维绣一针，在靠近边角处绣制凯尔特结图案。完成后反面熨烫。

材料

- 40厘米见方的淡灰色28支平纹亚麻布
- 疏缝线
- 针
- 十字绣针
- 捻合棉线401号
- 小绣花绷（移动绷）
- 剪刀

1 沿边缘约4厘米处修剪绣布，使边缘整齐。抽拉四边的横向纤维，形成2.5厘米长的流苏。

靠椅坐垫

用这只温暖、舒适的羊毛十字绣作品翻新红木靠椅的旧坐垫。这只坐垫尺寸适合标准尺寸的内嵌式客厅靠椅。

十字绣制作

在绣布上疏缝纵、横直线形成方格。从中心点开始刺绣，将十字绣布绷到卷绷上。完成后用模具撑平绣布，使针脚平展。反面熨烫。

材料

◆ 56 厘米见方的 7 支苏丹十字绣布

◆ 疏缝线

◆ 卷绷

◆ 十字绣针

◆ DMC羊毛线7406号5束，7472、7544号各4束，7590号7束，7591号9束

◆ 剪刀

◆ 平头钉

◆ 锤子

◆ 56 厘米见方的白棉布

◆ 坐椅框

1 从前幅边中间开始，拉伸绣布套在坐椅框上，底部用平头钉固定。从中间开始，每隔 5 厘米锤进一枚平头钉。其他各边同样操作。修剪掉四角多余的十字绣布，以避免厚重感。

2 完成后底部罩以白棉布，用平头钉固定。

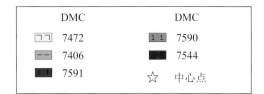

DMC			DMC	
⊓⊓	7472		1 1	7590
– –	7406		▨▨	7544
▨1	7591		☆	中心点

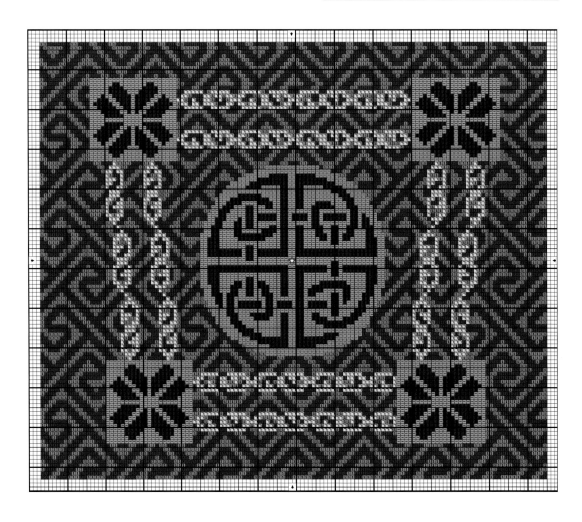

凯尔特风布包

Celtic Bag

这款多用途包包既漂亮又实用，而且非常结实，带上买菜购物是很好的选择。

材料

- 50 厘米见方的古风阿伊达布
- 27 支林达布, ZE1235
- 疏缝线
- 针
- DMC 捻合棉线 335、400、772、783、800、890、931、938、988、3750
- 十字绣针
- 绣花绷
- 18 厘米见方的薄黏合衬
- 缝纫线
- 150 厘米白棉布内衬
- 缝纫机

十字绣制作

裁剪两块 41 厘米 ×45 厘米大小的亚麻布，一片上疏缝纵、横直线形成方格。布包上缘折进 4.5 厘米宽边，疏缝固定。用双股线在疏缝过方格线的布片中心点开始绣图案，每隔两条亚麻纤维绣一针。

回针绣部位：动物躯干处用 938 号线，尾巴用 3750 号，舌头用 335 号。完成刺绣后，反面熨烫。将黏合衬固定在绣图反面之前，请确保绣图一面平整，有助于保存。

线号	
⊞⊞	335
◆◇	400
╱╱	772
➤➤	783
╲╲	800
▨▨	890
╫╫	931
▦▦	938
▽▽	988
▲▲	3750

回针绣	
——	335
——	3750
——	938

☆　中心点

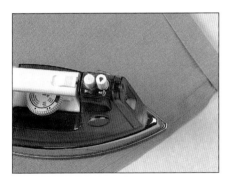

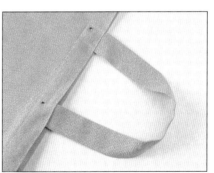

1 两片亚麻布块正面相对，缝合两侧边和底部，修剪整齐后用熨斗将缝份熨平。用相同方法制作41厘米见方的白棉布内衬，内衬各边需走两道线以加固。

2 布包上边沿折进1.2厘米，与折边后的内衬缝合，熨平。将布包翻到正面，夹入白棉布内衬，塞入折边以下部位。用珠针固定，沿边缘疏缝。

3 裁剪2条10厘米×45厘米帆布条做包带。将布条纵向折叠，两边各留1.2厘米缝份缝合，留下返口。熨烫后翻过来。再次熨烫确保缝边在包带中间位置。与布包接头处用Z形针法缝合。每头缝进包内侧10厘米。

布包扣

Covered Buttons

这种闪亮的中世纪风格纽扣可以很好地为黑色外套或毛衫增色，使之倍显雅致。我们这里使用 3 厘米直径的扣子，制作方法也适合其他大小的扣子。

材料

- 黑色 27 支林达布, ZE1235
- 十字绣针
- 白色捻合棉线
- 古风、精纺金色 K 线
- 小绣花绷
- 剪刀
- 薄纸板
- 水溶铅笔
- 针
- 缝纫线
- 直径 3 厘米的扣子

十字绣制作

选用 5 厘米见方的一块布，绣制布包扣的包面，绣完后反面熨烫。

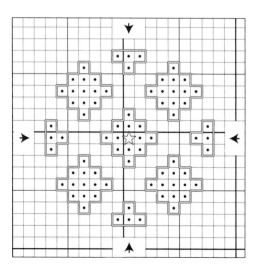

线号	
⊡	白色

回针绣	
——	古风、精纺金色 K 线 221 号

| ☆ | 中心点 |

1 剪切直径 4 厘米大小的圆形薄纸板，中间再剪掉一个同心圆，使纸板形成一个圆环（这样你可以看到中间的绣图）。把纸板环放在完成的绣图上，用铅笔描画出外环轮廓。

2 沿轮廓线剪掉多余绣布，四周用小针脚藏针缝缝合。将扣子置于绣布的反面，然后在反面紧紧缝合四周绣布，包住扣子。完成。

凳子面

Stool Cover

为平常的小木凳制作柔软、温暖的凳子面，或用来装饰脚凳。

材料

- 40 厘米见方的 7 支苏丹十字绣布
- 疏缝线
- 卷绷
- 十字绣针
- 针
- 剪刀
- 羊 毛 线 8024 号 6 束，8016.8106.8138 号各 2 束，8136 号 1 束
- 28 厘米见方的薄铺棉
- 3 厘米宽深褐色镶边，长 1 米
- 缝纫线
- 双面胶带

十字绣制作

　　从绣布中心点起，疏缝纵、横直线形成方格，用羊毛线完成十字绣。绣完后用模具伸展绣布，使针脚平整，然后将边修剪至 4 厘米。

1 裁剪与凳子面大小一致的铺棉。用双面胶带粘贴凳子面圆形侧边。将完成图案刺绣的绣布罩在铺棉上，周围粘好。请注意使图案处于凳面正中位置。

2 将边缘暗缝一圈，固定好。

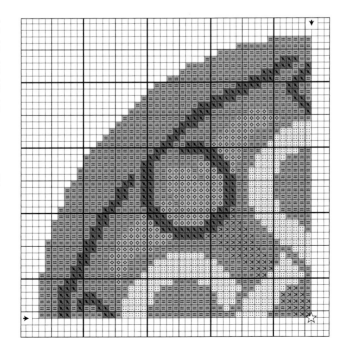

线号	
☰	8024
◇◇	8136
✕✕	8106
⠿	8016
≫≫	8138
☆	中心点

字母沙包
Alphabet Block

这种大大的、笨笨的沙包很受婴儿和学步的小孩子喜爱，因为它易抓、柔软，不会伤害孩子。

材料

- 18 厘米 ×109 厘米藏青色 14 支阿伊达布, ZE3246
- 剪刀
- 疏缝线
- 针
- 5 号珠光棉线, DMC554、718、725、995、996
- DMC 捻合棉线 823
- 十字绣针
- 即烫喷浆
- 缝纫线
- 涤纶填充料

十字绣制作

剪裁 6 片 18 厘米见方的阿伊达布，边缘缝牢以免毛边。每片从中心点开始疏缝纵、横直线形成方格。用珠光棉线绣十字绣图案。图案完成后用双股捻合棉线绣回针绣。涂上即烫喷浆，并反面熨烫。

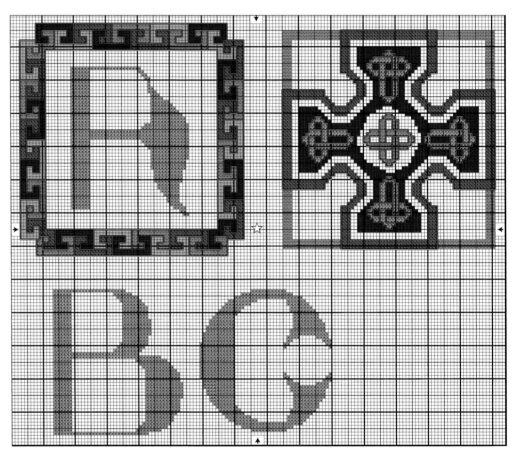

DMC	
==	554
:::	996
>>	725
∞∞	718
∖∖	995

回针绣
—— 823

☆ 中心点

1 每片布四周修剪整齐，如图所示，将各片拼接起来，成立方体。将立方体正面翻转出来，理顺边角处，装入填充料。

2 最后两边的缝合使用藏针缝，然后轻拍使之成形。

礼品标签
Gift Tag

使用十字绣布，将这只中世纪风的鸟绣在男士领带上。

材料

- 15 厘米见方的灰色 / 蓝色 28 支平纹布
- 剪刀
- 疏缝线
- 针
- DMC 捻合棉线 739、740、817、3808
- 十字绣针
- 小绣花绷
- 硬纸板
- 万能胶
- 红色礼品标签

DMC	
⊠⊠	739
▷▷	740
⊟⊟	3808
◇◇	817

法式结粒绣

♋ 739

☆ 中心点

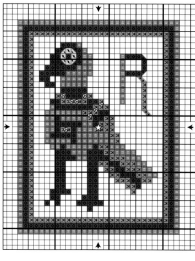

十字绣制作

从亚麻布的中心点开始疏缝纵、横直线形成方格。用双股捻合棉线，每隔两条亚麻纤维绣一针。完成后反面熨烫，然后用法式结粒绣绣小鸟的眼睛。

1 测量图案的尺寸，然后剪裁相等大小的一张硬纸板。十字绣图案往外留出 2 厘米缝份后剪掉多余布料，然后将绣布罩在硬纸板上，小心修剪边角。完成后将它粘贴到红色礼品标签上。

书签

Bookmark

制作这款带流苏的漂亮书签作为礼物，定会得到任何爱读书的朋友的喜爱。它会使任何平装书显得更有气派。

十字绣制作

用软芯铅笔标出缝纫衬纸的中心点，然后用 3 股捻合棉线绣制图案。

刺绣小贴士

拆去疏缝线时，很容易撕裂缝纫衬纸，需要加倍小心。如有撕裂请用强力胶粘贴，用锋利的针尖修补疏缝针脚留下的针眼。

材料

- 8 厘米 ×20 厘米缝纫衬纸
- 软芯铅笔
- 十字绣针
- 捻合棉线 DMC 311、312、367、918、3046、3722
- 剪刀
- 5 厘米见方的纸板

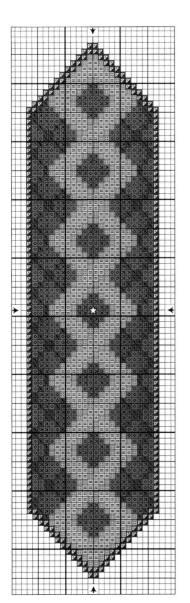

1 刺绣完成后，去除图案外多余的衬纸。无法去除的衬纸用水彩笔上色修饰。

2 绣图所用到的每种颜色的线各取 50 厘米，并将捻合的线束拆开。将各色彩线合并缠绕在纸板上制成流苏，固定到书签一端。

DMC	
	918
	311
	312
	3722
	367
	3046
☆	中心点

针线袋

手边有了这款可以收纳一切针头线脑的针线袋，随时可以缝缝补补。

材料

- 18厘米×38厘米黑色14支阿伊达布
- 绣花绷
- 十字绣针
- 缝纫线
- 捻合棉线DMC972号3束，321、796、909、995号各1束
- 剪刀
- 28厘米×69厘米黑色黏合衬
- 40厘米见方的黑色石棉布
- 5厘米×13厘米铺棉
- 5厘米×13厘米硬纸板
- 万能胶
- 2.5厘米×200厘米的黑色滚边条
- 缝纫机

十字绣制作

从阿伊达布中心点开始标示纵、横直线，形成方格。用双股棉线绣图。回针绣使用绿松石色双股线（995）。完成后反面熨烫。

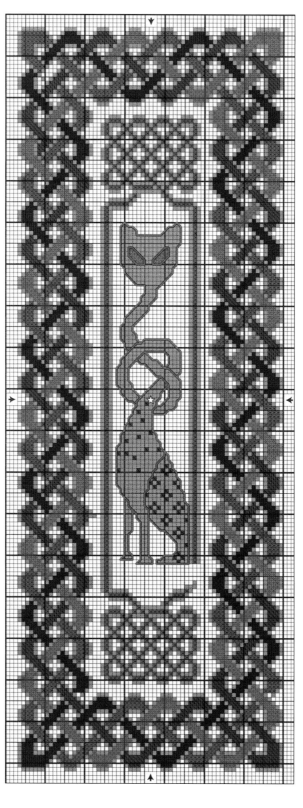

DMC	
▨	321
⊠	995
▧	796
⬚	972
◇	909

回针绣
—— 995
☆ 中心点

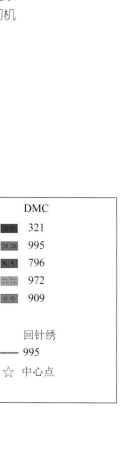

1 剪裁与阿伊达布相同大小的黏合衬，熨烫至绣布反面。剪裁 4 块石棉布，一块与绣布相同大小，一块 10 厘米 ×30 厘米，一块 10 厘米 ×18 厘米，还有一块 10 厘米 ×13 厘米。将铺棉粘贴在纸板上，放在小片石棉布上，修剪边角，将多余布边粘贴到纸板上。

2 将黏合衬熨贴至 10 厘米 ×30 厘米的石棉布上以加固，并缝在做工具袋后片的石棉布上。用珠针如图所示别在板上并针缝固定。

3 将完成的石棉布背片与阿伊达布反面用珠针固定在一起。各边留 3 毫米，缝合固定，拆掉疏缝线。裁 76 厘米长的滚边条，纵向对折，边角折进，缝合成带子。再将其横向对折，对折处缝至工具袋绣布正片做绑带。其余滚边条用珠针固定在工具袋四周，缝合后整理好边角。

凯尔特结图样

Celtic Knot Sampler

这幅非凡的设计里包含九种不同的凯尔特结图样。你做贺卡时可选任何一种单独刺绣。

材料

- 25厘米见方的米色28支平纹亚麻布
- 疏缝线
- 针
- 捻合棉线187、229号
- 十字绣针
- 绣花绷
- 20厘米见方的背板
- 结实的线
- 画框

十字绣制作

在绣布上疏缝纵、横直线形成方格。用双股棉线每隔两条亚麻纤维绣一针。完成后反面熨烫。

1 将绣布罩在背板上。

2 将固定在背板上的绣图装进画框，使之更漂亮。

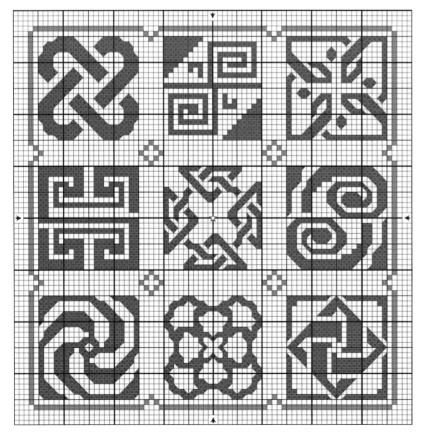

线号		
▓ 229		☆ 中心点
▒ 187		

凯尔特十字架
Celtic Cross

这幅经典的凯尔特十字架以苏格兰高地为背景，可见粗犷的风景和绚丽的落日。

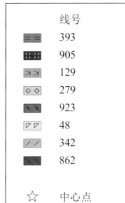

	线号
	393
	905
	129
	279
	923
	48
	342
	862
☆	中心点

材料

- 25 厘米 ×30 厘米的浅蓝色 14 支阿伊达布
- 疏缝线
- 针
- 捻合棉线 48、129、279、342、393、862、923、905 号
- 十字绣针
- 绣花绷
- 18 厘米 ×23 厘米的背板
- 结实的线
- 画框

十字绣制作

用双股棉线在阿伊达布上疏缝纵、横直线形成方格。完成后反面熨烫。

1 将绣布罩在背板上。

2 将固定在背板上的绣图装进画框，使之更漂亮。

拜占庭式礼物袋

Byzantine Gift Bag

这种小礼物袋最适合用来装胸针或耳饰。其设计源于一本拜占庭福音书。

十字绣制作

在距亚麻布条一端15厘米处开始疏缝直线，并标注纵向中心线。这一面将是礼物袋的正面，图案是靠近底部位置的。每隔两条亚麻纤维，用双股线绣十字绣图案并以回针绣勾边。完成后，绣布反面熨烫，然后绣图案中的法式结粒绣。

材料

- 8 厘米 ×40 厘米的亚麻布条
- 疏缝线
- 针
- 捻合棉线 44、306、861号
- 十字绣针
- 珠针
- 剪刀
- 50 厘米长的暗黄色拉绳

线号	法式结粒绣
306	306
44	861
861	
☆ 中心点	

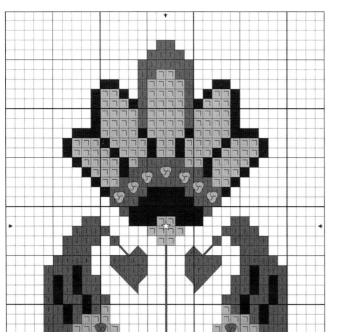

1 亚麻布条两端各向反面折进 5 厘米，边缘处再向内折进 1 厘米，用珠针固定。接近折叠处横向缝一条线，距其 1 厘米处再缝一条平行线，用来装拉绳。

2 将布条对折，正面朝外，两侧边缝合至拉绳位置。

3 将拉绳剪成两段，一条从一个方向穿进，另一条从反方向穿进。拉绳末端打平结，然后将平结以下部分打散形成流苏。

黑绣画框
Blackwork Frame

你可以用这个小巧的画框展示珍贵的老照片。为使效果更美，可在画框的四周绣满十字绣。

材料

- 30 厘米 ×60 厘米米色 27 支林达布, ZE1235
- 剪刀
- 针
- 缝纫线
- 捻合棉线 403 号
- 金色精纺 K 线 002
- 十字绣针
- 20 厘米见方的背板
- 美工刀
- 安全钢尺
- 30 厘米 ×60 厘米白棉布

十字绣制作

剪裁 15 厘米 × 30 厘米的亚麻布，疏缝纵、横直线形成方格。用双股棉线绣十字绣，用黑色或金色单股线绣回针绣。完成后反面熨烫。

1 测量绣布外框大小，剪切 2 块同等大小的背板。测量绣布内框大小和框与各边距离，在一块背板上挖出同样大小的窗口。

2 刺绣图案各边往外留 2.5 厘米，修剪整齐。绣布上挖出窗口，再罩在背板上，然后拉伸绣布，罩在另一块背板上。

3 裁剪两片比布框各边长 1.2 厘米的白棉布，熨平。将白棉布罩在背板上固定。缝合背板正反两面，留一边不缝合。

4 后面背板上划出 2.5 厘米支脚，用白棉布包缝。将支脚和背板缝合。

线号	回针绣
■ 403	— 线号 403
☆ 中心点	═ K 线 002

迷宫镇纸

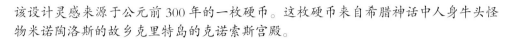

该设计灵感来源于公元前 300 年的一枚硬币。这枚硬币来自希腊神话中人身牛头怪物米诺陶洛斯的故乡克里特岛的克诺索斯宫殿。

材料

- ◆ 10 厘米见方的 18 支单线十字绣布（绣花用十字绣布）
- ◆ 疏缝线
- ◆ 针
- ◆ 3 号 DMC 珠光棉线 307、796
- ◆ 十字绣针
- ◆ 剪刀
- ◆ 万能胶
- ◆ 7 厘米透明玻璃镇纸
- ◆ 8 厘米×8 厘米的蓝色毛毡

◆◆◆◆◆◆
刺绣小贴士

珠光棉线对这种厚度的十字绣布来说粗了一些，但有很棒的浮凸效果。

十字绣制作

从十字绣布的中心点开始疏缝纵、横直线形成方格。用单股珠光棉线刺绣。

1 测量镇纸底部尺寸，依此修剪绣布。将修剪好的绣布粘贴到镇纸外缘。剪裁与绣布相同大小的毛毡，用万能胶将其粘贴到绣布背面。

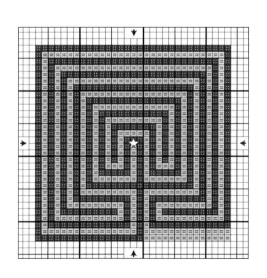

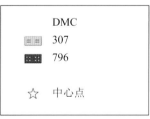

DMC	
▦	307
▨	796
☆	中心点

小杂物碗

Trinket Bowl

这只漂亮的磨砂玻璃小碗以凯尔特图案装饰。图案来源于装饰性萨克森短剑。

材料

- 15 厘米见方古白色 28支卡舍尔亚麻布，ZE3281
- 疏缝线
- 针
- 小绣花绷
- 十字绣针
- 捻合棉线DMC926、3808
- 金色细 K 线 221
- 直径 9 厘米的磨砂玻璃碗
- 工艺画框 GT4

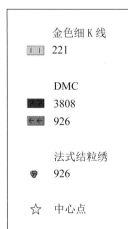

金色细 K 线
| | 221

DMC
■ 3808
← 926

法式结粒绣
♥ 926

☆ 中心点

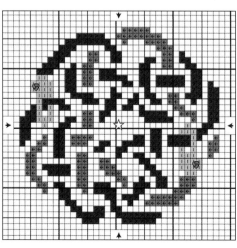

十字绣制作

从十字绣布的中心点开始疏缝纵、横直线形成方格。棉线用双股，金线用单股。绣完后反面熨烫，然后完成法式结粒绣。

1 按照说明将绣布装进玻璃碗碗盖。

绣花罩衫

Embroidered Blouse

这种中世纪风格的装饰性图案的灵感来源于《时间与意志》一书。它们也适合绣在马甲上，本书在后面会提到。

十字绣制作

制作或购买一件与所给图片相似的罩衫，以便与装饰图样风格相符。选取适当位置剪掉袖口部位及衣领部分。将剪掉的布片放在14支方格纸上，描画出轮廓，然后将图样转移到方格纸上。在袖口中间位置画一朵红花，每相邻的2个图样不重复。前领口上的装饰图样，另取一张方格纸单独画。小心剪下每个图样，摆放在前领口片和袖口片轮廓图上，图样距离边缘至少2个方格，粘贴固定。

材料

- 白色中世纪风格罩衫
- 剪刀
- 14支方格纸
- 铅笔
- 双面胶带
- 针
- 疏缝线
- 十字绣针
- 缝纫线
- 捻合棉线白色，133、246、290、335、369、380、397、398、400、403
- 绣花绷
- 30厘米长黑色27支林达布ZE1235
- 珠针

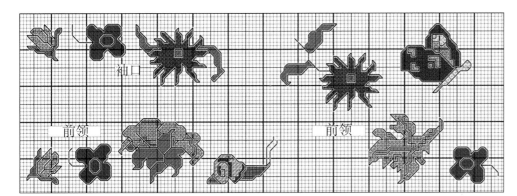

1 将前领口片和袖口片轮廓画在亚麻布上，疏缝方格线。用双股棉线进行十字绣和回针绣，每隔两条亚麻纤维绣一针。

2 缝完后反面熨烫，然后沿轮廓将这些图样剪下来，每个周围要留1.5厘米缝份。将缝份折进反面，修剪折角处，紧贴图案边缘回针处疏缝入反面。

3 用珠针将饰有图样的黑色前领口片和袖口片固定在罩衫上，疏缝。用斜裁布条为前领口片和袖口片滚边，再缀上扣子。

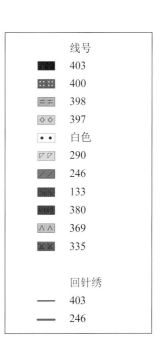

线号	
■	403
▦	400
═	398
◇	397
••	白色
◹	290
◿	246
▬	133
▦	380
∧∧	369
✕	335
回针绣	
—	403
—	246

马甲

Waistcoat

用十字绣布，你还可以将这些图案绣到成品马甲上。

材料

- ◆ 75 厘米 ×75 厘米的黑色 27 支林达布 ZE1235
- ◆ 75 厘米 ×75 厘米的里布
- ◆ 剪刀
- ◆ 针
- ◆ 缝纫线
- ◆ 缝纫机
- ◆ 14 支方格纸
- ◆ 铅笔
- ◆ 双面胶带
- ◆ 珠针
- ◆ 疏缝线
- ◆ 捻合棉线：白色、397 号各 3 束，398 号 2 束，133、246、290、335、369、380、400、403 各 1 束

十字绣制作

将本书附带图样放大或直接购买成品图样，在亚麻布上剪裁出相应马甲前片图形。缝制胸部并熨平。图样四周留出缝份，然后依照图样在 14 支方格纸上画图，将花朵图样也转印到方格纸上。装饰图样，另取一张方格纸单独画。小心地剪下每个图样，摆放在前领口片和袖口片轮廓图上，图样距离边缘至少 2 个方格，摆放零散花朵图样，调整至满意，粘贴固定。描画独角兽轮廓，按照图纸绣制，用回针绣勾边结束刺绣。依此制作另一片前襟，独角兽形象应为前一片中的镜像。

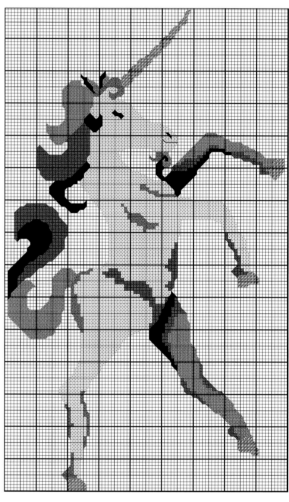

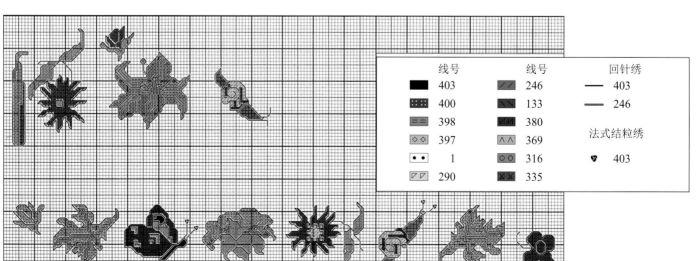

线号		线号		回针绣	
■	403	⁄	246	—	403
▦	400	＼	133	—	246
▨	398	▧	380		
◇	397	∧	369	法式结粒绣	
•	1	○	316	❤	403
▱	290	✕	335		

1 裁剪前、后片衬里，缝后熨平。将前片衬里与亚麻前片正面相对缝合，肩部与侧缝不缝。将两片后片缝合，然后与袖窿、领口和下摆处缝合。修剪缝份并翻面。

先用珠针将前、后片于肩部和摆缝处固定，然后缝合，注意不要将衬里与亚麻布缝到一起。整理缝份，熨平。

2 用藏针缝缝合衬里。反面熨烫马甲，在需要时可加固。

戒枕

Ringbearer's Cushion

这个令人愉悦的凯尔特风设计也可以用两种互补色刺绣，与新娘的礼服或婚礼上的花束颜色相配。

材料

- 30厘米见方古白色28支亚麻布
- 疏缝线
- 针
- 绣花绷
- 十字绣针
- 捻合棉线DMC224、3685
- 2厘米×100厘米酒红色彩带
- 滚边芯线，长100厘米
- 缝纫线
- 缝纫机
- 剪刀
- 30厘米见方古白色底布
- 填充棉
- 0.3厘米×100厘米酒红色彩带

十字绣制作

从十字绣布的中心点开始疏缝纵、横直线形成方格，用双股捻合棉线绣中心图案。仔细计算线程，绣制边缘处图案。绣完后反面熨烫。

1 将滚边芯线包进宽彩带，绕靠垫一圈，疏缝固定。滚边距离边缘的图案2厘米。先将一条边的滚边缝好，再将其他三边缝合。修剪边角，将戒枕正面翻出来，熨平，装进填充棉。

2 将填充棉入口用藏针缝缝合。将窄彩带剪成两段，再对折，在中心十字架图案的中心点绣一个装饰性十字固定。

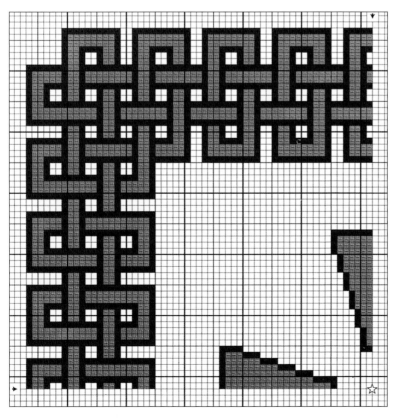

DMC	
▨	224
■	3685
☆	中心点

棋盘

Chessboard

黑色方块是按照阿西西技法绣成的。阿西西技法是十字绣的一种特殊形式。图案部分不绣，只绣背景部分。

材料

◆ 38 厘米见方白色 14 支阿伊达布
◆ 疏缝线
◆ 针
◆ 剪刀
◆ 绣花绷
◆ 十字绣针
◆ 捻合棉线 403 号
◆ 安全钢尺
◆ 30 厘米 ×60 厘米背板
◆ 美工刀
◆ 结实的线
◆ 万能胶
◆ 125 厘米长黑色细绳

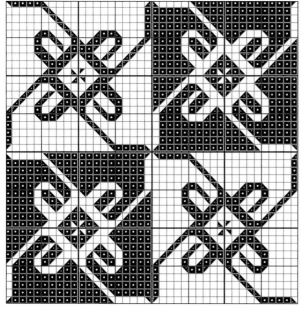

十字绣制作

从阿伊达布的中心点开始疏缝纵、横直线形成方格。用双股捻合棉线刺绣。完成后反面熨烫。

1 测量绣布相邻两边的尺寸，按此尺寸剪切两块同样大小的背板，将绣布伸展，罩在一块背板上。

2 将黑色细绳与棋盘边缘缝合。绳接头处拆开，捋平，缝到棋盘背面。粘贴另一块背板，遮盖绣布毛边。

线号
▬•• 403

床头柜台布

Bedside Tablecloth

这种非同寻常的凯尔特设计可用来绣制大台布上的连续图案。

材料

- 51 厘米见方米色 28 支平纹亚麻布
- 疏缝线
- 针
- 剪刀
- 绣花绷
- 十字绣针
- 人造丝 831、1140
- DMC 金色线 284
- 缝纫线

人造丝

▨ 831
▨ 1140

回针绣
DMC 金色线 284

☆ 中心点

十字绣制作

从亚麻布的中心点开始疏缝纵、横直线形成方格。计算从中心图案到边缘图案的线程，开始刺绣前再数一遍以免出错。

1 首先，用单股人造丝每隔两条亚麻纤维绣一针，绣制台布中心的图案。然后用金色线绣回针绣。完成后，绣布反面熨烫。

2 修剪多余的绣布，各边留 2.5 厘米供折边用。也就是说，一幅 46 厘米见方的台布，整理边角后，四周折起 1.2 厘米的折边。先疏缝固定，再缝合。边角处用藏针缝整理，完成后反面熨烫。

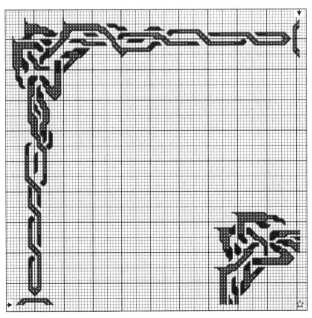

211

材料

- ◆ 铅笔
- ◆ 美工刀
- ◆ 薄纸板
- ◆ 剪刀
- ◆ 15 厘米 ×30 厘米米色或黑色 27 支林达布, ZE1235
- ◆ 水消笔
- ◆ 小绣花绷
- ◆ 十字绣针
- ◆ 捻合棉线 47、275、403
- ◆ 金色精纺 K 线 002
- ◆ 针
- ◆ 缝纫线

黑绣挂件

Blackwork Decorations

尽管传统的圣诞节装饰挂件——黑绣挂件是用黑色绣线在白色或米色织物上绣制的，但你完全可以用红色或黑色织物做绣布，效果同样漂亮。

十字绣制作

在纸板上绘出图案轮廓，沿轮廓剪切 3 个同样的纸板。将模板放在亚麻布上，用水消笔描出 3 个轮廓。在轮廓内刺绣图样，完成后反面熨烫。

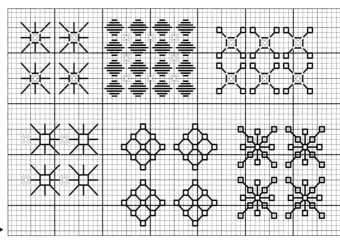

线号		回针绣	
▢▢	47	▬	403
		▭	275
		▭	金色 K 线

线号	
▬	403
▭	金色 K 线

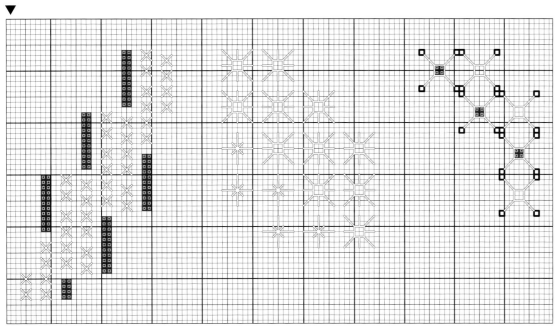

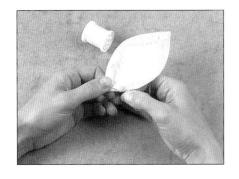

1 将亚麻布片罩在纸板上，背面缝合。

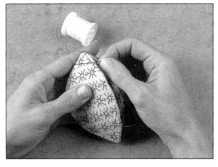

2 用 10 厘米金色 K 线做一个线圈，从背面将线圈缝在一片模板顶部。将 3 片模板依次缝合，形成立体装饰挂件。

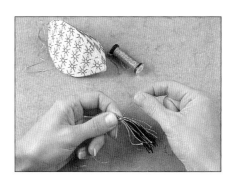

3 剪切一片 5 厘米宽纸板，将一些黑色绣线和金色绣线绕在纸板上，用金色 K 线系起一端，另一端剪断。再用金色线拦腰系一个平结。修剪流苏，缝合到挂件底部。

睡衣袋

Nightdress Case

为钩织的蕾丝花边镶上海蓝色丝带，与矢车菊和蝴蝶结清爽的蓝色相衬。

材料

- 1.5 米白色棉布
- 10 厘米 ×13 厘米 12 支十字绣布
- 疏缝线
- 针
- 绣花绷
- 捻合棉线 DMC798、799、3347
- 刺绣针
- 画粉
- 缝纫机
- 缝纫线
- 剪刀
- 60 厘米长白色镶丝带钩织蕾丝
- 珠针

十字绣制作

将十字绣布疏缝到距离棉布一角 10 厘米处，位置放正。用双股棉线在十字绣布上绣制，蝴蝶结应在棉布的一端。绣完后一根一根拆卸十字绣布。绣布反面熨烫。

DMC	
▨ 798	
▨ 799	☆ 中心点
▨ 3347	

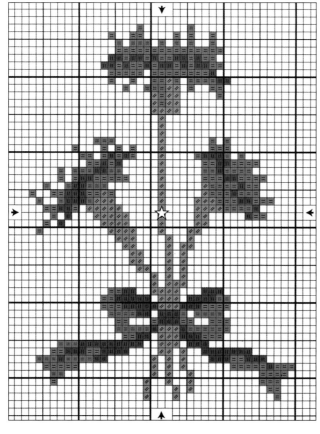

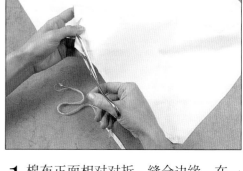

1 棉布正面相对对折，缝合边缘，在一边留一个返口。将袋子翻转至正面，修剪边角。

2 整理袋盖边角，反面熨烫。用珠针将花边固定缝好。折进花边边角，手工缝制。

桌布和餐巾

Tablecloth and Napkin

这块绣有漂亮花边的亚麻桌布使周日的午餐变成一种享受。

材料

◆ 115 厘米见方白色 28 支
单线十字绣桌布
◆ 50 厘米见方白色 28 支
单线十字绣餐巾
◆ 疏缝线
◆ 针
◆ 绣花绷
◆ 捻合棉线 131、133 号各
3 束，35、47、110、112、
211、297 号各 1 束
◆ 十字绣针
◆ 缝纫机
◆ 缝纫线
◆ 剪刀
◆ 珠针

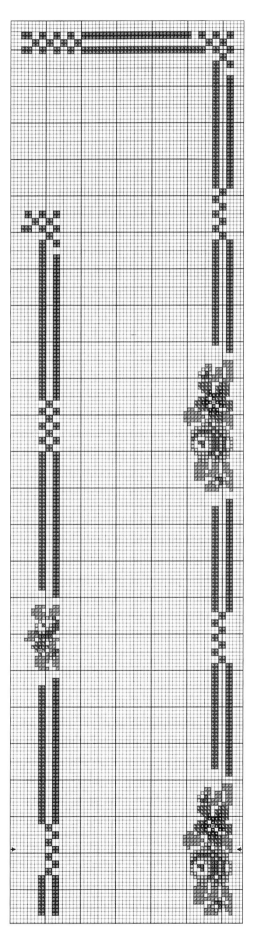

桌布

十字绣制作

将织物对折，在一片上疏缝直线确定各片的中心点。在距离一边 16 厘米处疏缝一道线作为起始点。用双股棉线每隔两条织物纤维绣一针。

1 图样显示折叠后一片上 1/2 图案。按此图案再绣另一半，注意花朵的朝向要保持一致。接着绣制其他部分，直至整个桌布图案完成。

2 缝完后反面熨烫。将绣布修剪成 95 厘米见方，整理边角，制作 2.5 厘米的折边，用藏针缝处理四角。

餐巾

十字绣制作

疏缝中心线并标注起始点，起始点在距离布边 8 厘米处。用双股棉线每隔两条织物纤维绣一针，完成后接着绣制其他部分，直至整个餐巾图案完成。

绣完后剪裁成 45 厘米见方，绣布反面熨烫。修剪边角，制作 2 厘米的折边。按与桌布同样的方法完成制作。

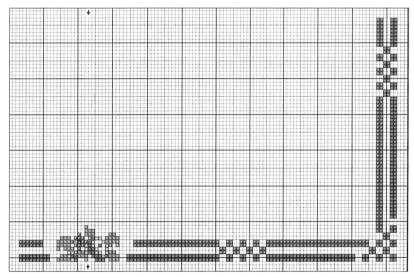

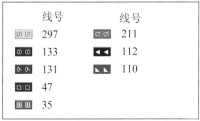

	线号		线号
匹匹	297	∅∅	211
∞∞	133	◀◀	112
◣◣	131	◥◥	110
▢▢	47		
田田	35		

绣花绑带

这种窗帘绑带制作简单，适用于厨房或杂物间。

材料

- 8厘米×1.5米素色亚麻布带, ZE7272
- 疏缝线
- 针
- 捻合棉线DMC517、518、553、554、561、562、563、741
- 十字绣针
- 剪刀
- 珠针
- 4个直径2.5厘米黄铜环

十字绣制作

将亚麻布带剪裁成4等份。取其中一份，疏缝纵、横直线形成方格，用双股棉线每隔两条亚麻纤维绣一针，绣制图案。同法绣另一半。

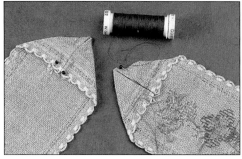

1 绣完后反面熨烫，如图所示两头各折起0.5厘米。相邻两角折叠，形成三角形，珠针固定后疏缝。

另一片未绣的素色布带也同法折叠制作，做绑带里布。

2 用珠针将两片布带固定，相对缝合。边缘处每隔1厘米绣一个装饰性十字加固。将黄铜环固定在两片布带之间，缝合。第2个绑带同样制作。

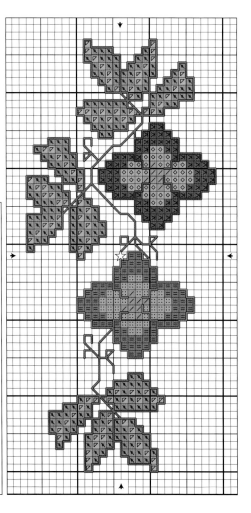

DMC	
▦	517
▦	518
✳	553
◇	554
◣	562
▽	563
╱	741

回针绣
- ── 561
- ── 553
- ── 517

☆ 中心点

盆景盒与砂锅座

Herb Box and Pot Stand

将松木盒里栽种上鲜嫩盆栽放在窗台上。砂锅座包框里特殊材质的隔热玻璃可以防止绣图受损。

盆景盒

材料

- 10 厘米 ×60 厘米素色漂白亚麻布
- 疏缝线
- 针
- 捻合棉线 DMC 白色, 210、211、300、310、311、318、340、349、445、472、500、562、704、726、741、742、809、966、3607、3746
- 十字绣针
- 剪刀
- 珠针
- 30 厘米长松木盒
- 钉枪

十字绣制作

在亚麻布上疏缝纵、横直线形成方格。用双股棉线每隔两条亚麻纤维绣一针，绣制图案。

1 绣完后将绣布反面熨烫，然后装在盒子外围，接头处折叠，用钉枪固定在盒子背面。

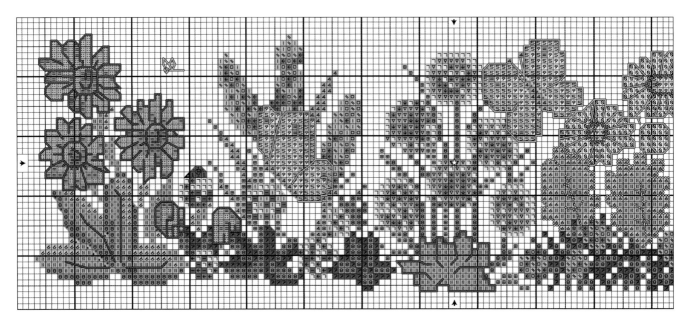

砂锅座

材料

- 23 厘米见方白色 18 支阿依达布
- 疏缝线
- 针
- 十字绣针
- 剪刀
- 绣花绷
- 捻合棉线 120、122
- 六边形工艺木框

十字绣制作

　　在阿依达布上疏缝纵、横直线形成方格。用双股棉线绣十字绣。以回针绣完成外围轮廓,然后绣布反面熨烫。按照出厂说明将绣布装进木框。砂锅座底部有一层石棉布,以保护桌面。

	DMC		DMC
▨▨	210	▯▯	809
⏦⏦	211	⊞⊞	966
▬▬	311	⬇⬇	3607
▥▥	340	⬅⬅	3746
▦▦	349	◲◲	白色
22	310	▽▽	3607 +211
33	300		(每种色号各 1 股)
44	318		回针绣
55	445	—	500
66	472	—♥	300
77	500	—	472
88	562	—◓	966
99	726	—◓	318
‖‖	704	—	310
==	741		
⠿⠿	742	☆	中心点

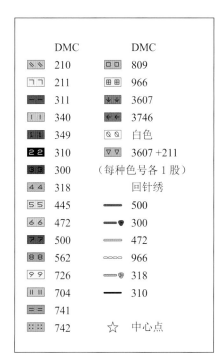

白色

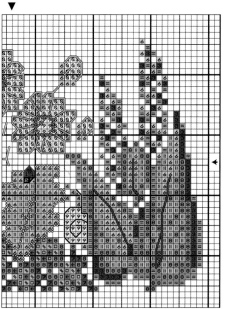

线号 (双股)			回针绣 (双股)		回针绣 (双股)	
▬▬	122		—	122	—	120
⫽⫽	120				☆	中心点

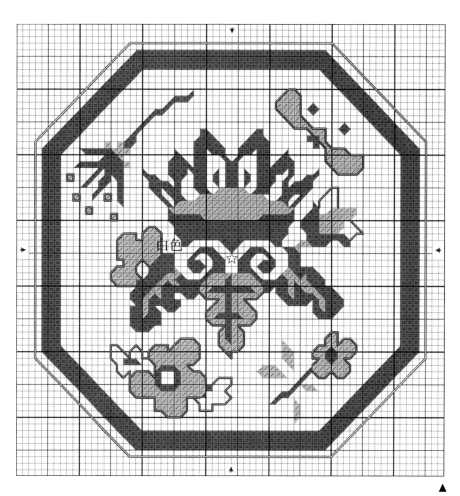

绣花床单和枕套

Embroidered Sheet and Pillow Case

这款经典的亚麻花边床品如果与大理石脸盆架相配使用，再摆放上维多利亚蓝白相间的盥洗盆，就相当有品位了。

材料

◆ 8 厘米宽阿依达布带
◆ 剪刀
◆ 床单和枕套
◆ 捻合棉线
　枕套：130、132 号各 2 束，134 号 1 束
　单人床单：130 号 6 束，132 号 5 束，134 号 3 束
◆ 十字绣针
◆ 珠针
◆ 缝纫线
◆ 缝纫机

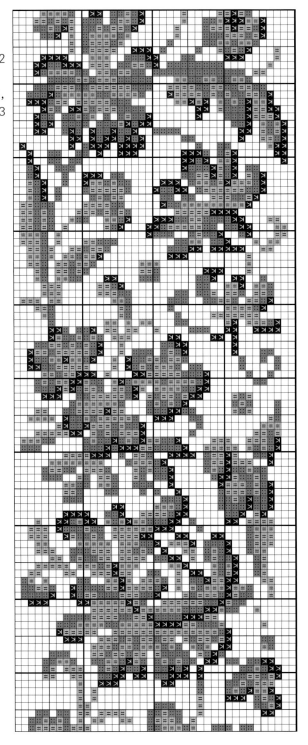

线号	
▦	130
▨	132
▶	134

十字绣制作

测量床单和枕套的宽度，剪裁比测量值再长 10 厘米的阿依达布带。用双股棉线绣制图案，从距离一边 5 厘米处开始绣。

1 绣完后将亚麻布带反面熨烫，然后用珠针将布带固定到床单或枕套上，固定处距离床单或枕套边缘 6 厘米。接缝处折进反面，缝合固定。

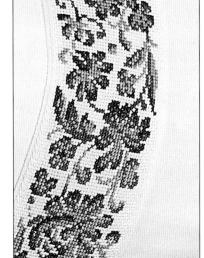

动植物图案刺绣样本

Spot Motif Sampler

小鸟、蝴蝶、花朵是19世纪非常流行的装饰图案，但本图案中的柱子造型使图案更有新意。

材料

- 25厘米见方27支古阿依达布，ZE1235
- 疏缝线
- 针
- 绣花绷
- 十字绣针
- 捻合棉线 10、303、337、352、681、844、848、884
- 27厘米 ×30厘米背板
- 结实的线
- 画框

十字绣制作

从亚麻布中心开始疏缝纵、横直线形成方格。用双股棉线每隔两条亚麻纤维绣一针，绣制十字绣图案。

绣完后绣布反面熨烫。将绣布绷到背板上，然后装进所选的画框中。

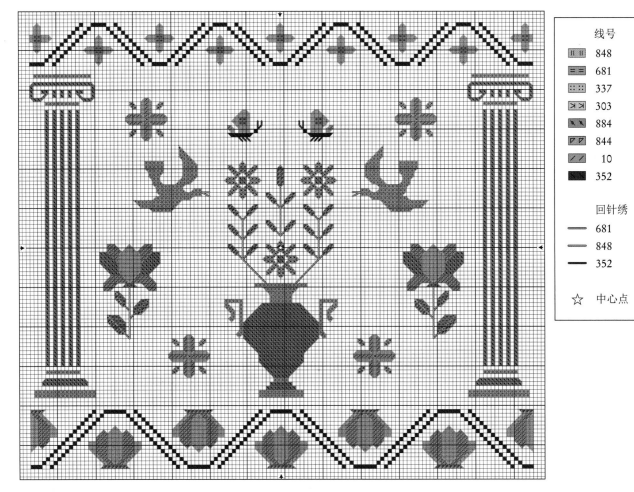

线号	
‖ ‖	848
═ ═	681
⠿	337
≫ ≫	303
⫽ ⫽	884
▽ ▽	844
⁄⁄	10
▨▨	352

回针绣	
——	681
——	848
——	352

☆	中心点

绣花挂衣架

Embroidered Coathanger

这只漂亮的软挂衣架可以保护精美的丝质睡衣和柔软的羊毛衫。

材料

- ◆ 30 厘米 ×60 厘米绣布
- ◆ 剪刀
- ◆ 5 厘米 ×25 厘米的 10 支十字绣布
- ◆ 珠针
- ◆ 疏缝线
- ◆ 针
- ◆ 十字绣针
- ◆ 捻合棉线 19、35、118、218、302、304
- ◆ 30 厘米铺棉
- ◆ 木制衣架
- ◆ 缝纫线
- ◆ 双面胶带
- ◆ 50 厘米细绳

十字绣制作

　　将绣布纵向剪裁成两片，并将十字绣布 5 等分。用珠针将一块方形十字绣布固定到绣布中央，再将其他十字绣布块每隔 4 厘米放置在两边，疏缝固定。用双股棉线绣制图案。完成后将十字绣布一根一根拆除。绣布反面熨烫。

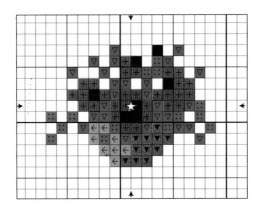

	线号			线号
	118		← ←	302
	35		▽ ▽	218
	19			
▼ ▼	304		☆	中心点

1 将铺棉剪裁成 4 个 5 厘米宽长条和 1 个 10 厘米的宽长条。将窄棉条缠绕在挂衣架上，再用宽棉条缠一圈，缝合接头。

2 将两片绣布都修剪成 11 厘米宽，注意刺绣的花朵离上下两边距离相等。将两片绣布正面相对，并留出 1.5 厘米缝份，然后将两片一边缝合，中间留一个小缝，供挂钩穿过。熨平边缝，穿过挂钩，将绣布套在缠绕有铺棉的挂衣架上。将挂衣架下边缘折边交叠后，用藏针缝缝合。

3 用小针脚缝合挂衣架两头的绣布，拉紧线收口，再缝牢。用双面胶带包裹挂钩。从挂钩弯角处开始紧紧缠绕细绳，最后将线头收进布套。

丝质纸巾袋

Silk Toilet Bag

这款光彩夺目的丝质纸巾袋设计源于一种维多利亚时代人们非常喜欢的花——非洲紫罗兰。

材料

- 40厘米边缘有针孔的天然亚麻布带
- 捻合棉线DMC341、550、744、3746
- 十字绣针
- 珠针
- 35厘米×40厘米酒红色双宫蚕丝绸
- 缝纫线
- 缝纫机
- 25厘米×40厘米里布
- 剪刀
- 针
- 6只直径1.2厘米黄铜环
- 1米白色绳带

十字绣制作

将亚麻布带纵向对折，找到布带的中心位置。用双股棉线每隔两条亚麻纤维绣一针，绣制图案。从布带中心开始绣，向两边绣满。

1 绣完后将亚麻绣布反面熨烫，并用珠针固定到丝绸上距离底边10厘米处，然后缝合。正面相对，将里布与丝绸上边缘缝合。将里布其他边缝合做成筒状。

2 里布的接缝处放在后片中间位置，熨平。将丝绸底部缝合，修剪整齐后将正面翻出。将缝份折进去，缝合，然后塞进里布。

3 用扣眼绣包缝黄铜环。将黄铜环固定在留出的装抽带的位置，注意要端正。将绳带剪切为二，按相反方向穿入，接头处打平结。打散拉绳尾端，制成自然流苏。

DMC	法式结粒绣
3746	
341	3746
550	
744	

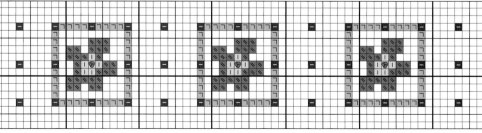

维多利亚风格靠垫
Victorian Cushion

此设计来源于维多利亚时代非常流行的一种蓝白相间瓦片。

材料

- 20 厘米见方古白色 32 支贝尔法斯特亚麻布
- 疏缝线
- 针
- 绣花绷
- 捻合棉线 1031、1036
- 十字绣针
- 剪刀
- 50 厘米 ×90 厘米海军蓝印花棉布
- 画粉
- 尺子
- 缝纫线
- 缝纫机
- 1.5 米滚边芯线
- 36 厘米见方的靠垫芯
- 珠针

十字绣制作

从亚麻布中心开始疏缝纵、横直线，形成方格。用双股棉线每隔两条亚麻纤维绣一针，绣制十字图案。图样所示为 1/4 图案。每 1/4 图案绣完，将亚麻绣布转 90 度角，再绣相同图样直至整个图案完成。

1 修剪绣布四边，各边距离刺绣图案边框 1.5 厘米。各边留 1 厘米折边，整理边角，绣布反面熨烫。剪裁两块 38 厘米见方蓝色印花棉布。将十字绣图案置于其中一片棉布中央，用珠针固定，然后用藏针缝缝合。用剩余的棉布剪裁足够的斜裁布条，拼接起来为靠垫制作滚边。将靠垫三边缝合，塞进枕芯，缝合第 4 条边。

线号			
88 1031	99 1036	☆ 中心点	

毛巾花边
Towel Border

这些绣出的马蹄莲，在淡黄色毛巾上特别吸引人。

材料

- 预留有可刺绣边缘的白色毛巾
- 疏缝线
- 针
- 绣花绷
- 剪刀
- 捻合棉线 DMC, 310、680、725、727、783、895、3346、3362
- 十字绣针
- 金线 DMC Art.284

十字绣制作

从预留刺绣部位中心开始疏缝纵、横直线形成方格。用双股棉线和金色线绣十字。十字部分绣完后，用单股线绣树叶的脉络，用双股线勾边。

1 完成后去除疏缝线，十字绣图案反面熨烫。

	DMC
3 3	727
4 4	Art.284
⊥ ⊥	783
□ □	725
⊞ ⊞	895
↓ ↓	3362
∕ ∕	3346

回针绣

──	680
──	310
──	895

☆ 中心点

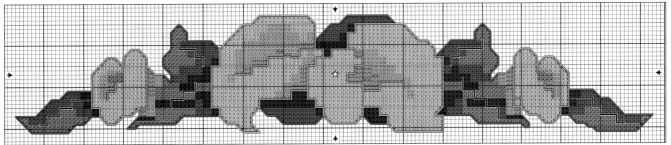

薰衣草香袋

Lavender Bag

将这个小香袋放进你的衣柜，可保持衣物清爽，帮你留住仲夏夜晚的味道和花儿的芳香。

材料

◆ 7.5厘米×30厘米有扇形饰边的亚麻布带ZE7272
◆ 疏缝线
◆ 针
◆ 剪刀
◆ 珠光棉线8号，DMC208、550、780、783、907
◆ 十字绣针
◆ 与扇形饰边相配的蓝色捻合棉线
◆ 缝纫线
◆ 薰衣草干花

十字绣制作

从亚麻布带的中心点纵向疏缝直线，再距离布带上边缘6厘米处横向疏缝直线。每隔两条亚麻纤维绣一针。绣完后将亚麻布带反面熨烫。

1 在布带两头各留一条1.2厘米的边，用熨斗熨平。用双股蓝色线缝两道线以固定。

2 将布带横向对折，用藏针缝缝合边缘。装进薰衣草干花或佛手柑，然后用藏针缝收口缝合。

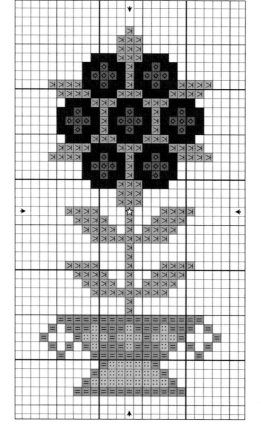

DMC		
═ 780		◇ 208
▦ 783		■ 550
▷ 907		☆ 中心点

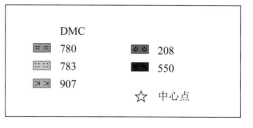

长条桌巾
Table Runner

长条桌巾的质地非常优良，绣起来很快。

材料

- 50 厘米 ×100 厘米的 36 支白色平纹亚麻布
- 疏缝线
- 针
- 绣花绷
- 剪刀
- 捻合棉线 391 号 6 束
- 十字绣针
- 缝纫机
- 缝纫线

十字绣制作

先在一角疏缝纵、横直线，距离相邻两边各 12 厘米，这样就标注出刺绣图案的边界。用双股棉线每隔 3 条亚麻纤维绣一针，绣制图案。图示为 1/4 图样，第 2 部分刺绣图案应为第 1 部分图案的镜像。完成 1/2 后绣另一半，其图案应为前一半的镜像。

1 整张桌巾刺绣完成后反面熨烫。桌巾各边距离图案边界长度相同。将桌巾裁剪成 40 厘米 ×88 厘米大小，修剪边角。各边留 2.5 厘米折边，缝合。

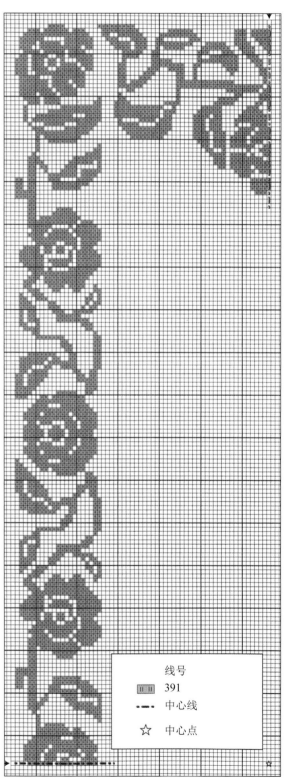

线号	
▥	391
–·–	中心线
☆	中心点

照片饰框
Picture Mount

在照片下方绣上自己的名字，使设计个性化。

十字绣制作

在十字绣布中央画出一个 25 厘米见方的方格，再画出一个与其同心的 10 厘米见方的方格。在饰框四边疏缝方格线绣蝴蝶结。先绣一半图案，另一半是前一半的镜像。绣完后反面熨烫。

1 在背板上挖出一个 10 厘米见方的方块，周边用双面胶带粘贴。从亚麻绣布中心点沿对角线剪至内方框四角并修剪边角，整理平整，将四边多余的绣布粘贴到背板背面的双面胶带上，遮盖背板内框边缘。将背板外边缘四边也粘贴上双面胶带，整理平整绣布，绷到背板上，修剪边角，将多余的布粘到背板背面胶带上。检查图案位置是否合适。最后装进你挑选的照片。

材料

- 35 厘米见方原色 32 支平纹十字绣布
- 安全钢尺
- 画粉
- 疏缝线
- 针
- 绣花绷
- 剪刀
- 白色捻合棉线
- 十字绣针
- 25 厘米见方背板
- 美工刀
- 双面胶带
- 画框

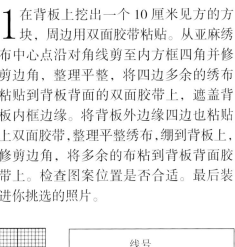

线号	
☰☰	白色
☆	中心点

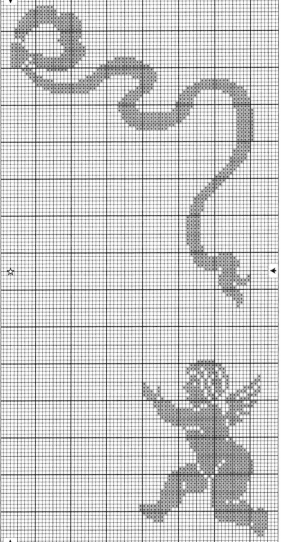

珠宝盒

Jewellery Box

苏格兰设计师夏尔·罗尼·麦金托什的设计图案可用来装饰任何大小的正方形或长方形盒子。

材料

- 25 厘米见方金色 32 支平纹十字绣布
- 疏缝线
- 针
- 别针
- 十字绣针
- 捻合棉线 DMC 淡褐色，310、645、648
- AM 线 872 号
- 淡金色工艺线 DMC282
- 闪光金线 02、03
- K 线 105C、225C
- 剪刀
- 双面胶带
- 铺棉
- 木盒
- 1.5 厘米 ×1 米的丝带

十字绣制作

在绣布上疏缝纵、横直线形成方格。用双股捻合棉线绣制图案。绣完后反面熨烫。修剪绣布，各边比木盒相应各边宽 3 厘米。

	DMC	AM 线	K 线
▨▨	310	◪◪ 872	⋈⋈ 105C
▦	淡褐色		∧∧ 225C
▶	645	闪光金线	☆ 中心点
◇	648	◪ 金色 02	
▽	工艺线 282	▨ 金色 03	

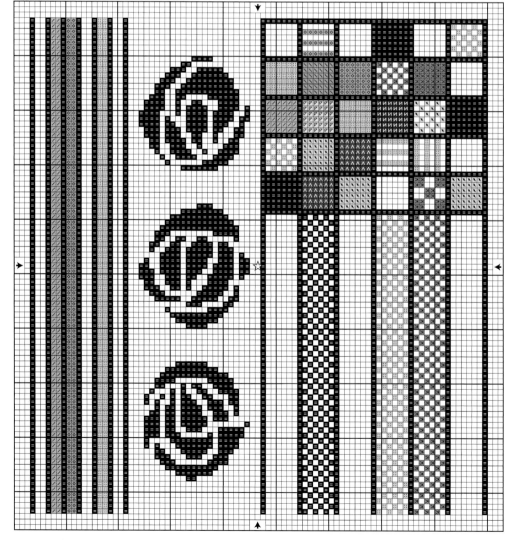

1 剪一块铺棉，覆盖在盒盖上方。盒盖侧边四周粘贴双面胶带。将绣好的盒盖面罩在盒盖上，多出盒盖的布料粘贴到胶带上。注意边角处理。

2 再在同样位置贴一层胶带，粘贴丝带，接头处用针缝到里面。

花朵图案托盘

这款讨人喜欢的托盘表面是一层玻璃，可保护刺绣图案。

材料

- 30 厘米见方米色 28 支亚麻布 ZE3281
- 疏缝线
- 针
- 绣花绷
- 捻合棉线 DMC347、500、646、648、918、919、948、3047、3768、3815
- 十字绣针
- 24 厘米见方木托盘，木框工艺 WSST
- 结实的线

十字绣制作

疏缝纵、横直线形成方格。用双股棉线绣制图案。绣完后反面熨烫。

1 将绣布绷在托盘背板上，并按出厂说明组装托盘。

	DMC
⁊⁊	648
55	729
88	924
++	754
⊤⊤	948
	918
⊞⊞	919
↓↓	347
▽▽	500
◑◑	3768
▭▭	3815
⊠⊠	3047

回针绣
— 500

法式结粒绣
🌑 646

☆ 中心点

绣花便鞋

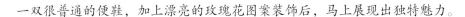

Embroidered Slippers

一双很普通的便鞋，加上漂亮的玫瑰花图案装饰后，马上展现出独特魅力。

材料

- 1双黑天鹅绒便鞋
- 2块9厘米见方14支十字绣布
- 诺丁线22、35、47、244、246、306、365、9046
- 十字绣针
- 顶针
- 蒸汽熨斗

十字绣制作

　　将十字绣布疏缝在一只便鞋鞋面上。找到十字绣布块的中心点，开始刺绣图案。绣制时，针脚仅穿过便鞋绒面，不穿透鞋面，可用顶针帮助完成。

1 两只鞋面上的花朵图案应互为镜像。两只鞋的刺绣都完成后，将十字绣布纤维一根一根抽掉。用蒸汽熨斗熨烫鞋面，使针脚平整。

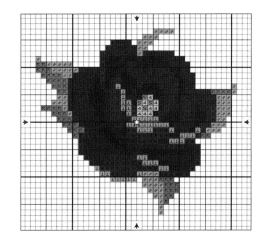

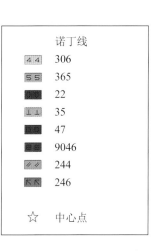

	诺丁线
44	306
55	365
	22
11	35
	47
	9046
244	244
KK	246
☆	中心点

婴儿盖被

Pram Quilt

小孩子可以通过使用这个设计精巧、色彩明快的小被子认识基本的颜色和数字。

材料

- 61厘米×76厘米安妮织物ZE7563
- 绣花绷
- 捻合棉线DMC310、349、550、608、700、702、741、781、783、791、793、898、972
- 十字绣针
- 51厘米×64厘米中等厚度黏合衬
- 61厘米×76厘米棉质衬里
- 61厘米×71厘米铺棉
- 珠针
- 缝纫机
- 缝纫线
- 剪刀
- 针
- 0.7厘米×3m丝带

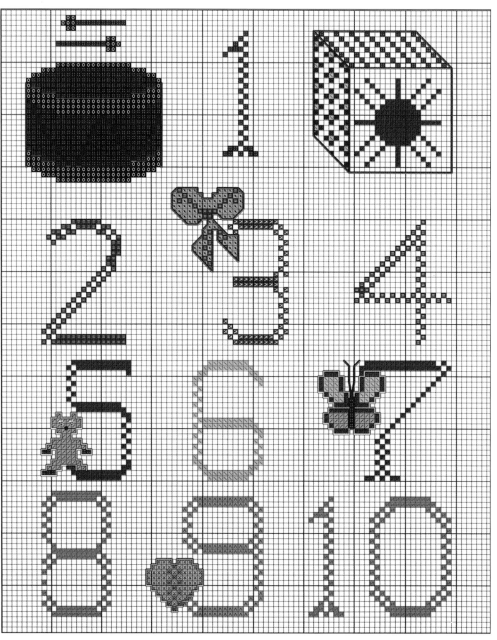

	DMC		DMC		DMC	回针绣		法式结粒绣	
	898		791		702	—	898		310
	310		793		781	—	791		898
	349		550		783		741		
	608		741				781		
	972		700						

十字绣制作

先绣每个方框的边缘，然后按图样绣方框内的数字和图案。

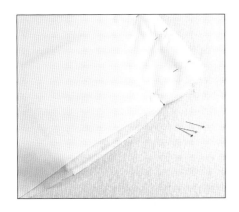

1 将黏合衬熨烫到绣布背面。将绣布和衬里正面相对放在工作台上，再将铺棉放在上面，将3层布料用珠针固定在一起。

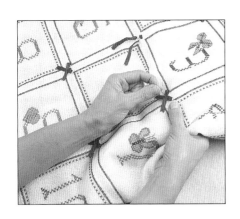

2 被子周边缝合，留一个返口。修剪多余布边，把被子正面翻出。将留的返口用藏针缝缝合，用熨斗熨平。在每个方框四角用15厘米长的丝带缝一个蝴蝶结。

胸针收纳垫

Brooch Cushion

将胸针别在精美的收纳垫上就不容易遗失了。

材料

- 2 块 20 厘米见方白色 36 支平纹亚麻布
- 疏缝线
- 针
- 绣花绷
- 捻合棉线 DMC221、223、225、224、501、502、503、832、834、839、3032、3782
- 十字绣针
- 剪刀
- 80 厘米酒红色滚边布条
- 珠针
- 缝纫线
- 缝纫机
- 20 厘米 ×20 厘米垫芯

十字绣制作

疏缝纵、横直线形成方格。用单股棉线每隔两条亚麻纤维绣一针，绣制图案。

1 将滚边布条疏缝到绣花片四周，接头处放在绣布一角。将绣品前片与后片正面相对，三边缝合。修剪边角，将收纳垫正面翻转出来。熨烫，塞进垫芯。将最后一边用藏针缝缝合。

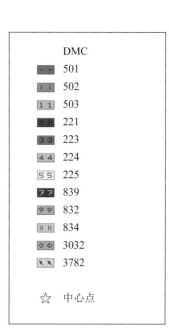

DMC	
▬	501
1 1	502
1 1	503
▨	221
3 3	223
4 4	224
5 5	225
7 7	839
9 9	832
Ⅱ Ⅱ	834
◇ ◇	3032
✕ ✕	3782

☆ 中心点

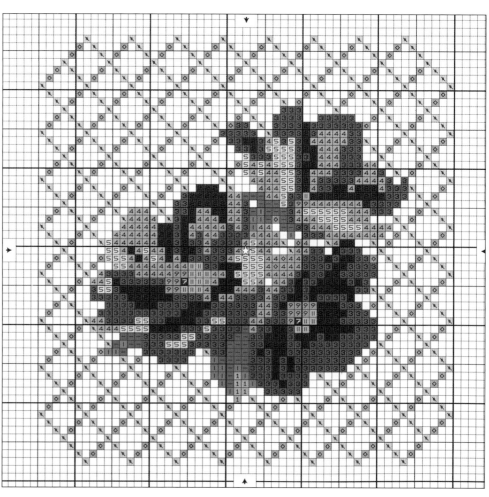

贺卡

Greetings Card

对亲密的朋友来说，这件制作的绣花贺卡本身就是礼物。

十字绣制作

　　将白色细棉布疏缝到丝料背面，绷上绣花绷。将十字绣布疏缝到丝料中央，注意十字绣布纹理需与丝料纹理吻合。标出十字绣布中心点，用双股棉线刺绣。绣完后将十字绣布一根一根拆卸。反面熨烫，然后修剪，装进贺卡封面窗口。

材料

- 20 厘米见方白色细棉布
- 20 厘米见方奶油色双宫蚕丝
- 疏缝线
- 针
- 绣花绷
- 13 厘米 ×15 厘米的 14 支十字绣布
- 捻合棉线 DMC221、223、224、744、3362、3363
- 十字绣针
- 剪刀
- 有 8 厘米 ×12 厘米窗口的工艺贺卡
- 双面胶带

1 在封面窗口四周粘贴双面胶带，将绣布粘贴上去，然后粘贴衬纸。操作时必须使用双面胶带，因为胶水会使纸面变形。

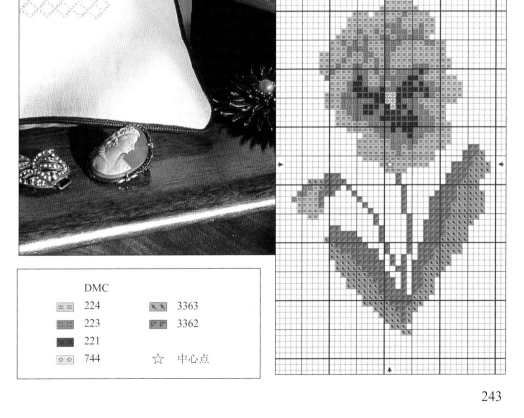

DMC			
⚎	224	⚏	3363
⚏	223	⚏	3362
■	221		
◇	744	☆	中心点

手帕袋

Handkerchief Case

有了这只漂亮且实用的小袋子，就不用在抽屉里翻来翻去找手帕了，它能让你所有的手帕都保持干净、整洁。

材料

- 2块53厘米×20厘米白色36支平纹亚麻布
- 疏缝线
- 针
- 绣花绷
- 捻合棉线 DMC221、223、224、225、501、502、503、832、834、839、3032、3782
- 十字绣针
- 剪刀
- 1米酒红色滚边条
- 珠针
- 缝纫线
- 缝纫机

十字绣制作

在距离布片较短一端10厘米处，呈对角线疏缝直线，并标出直线中心点，开始刺绣。用单股棉线每隔两条亚麻纤维绣一针。放大镜可能对你有帮助。绣完后反面熨烫。

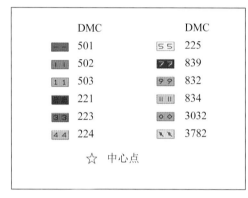

DMC		DMC	
—	501	5 5	225
1 1	502	7 7	839
1 1	503	9 9	832
	221	‖ ‖	834
3 3	223	◇ ◇	3032
4 4	224	＼ ＼	3782

☆ 中心点

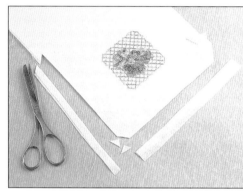

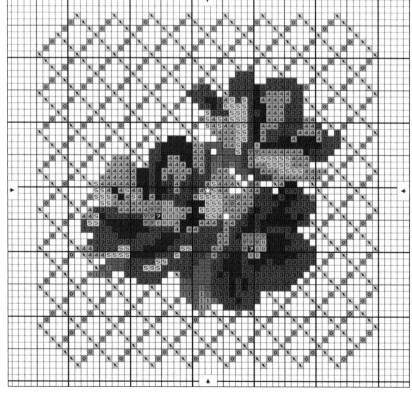

1 将2块布料正面相对缝合，缝份为2厘米，一边上留返口以供翻出。修剪边角，将正面翻出。

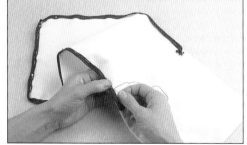

2 将布片三折叠，折叠处用线疏缝。用珠针将滚边条固定在前片边缘，留一份折叠布片滚边。在滚边条尾部用藏针缝缝合。用藏针缝缝合预留的返口，完成制作。

圣诞节饰物
Christmas Decorations

用这种特殊的乙烯基塑料十字绣布制作维多利亚风格刺绣饰物非常方便、快捷。

材料

- 20 厘米见方 14 支乙烯基塑料十字绣布
- 捻合棉线白色, 46、134、399、778
- 金色精纺 K 线 002
- 十字绣针
- 剪刀
- 20 厘米见方金色薄纸板
- 万能胶

十字绣制作

按图样用 3 股捻合棉线或金色 K 线绣制图案。

1 将绣好的饰物紧贴轮廓线剪下，然后用金色 K 线沿轮廓锁边。马儿骑的弯形摇臂用 3 股蓝色绣线绣制，其余边用金色 K 线锁边。

2 缝制 3 个金色 K 线环，一个套在马鞍上，一个连在头盔上，另一个连在鼓的两边。

3 将饰品轮廓画在纸板上，沿线将纸板块剪下，粘贴到相应饰品的背面。

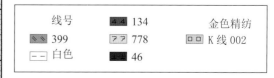

线号	4 4 134	金色精纺
399	7 7 778	K 线 002
白色	46	

圣诞贺卡

Christmas Cards

本图样中的雪花可使用卡环做成立体的圣诞树装饰物。

十字绣制作

　　将白棉布疏缝到绣布上，卡进一个小绣花绷。疏缝直线，将绣布以圆心为中心点分成 6 等份。标注出一个十字绣布的中心点，与绣布的中心点吻合，疏缝在绣布的一个分区里。

	线号
▣▣ 白色	▦ 银色精纺 K 线 001

1 用双股棉线或银色精纺 K 线绣制图样所示的其中一种雪花图案，中心点一针空出，稍后再绣。绣好后将十字绣布纤维一根一根拆除。

2 同法绣制其他部分直至完成。十字绣布全都被拆掉后，绣制中心点的一针。

3 将绣布从绣花绷上取下，修剪至符合贺卡封面窗口的尺寸。将绣布粘贴到贺卡窗口，完成。做另一种雪花图案的贺卡。

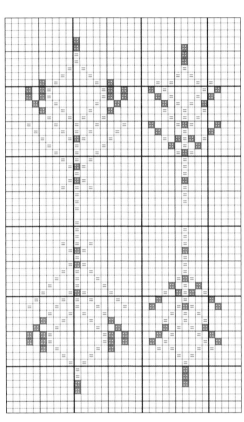

材料

- 15 厘米见方双宫蚕丝或平绒布
- 15 厘米见方白色细棉布
- 疏缝线
- 针
- 小绣花绷
- 3 块 5 厘米 ×13 厘米的 14 支十字绣布
- 水消笔
- 十字绣针
- 白色捻合棉线
- 银色精纺 K 线 001
- 剪刀
- 封面有直径为 9.5 厘米圆窗口的贺卡
- 双面胶带

传统圣诞袜

Traditional Christmas Stocking

将这只漂亮的锦缎圣诞袜挂在壁炉前吧，说不定圣诞老人会送来意想不到的礼物呢！

材料

- 10 厘米 ×50 厘米的漂白亚麻布带
- 疏缝线
- 针
- 十字绣针
- 捻合棉线 DMC99、3052、3802
- 金色精纺 K 线 102
- 细丝状 K 线 045、093
- 剪刀
- 45 厘米 ×60 厘米粉、白色相间花朵锦缎
- 38 厘米 ×60 厘米里布
- 珠针
- 缝纫机
- 缝纫线

十字绣制作

在亚麻布带上疏缝方格，刺绣花朵图案，并使其沿对角线方向一字排开。用 3 股棉线每隔两条亚麻纤维绣一针。用绿色和粉色线绣前，加上一股细丝状 K 线。

	DMC
◇◇	金色精纺 K 线 102
▦	3052+ 细丝状 K 线 045
= =	99+ 细丝状 K 线 093
▨	3802
☆	中心点

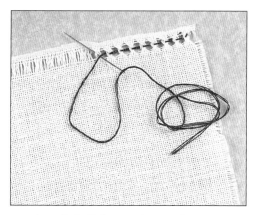

1 在亚麻布带靠近顶部和底部的位置各抽取 7 根线。用 3 股 3802 号线每隔 3 条亚麻纤维打一个结，边缘就很有装饰性了。

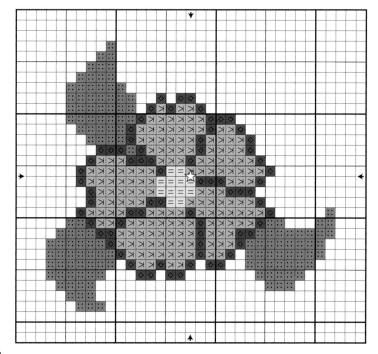

2 测量模板尺寸，按尺寸裁剪锦缎和里布各 2 片。留 2 厘米缝份，将里布正面相对缝合，修剪边角。同样方法制作袜子，不同的是要留 1.5 厘米缝份。将正面翻出，袜筒上边缘缉 5 厘米宽边。

3 用 8 厘米 ×20 厘米锦缎制作拉环。纵向折叠、缝合、熨烫，使接缝处于反面的中间位置。对折拉环，用珠针固定到袜子内侧接缝上。里布袜筒上边缘折 1 厘米多的边，离袜筒口 5 厘米处与锦缎面缝合。用藏针缝将袜筒口缝合到袜子上。

◇ ◇ ◇ ◇ ◇

刺绣小贴士

你可用平纹亚麻布绣一个单独的花朵图案，制作小号的圣诞袜。

九星图
Nine Star Picture

这个简单的设计来源于美国早期心形和星形拼布艺术。

材料

- ◆ 46 厘米见方古白色 28 支卡瑟尔亚麻布, ZE3281
- ◆ 水消笔
- ◆ 铅笔
- ◆ 复写纸
- ◆ 裁纸剪
- ◆ 疏缝线
- ◆ 针
- ◆ 捻合棉线 39、150、169、246、305
- ◆ 十字绣针
- ◆ 30 厘米见方背板
- ◆ 结实的线
- ◆ 画框

十字绣制作

在亚麻绣布上标出一个 25 厘米见方的方块，绣出边框，横边绣 20 个心形图案，竖边绣 24 个心形图案。将绣布纵横对折，找出中心点，用水消笔标出。绣布中心处的红心图案，从正中间的一个开始绣。

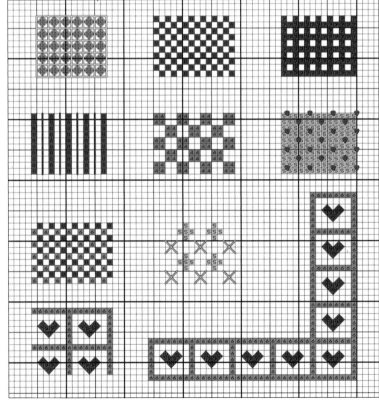

1 先将红心图案剪下，用水消笔仔细画好补全，绣好中心位置的心形图案。

2 沿绣布纹理，在左起距离中心点 8 厘米处标上记号，作为左边中间一个星的中心点。以此中心点为中心，绣制第 2 个星。其他星的绣法依此类推。每相邻 2 个星的中心点相距 8 厘米。

3 将绣布绷到背板上，装进画框。

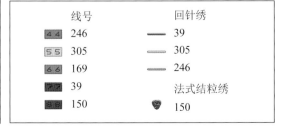

线号		回针绣	
4 4	246	──	39
5 5	305	──	305
6 6	169	──	246
7 7	39		
8 8	150	法式结粒绣	
		♥	150

窗帘帷幔

Curtain Pelmet

绣有可爱小鹅的帷幔用在儿童房里非常理想。将帷幔卷在窗帘杆上即成，也可用窗帘绑背胶带固定。

十字绣制作

　　测量窗户尺寸，剪裁一块比测量尺寸宽两倍、长50厘米的格子棉布做窗幔。在窗幔布料的底部每隔15厘米疏缝一块十字绣布，使各片绣布中心点保持在一条水平线上。用3股棉线刺绣。

1 刺绣完成后，将十字绣布纤维一根一根拆除，并将刺绣部位反面熨烫。

2 整理窗幔毛边，各边缉5厘米宽边并缝合。将窗幔上边缘固定在窗帘绑背胶带上或直接圈在窗帘杆上。整理好皱褶。

材料

- 软尺
- 红、绿、米色相间格子棉布
- 剪刀
- 10支十字绣布，每个图案10厘米见方
- 疏缝线
- 针
- 捻合棉线386、879、1006
- 刺绣针
- 缝纫线
- 窗帘带（可选用）

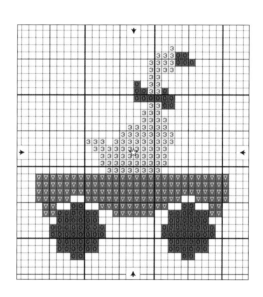

线号	
33	386
00	1006
▽▽	879
☆	中心点

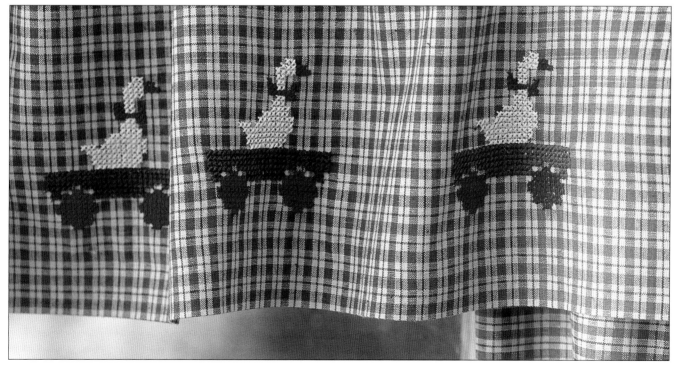

心形藤蔓花环

Heart Vine Wreath

用新鲜的弗吉尼亚攀缘植物或铁线莲茎制作花环，等藤蔓枯干才好承重。

材料

- 20 厘米 ×30 厘米古白色 28 支卡瑟尔十字绣布, ZE3281
- 小绣花绷
- 红色诺丁线 47
- 刺绣针
- 15 厘米 ×23 厘米薄黏合衬
- 剪刀
- 铅笔
- 珠针
- 红格子布块
- 缝纫线
- 涤纶填充物
- 弗吉尼亚攀援植物或铁线莲茎
- 细绳

十字绣制作

用单股诺丁线在亚麻布上绣制心形，每隔两条亚麻纤维绣一针。每个图案四周要留 2.5 厘米。

1 将 8 厘米见方黏合衬熨烫到绣布背面，并剪下布块。每块画一个心形，用珠针与格子布固定并缝合，修剪边缘，翻过来后塞进填充物，缝合返口。

2 剪 8 段 60 厘米长的藤蔓，分成 2 份，缠绕成心形，接头处用藤蔓拴紧。再取一些藤蔓将散开的各条藤蔓收紧固定。

3 每个心形背面缝制一条 13 厘米长绣线，将心形绑在藤蔓上。再制作一个线圈，将藤蔓装饰品挂在钉子上。

	诺丁线
⊞⊞	47
	回针绣
——	47

棋盘

Game Board

掌握基本的木工技巧就足以制作这个棋盘。裂纹清漆和油彩的使用使棋盘更显古典。

材料

- 30 厘米 ×36 厘米金色 32 支平纹亚麻布
- 剪刀
- 疏缝线
- 针
- 绣花绷
- 捻合棉线白色、44、170、211、403
- 十字绣针
- 28 厘米 ×51 厘米、0.5 厘米厚中等密度纤维板（MDF）
- 灰白色树脂或乳胶漆
- 漆刷
- 尺子
- 铅笔
- 黑板漆
- 160 厘米 ×2.5 厘米木条
- 56 厘米 ×2 厘米木条
- 圆锯
- 木工胶
- 胶带
- 第 1 步、第 2 步用棕色油彩
- 软布
- 古棕色蜂蜡
- 23 厘米 ×28 厘米背板
- 安全钢尺
- 美工刀
- 双面胶

十字绣制作

将亚麻布纵向对折，剪裁成相同大小的两块。在一块上疏缝纵、横直线形成方格。用双股棉线每隔两条亚麻纤维绣一针，完成十字绣图案。绣完后同法绣另一片，反面熨烫。

1 在 28 厘米 ×51 厘米、厚 0.5 厘米的中等密度纤维板（MDF）中央用灰白色漆刷出 28 厘米见方，干透以后，从一条边的中心开始，每 3.3 厘米做一个标记，其余各边同样操作，然后将标记点连接起来，形成棋盘方格（棋盘格边界应距离各边 8 毫米）。制作时注意黑白间隔。

2 从 2.5 厘米宽木条上切 2 条长 51 厘米的和 2 条长 28 厘米的木条。用木工漆将木条粘贴到纤维板边缘，并用胶带加固。取 2 厘米宽木条，剪取合适长度放进棋盘，粘贴到棋盘格两边。棋盘格上面再均匀刷一层清漆。干透后再刷一层清漆，晾干。可能会出现裂纹，但不会很明显，因为清漆是无色的。

3 隔天用软布将棕色油彩抹出裂纹，晾干。再抹入古棕色蜂蜡。测量底板尺寸，剪切比之略小的背板，粘贴到底板上。用双面胶加固。

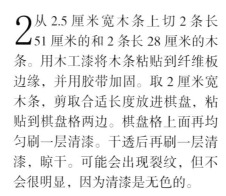

	线号		法式结粒绣
⌐⌐	170	❤	403
- -	211		
+ +	403	☆	中心点
1 1	1		
■	44		

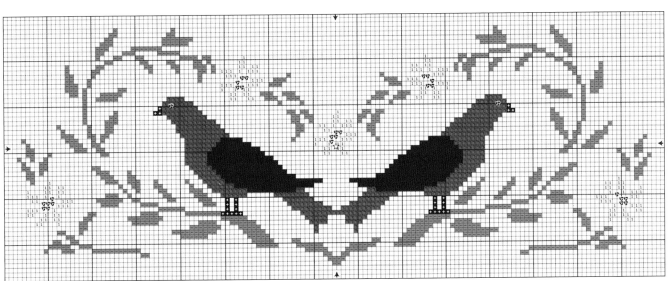

餐巾

Napkin

餐巾边缘用了漂亮的双色线修饰，与图案颜色相配。

材料

- ◆ 40 厘米见方灰色 / 蓝色 28 支餐巾布
- ◆ 缝纫机
- ◆ 缝纫线
- ◆ 剪刀
- ◆ 诺 丁 线 127、150、326、341
- ◆ 疏缝线
- ◆ 刺绣针
- ◆ 针
- ◆ 绣花绷

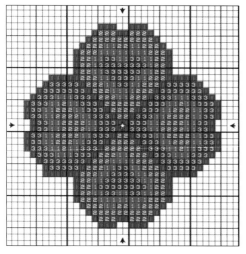

十字绣制作

　　餐巾各边缉 0.5 厘米宽的边，用缝纫机缝合。修剪边角，再缉一道 0.5 厘米的边。用深蓝色绣线疏缝一周。针脚空隙用铁红色绣线填满。餐巾一角距边缘 3 厘米处疏缝纵、横直线，每隔两条织物纤维绣一针，完成图案，然后反面熨烫。

线号			
▮▮ 1	127	▨▨ 3 3	341
▮ 1	150		
▨▨ 2 2	326	☆	中心点

药草装饰袋

Herb Decoration

这个漂亮的姜饼小人儿能让任何一个厨房立即亮堂起来。袋子里还可以装香料或佛手柑居室香料茶。

十字绣制作

从亚麻布中心开始疏缝纵、横直线，形成方格。用双股棉线每隔两条亚麻纤维绣一针，完成图案，然后反面熨烫。

1 将丝带剪成同等长度的2段，用珠针固定到布块上，没入布块4厘米。2块亚麻布正面相对缝合，塞进丝带。缝合时底部留5厘米宽的返口。修剪边角，从留的返口将靠垫正面翻出。

2 剪2块与靠垫同样尺寸的填充物，同时塞入准备的香料。将留的返口缝合。系个蝴蝶结就可以挂起来了。

材料

- 2块16厘米见方28支亚麻布, ZE3609
- 剪刀
- 疏缝线
- 针
- 别针
- 十字绣针
- 捻合棉线 DMC221、310、676、729、825、3823
- 2厘米宽的方格丝带1米
- 珠针
- 缝纫机
- 缝纫线
- 涤纶填充物
- 干香料或佛手柑居室香料茶

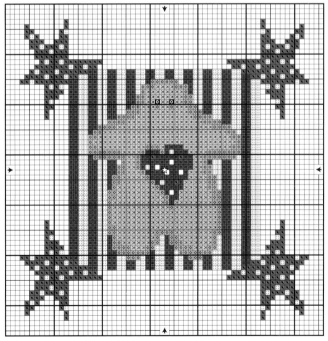

DMC					
▨ 221	▶◀ 676	▧ 825	☆ 中心点		
⊞ 3823	◈ 729	●● 310			

拼布靠垫

Patchwork Cushion

这个朴素的拼布靠垫上的刺绣图案来源于19世纪的北美图样。

材料

- 9块13厘米见方的各色方格布
- 剪刀
- 针
- 绣花绷
- 捻合棉线 DMC304、444、801、924、3821、3830
- 刺绣针
- 珠针
- 缝纫机
- 缝纫线
- 4颗小珍珠纽扣
- 40厘米×60厘米后片
- 30厘米×30厘米靠垫芯

十字绣制作

从绣布中心开始用3股棉线刺绣，绣布的每个小方格为一格。绣橘色花篮一个，其他图案各绣2个。完成后，各块绣布反面熨烫。然后将这些绣布摊在工作台上，摆放好图案位置。

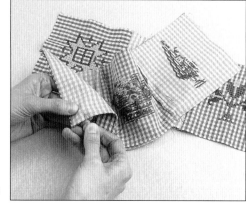

DMC			
☰☰	444	■	304
⋮⋮	3821	■	801
▶▶	3830	▨▨	924

1 将3块绣布横向排开，一一缝合，缝份为1.2厘米，然后将接缝熨平。将3个横片竖排成正方形，一一缝合，并熨平接缝。中间的一块绣布四角各钉上一颗珍珠纽扣。

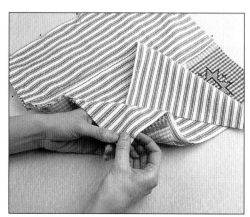

2 将后片布剪成2块30厘米×40厘米长方形，每片纵向缉2道窄边。将前片与后片正面相对，用珠针固定，后片的2块布有交叠。四周缝合。修剪边角，然后将靠垫正面翻出。塞进靠垫芯，完成。

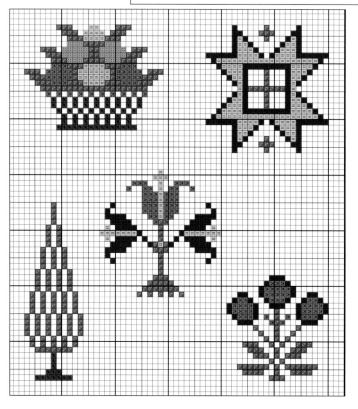

厨房用围裙

Kitchen Apron

戴上绣有三个快乐姜饼小人儿的鲜艳大围裙，谁都会热爱上厨房。

材料

◆ 大围裙
◆ 15 厘米 ×30 厘米的 10 支十字绣布
◆ 疏缝线
◆ 针
◆ 5 号珠光棉线 DMC543
◆ 刺绣针

十字绣制作

　　将十字绣布疏缝在围裙上部距离上边缘 8 厘米处。按照图样缝 3 个小人儿。绣完后拆掉疏缝线。

1 绣完后，将十字绣布纤维一根一根拆除。刚开始时抽取短一些的布丝会容易一些。完成后将绣布反面熨烫。

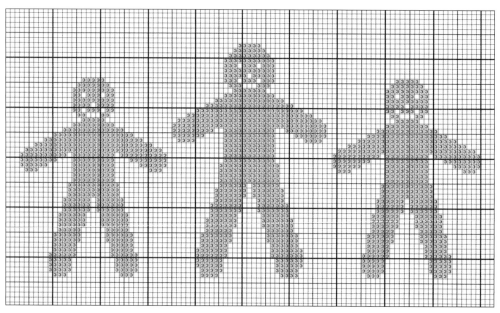

	DMC 5 号珠光棉线
33	543

隔热手巾

Hand Towel

为平淡无奇的烘饼用隔热手巾添饰漂亮花边吧，你还可以绣上自己姓名的缩写字母，使之成为你独特的个性化手巾。

材料

◆ 白色华夫格手巾
◆ 20 厘米 ×90 厘米家用格子棉布
◆ 剪刀
◆ 疏缝线
◆ 针
◆ 捻合棉线 DMC321、815、3808
◆ 刺绣针
◆ 珠针
◆ 缝纫机
◆ 缝纫线

DMC		
⊥⊥ 3808	▉ 自选色	
田 321	— 815	

十字绣制作

　　新手巾和格子布都要先过水洗，以防缩水。剪裁一块比手巾宽 5 厘米的格子布条。格子布从中心开始疏缝纵、横直线，用 3 股棉线以一个方格为一格绣制图案。绣制时先绣中间你的姓名缩写，然后再绣两边的心形。

1 图案绣完后，将格子布反面熨烫。修剪长的两边，使图案距离上、下边缘各 4 厘米。格子布四边各缉一道 1.2 厘米边，然后用珠针固定到手巾的一端。将宽出手巾的部分折进背面，疏缝固定。用颜色相符的线，手工缝纫或用缝纫机缝合手巾和格子布。

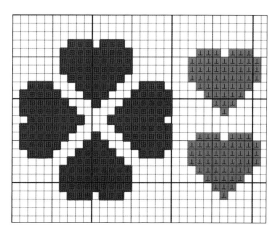

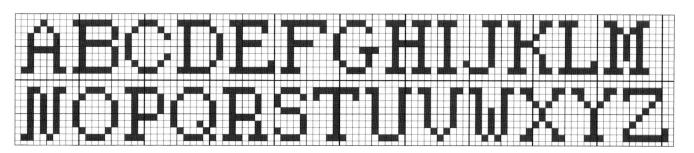

木勺风铃

Wooden Spoon Mobile

旧木勺油漆一新后，挂上格子碎布块制成的装饰品，就成为厨房里一道亮丽的风景。

材料

◆ 3 块 8 厘米见方不同色的格子布
◆ 3 块 5 厘米见方 14 支十字绣布
◆ 疏缝线
◆ 针
◆ 6 块 10 厘米见方对比色方格布后片
◆ 8 厘米 ×25 厘米黏合衬
◆ 剪刀
◆ 诺丁线 13、134、281
◆ 刺绣针
◆ 缝纫机
◆ 缝纫线
◆ 填充棉
◆ 木勺
◆ 铅笔
◆ 手钻
◆ 黄色漆
◆ 漆刷
◆ 黏性胶带
◆ 大眼针

十字绣制作

将十字绣布疏缝到格子布块上，在每个布块的中心绣制图案。绣完后将十字绣布拆除，反面熨烫绣布。

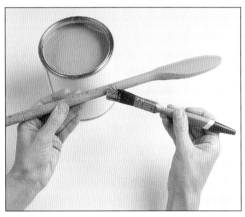

1 将黏合衬熨烫到绣布背面，并修剪成 5.5 厘米见方。将修剪好的绣布用红色线疏缝到对比色格子布块上，针脚要小。小靠垫前片完成。将靠垫正面相对，缝合三边。修剪边角，将正面翻出。塞进填充棉，用藏针缝缝合最后一边。

2 把制作好的小装饰垫放在木勺下方，确定好钻眼位置。用手钻钻 6 个小孔，打孔位置涂 2 层黄色漆。

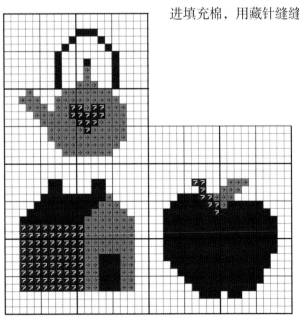

线号	
ㄱㄱ	134
■	13
↘	281

3 用诺丁线 281 号制作一根 60 厘米细绳，分成 3 等份后剪断。每根细绳穿过勺子柄上的孔，绳子的两端缝合到小装饰垫背面的两个顶角上，完成。

材料

- 20 厘米 ×30 厘米白色棉布
- 复写纸
- 铅笔
- 5 厘米 ×5 厘米 14 支十字绣布
- 疏缝线
- 针
- 捻合棉线 DMC799、3347
- 刺绣针
- 30 厘米长的英格兰刺绣花边
- 珠针
- 剪刀
- 缝纫机
- 缝纫线
- 0.5 厘米 ×30 厘米白色丝带
- 40 厘米 ×90 厘米原色亚麻或细羊毛织物
- 涤纶填充物
- 2 颗直径 0.5 厘米的黑色珠子
- 25 厘米 ×115 厘米蓝色印花棉布

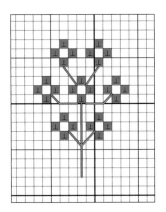

DMC	
⊥⊥	799
回针绣	
—	3347

盛装小马布偶

Party Horse

孩子们喜欢和这种由传统民间工艺制作、身着礼拜日盛装的玩具布偶玩过家家的游戏，或者带她参加想象中的茶会等。

十字绣制作

　　将围裙图样转印到白色棉布上。围裙靠左下的位置，疏缝一块十字绣布，用 3 股棉线绣制图案。完成后将十字绣布纤维一根一根拆除，然后按照图示绣回针绣。反面熨烫绣有图案的围裙。将英格兰刺绣花边绕围裙绣有图案的半边一圈，用珠针固定。围裙正面朝里对折，留一个填充物入口，缝合周边。将围裙正面翻出、熨平。紧贴围裙上边缘接缝白色丝带。

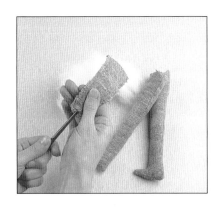

1 放大图样，按图样将小马各部分模板剪下。将马头、耳朵、前后腿制作完成，所有缝份均为 0.5 厘米，预留管状肢体端口以供塞进填充物。除耳朵外，其余肢体部位塞进填充物。隐藏毛边，然后将两只耳朵分别手工缝合到马头接缝的两边。

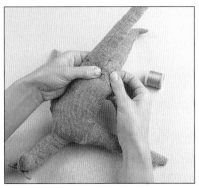

2 眼睛的制作：先钉一颗黑色珠子，然后将针穿过头部，拉紧线，使眼珠稍稍内陷，再钉另一颗黑色珠子。躯干部分做标记的两点之间空隙、顶部和底部留出，然后缝合。将马头装到躯干上并缝合。同样装上前腿，然后用填充物将躯干填实。

3 用珠针将腿固定到躯干的底边上，回针缝缝合，针线穿透各层布。用印花布裁出连衣裙的上身，处理好袖子的上下接缝，再裁剪一片 20 厘米 ×61 厘米的长方形印花布做裙子。连衣裙领口处缝上花边装饰，袖口下折并缝合。将长方形布缝合，形成裙筒，顶边缩缝。用珠针将裙筒和裙子上身固定到一起，然后缝合，做成印花连衣裙。

迎客巾

可在门后钉两个螺丝钉悬挂，或将其挂在衣帽钩木柄上。

材料

- 白色华夫格毛巾
- 30 厘米家用格子布
- 剪刀
- 疏缝线
- 针
- 绣花绷
- 5号珍珠棉线DMC311、400、469、726、814
- 刺绣针
- 珠针
- 缝纫机
- 缝纫线
- 40 厘米织带
- 2 颗珍珠纽扣

十字绣制作

清洗毛巾和格子布，看是否褪色、缩水。格子布要比毛巾宽2.5厘米。将格子布纵、横对折，疏缝出对折线。从中间的红花开始往两边绣。图案距离格子布底部5厘米。两边图案对称。

1 正面相对，将格子布和毛巾上边缘缝合，格子布上边缘留1.2厘米缝份。

2 将织带剪成2段，折叠成圈缝在格子布上边缘两角上，整理好接头，并在两角各缀上一颗珍珠纽扣做装饰。

DMC		回针绣	
═ ═	726	──	726
▓ ▓	400	──	311
▓ ▓	814		
◑ ◑	311	☆	中心点
▨ ▨	469		

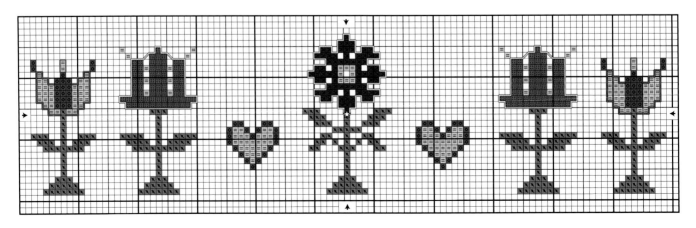

民间工艺奶牛图

Folk art Cow

孩子们喜欢这种民间工艺风格的奶牛图案以及绚丽多彩的边饰。

十字绣制作

在阿依达布的中心疏缝纵、横直线。从中心点开始绣奶牛图案，阿依达布各边留出两排格子的宽度，用以装饰绿色丝带。然后制作出拼布大边条。

1 将绿色丝带用珠针固定在奶牛图案四周和外框四周的阿依达布上，然后用小针脚缝合。

2 剪切背板，背板尺寸要比图案丝带外框略大。将绣布绷到背板上，装框。

材料

- 36 厘米 ×40 厘米白色 14 支阿依达布
- 别针
- 剪刀
- 疏缝线
- 针
- 绣花绷
- DMC 棉线淡褐色，10、444、553、603、605、702、799、827、898、954，A 线 254
- 十字绣针
- 0.3 厘米 ×150 厘米绿色缎带
- 珠针
- 缝纫线
- 30 厘米 ×36 厘米背板
- 美工刀
- 安全钢尺
- 结实的线
- 相框

DMC	
☰☰	缎带
⠿	954
➤➤	702
◇◇	444
＼＼	淡褐色
⁊⁊	10
⫽⫽	898
＼＼	605
⩘⩘	603
⫽⫽	553
✕✕	799
✕✕	827
△△	A 线 254

回针绣
—— 898

☆ 中心点

香料挂袋

Herbs on a Rope

用这五个可爱的小袋子装上肉桂、红辣椒或干药草，悬挂在厨房墙壁上。

材料

- 10 厘米 ×15 厘米白色 16 支阿依达布
- 剪刀
- 捻合棉线 DMC311、815
- 十字绣针
- 12 厘米 ×20 厘米深蓝色牛仔布
- 珠针
- 刺绣针
- 齿牙剪
- 5 块 15 厘米 ×20 厘米不同颜色的红色、蓝色格子布
- 万能胶
- 缝纫机
- 缝纫线
- 肉桂、红辣椒和其他干药草
- 1 米长粗棉绳
- 直径 2.5 厘米黄铜环
- 细麻绳

十字绣制作

在阿依达布上剪下 5 块 4.5 厘米见方的布块，在每块布中心位置用 3 股棉线绣一个红心图案。

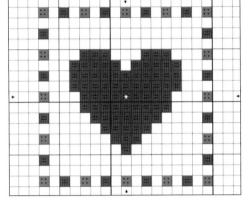

线号		
■ 815		☆ 中心点
■ 311		

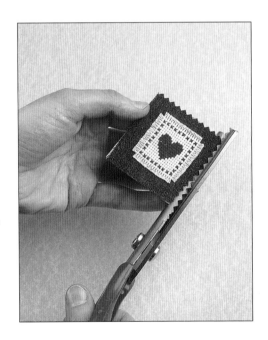

1 剪裁 5 块 7 厘米见方的牛仔布块，将绣有红心的阿依达布块固定在牛仔布上。绣制红心周边的方框图案，针脚要透过两层布。将阿依达布方框图案外的布打毛，用齿牙剪将牛仔布边剪成锯齿状，然后粘贴到格子布上，距离一端 4 厘米。将格子布对折，反面朝外，两短边缝合，将接缝位置调整到一面正中，熨平。修剪边角，将正面翻出。用齿牙剪将袋口修剪成锯齿状。距离袋口 4 厘米处平针缝一道线。

2 装进药草，收紧袋口处的绣线，系紧。将细麻绳穿过黄铜环，对折，系住袋口，固定到粗绳上，各个调料袋之间间隔一定距离。

衣物收纳袋

Embroidered Laundry Bag

依照图样设计你所需要的姓名缩写字母，为每位家人制作一个他自己专用的衣物收纳袋。

材料

- 6 厘米宽红色波浪边阿依达布带 ZE7315
- 捻合棉线 DMC815
- 十字绣针
- 80 厘米 ×100 厘米白色亚麻或粗织白棉布
- 剪刀
- 珠针
- 缝纫线
- 缝纫机
- 绗缝铅笔
- 针
- 米白色滚边绳，长 2 米
- 安全别针
- 梳子

十字绣制作

　　将阿依达布带纵横对折，找到中心点，用 3 股棉线绣上字母。

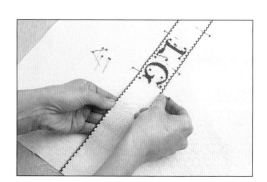

1 白色织物对折，裁剪成 2 片 50 厘米 ×80 厘米长方形布片。将阿依达布带用珠针固定在其中一片距离底边 20 厘米处。

2 2 片白色织物正面朝里相对，用珠针固定。缝合三条边，从一侧距离上边缘 20 厘米处起针，另一侧距离上边缘 20 厘米处收针。将接缝熨平。底部两角拉开，各往底部边缝中心方向折进 5 厘米宽，用珠针固定，再将边角与底部缝合。这样收纳袋的平底就出现了。

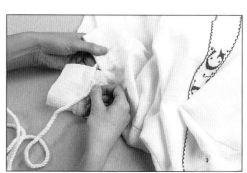

3 上部散开处都往里对折，缉两道线，相隔 4 厘米，以便穿进绳子。绳子剪成两段，用安全别针牵引从相反方向穿入。距离绳头 8 厘米处打结，结以下部分打散形成流苏，修剪整齐。

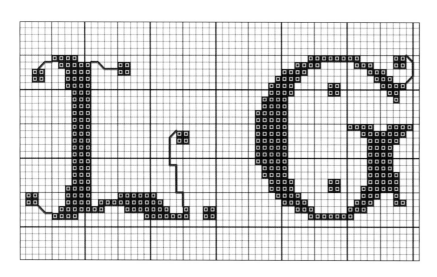

DMC		回针绣
□□	815	—— 815

瑞士字母图样
Swiss Alphabet Sampler

单色线绣制的字母图样在 19 世纪的欧洲非常流行。

材料

- 30 厘米 ×36 厘米白色 14 支阿依达布
- 疏缝线
- 别针
- 针
- 捻合棉线
- 3 束 DMC304
- 十字绣针
- 23 厘米 ×28 厘米背板
- 结实的线
- 画框

DMC	
	304
☆	中心点

十字绣制作

在阿依达布的中心点疏缝纵、横直线，然后用 3 股棉线绣字母。先绣中间一横排的字母，再绣上面和下面的。最后绣边框和四角的花朵图案。

1 绣完后将绣布反面熨烫。修剪绣布上线头，以免线头透过绣布跑到正面。将绣布绷到背板上，然后装框。

瑞士枕套

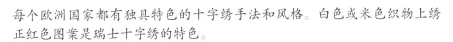

每个欧洲国家都有独具特色的十字绣手法和风格。白色或米色织物上绣正红色图案是瑞士十字绣的特色。

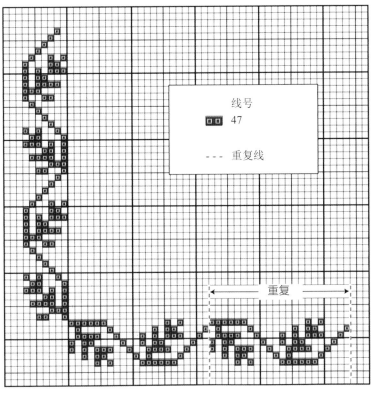

材料

- ◆ 白色牛津布枕套
- ◆ 25 厘米见方的 14 支十字绣布
- ◆ 剪刀
- ◆ 疏缝线
- ◆ 针
- ◆ 捻合棉线 47 号
- ◆ 刺绣针

❖❖❖❖❖
刺绣小贴士

　　这只枕套四角的图案很大程度上取决于枕套的长度，可根据需要调整。

	线号
🔲🔲	47

‑ ‑ ‑　重复线

重复

十字绣制作

1 将十字绣布剪成边长 2.5 厘米的正方形小块，距离内缝合线 1.2 厘米，沿边疏缝在枕套上。从一条长边中间开始，用双股棉线绣。

2 在靠近枕套拐角处停下来，设计好合适的拐角处图案。同法完成其他各边。绣完后反面熨烫枕套。

搁板包边
Shelf Border

红、蓝色十字绣在东欧相当流行。在东欧，康乃馨图案是十字绣传统图案。

材料

- 7 厘米长的漂白亚麻布带（饰有蓝边）
- 捻合棉线 161、1006
- 十字绣针
- 缝纫线
- 针

线号	
■■	1006
═ ═	161

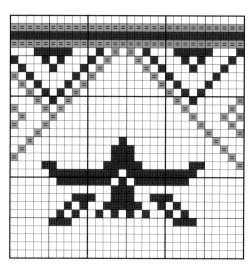

十字绣制作

所需亚麻布带长度和捻合棉线的量取决于搁板的长度。

1 布带对折，从中间上边缘下方 6 根线处开始绣。绣完一个单元图案后，往两边延伸。

2 绣完后反面熨烫布带。布带两头各缉一道窄边，完成。

床头柜桌布

Bedside Tablecloth

这是款通用的图案，可绣在餐巾上，也可绣在任何大小的桌布一角。

材料

- 边长 46 厘米正方形古白色 28 支亚麻布, ZE3281
- 疏缝线
- 针
- 捻合棉线 DMC311 号 3 束、3350 号 1 束
- 十字绣针
- 绣花绷
- 剪刀
- 缝纫线
- 边长 8 厘米正方形纸板

十字绣制作

相邻两边距离一角2.5厘米处连接、疏缝。从疏缝线中心开始绣。使用双股棉线，每隔两条亚麻纤维绣一针，完成十字绣和回针绣。

1 修剪绣布，各边留1.5厘米缝份绲边，用藏针缝缝合边角。

2 同法绣与之成对角线的一角。完成后将桌布反面熨烫。

3 将蓝色线绕在纸板上，制作4个流苏，固定在四角上。

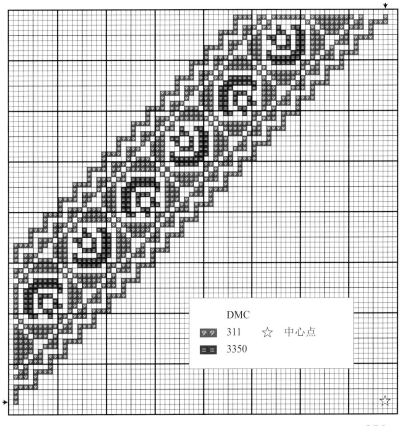

DMC		
99	311	☆ 中心点
==	3350	

中国风小盒子

小盒子上的老虎图案源于中国香港一枚圆柱印章。

材料

- 30 厘米 ×50 厘米白色 25 支卢加纳平纹织物，ZE3835
- 剪刀
- 疏缝线
- 针
- 捻合棉线 132、403
- 十字绣针
- 缝纫线
- 20 厘米 ×40 厘米薄纸板
- 黏性胶带
- 边长 30 厘米正方形蓝色里布
- 万能胶

十字绣制作

剪裁 13 厘米 ×25 厘米的一块长方形平纹织物，在中心位置疏缝纵、横直线。用双股棉线每隔两条织物纤维绣一针，用霍尔拜因针绣出老虎轮廓。轮廓线以外用蓝色十字绣填满。绣布上、下边缘连续图案用霍尔拜因针绣。完成后将绣布反面熨烫。对折，将两短边对接，形成筒状。

1 剪切 9 厘米 ×38 厘米、10 厘米 ×19 厘米大小的两块薄纸板。长的一块纸板弯折过来，形成筒状，接头处用胶带粘贴固定。将纸板筒套进布筒里面，布边粘贴到里面隐藏。剪裁 15 厘米 ×22 厘米里布，两短边缝合。将另一块纸板卷成筒状，装进绣有图案的筒，粘贴。

2 将里布装进内筒里面，多出的布从两头拉出，底部留 1.2 厘米，上部留长一些，粘贴到内筒外面两头。剪一个与内筒横切面直径相同的圆纸板，再剪一个与外筒横切面直径相同的圆纸板。小的一块用里布包裹，布面朝外；大的用平纹织物包裹，布面朝里。

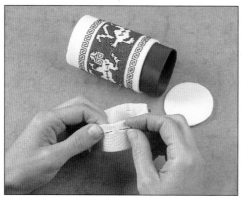

3 剪切 2 厘米 ×38 厘米纸板条。卷起，使其大小正适合套住筒口。剪裁一片 6 厘米 ×22 厘米平纹织物，对折，塞进刚制成的小卷筒内，多余的布拉出，卷筒外侧缝合。盒盖制作与盒底相同，用白色卢加纳平纹织物包裹，缝合，接缝处藏进里面。再剪一个圆纸板放进盒盖里面，用平纹织物遮盖，缝好。

线号	回针绣
132	—— 403
☆ 中心点	

印度风格挂脖包

Indian Neck Purse

这个小挂包具有典型的游牧班加拉民族特色。图案设计来源于古吉拉的木质建筑。

材料

- 2 片 15 厘米 ×18 厘米红色 20 支平纹亚麻布
- 疏缝线
- 针
- 别针
- 刺绣棉线 DMC321、444、552、700、796、907、943、947
- 花线 DMC2333、2531、2797、2907、2917、2947、2956
- 十字绣针
- 剪刀
- 90 厘米×50 厘米宽细海军棉布
- 缝纫机
- 缝纫线
- 易卷器或粗针
- 珠针
- 红色羊毛线
- 边长 8 厘米正方形纸板

十字绣制作

绣制图案之前可以先尝试用不同颜色的绣线混合刺绣。浅色线在上还是深色线在上，绣完后会有细微的差别。

两片亚麻布上都纵向疏缝直线。中间图案用刺绣棉线绣，四周图案用花线绣，每一针跨 4 根亚麻纤维。

用海军棉布裁剪一些 5 厘米宽斜布条，对折处缝合，缝份为 0.8 厘米，然后将正面翻转出来做成圆布条。将圆布条如图所示固定在刺绣图案空隙处，并用红色线每隔几厘米绣一个十字。修剪亚麻布片，刺绣图案周围各边留 8 根线宽度。

DMC	
──	浅色区
━━	深色区

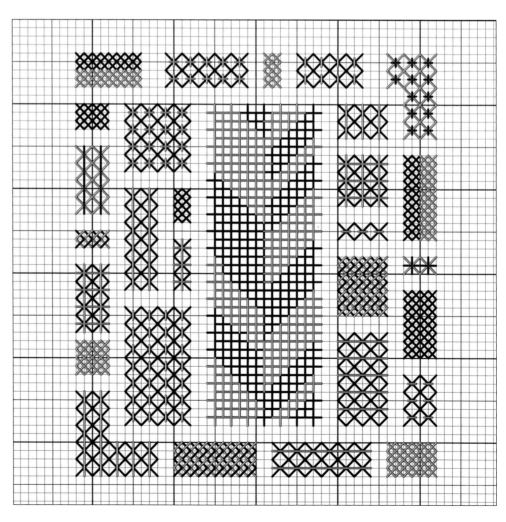

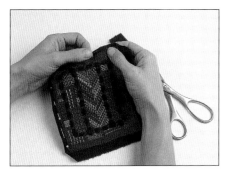

1 逐一将 2 片亚麻布片用珠针固定并疏缝在 20 厘米 ×23 厘米的海军棉布片上,边缘用缝纫机缝合。修剪海军棉里布,缉窄边,缝在缝布正面。

2 完成里布缝合后,将 2 片正面朝外,反面相对,沿底边缝合在一起。

3 制作 3 条 1 米长的圆布条,布条内塞进几股红色羊毛线做芯线。将 3 条圆布条辫成辫子,各条圆布条尾部单独打结。沿绣布袋侧边,将布袋和辫子状包带缝合,前后用十字绣针缝合固定。

圆筒包

Bucket Bag

圆筒包的形状来源于厄瓜多尔的一种篮子，人们主要用它盛水果和蔬菜。

材料

- 60厘米×84厘米沙黄色十字绣布
- 剪刀
- 画粉
- 诺丁线 326、341、365
- 刺绣针
- 珠针
- 疏缝线
- 针
- 缝纫线
- 缝纫机
- 160 厘米长的粗绳

诺丁线	
▬	326
▬	341
▬	365

十字绣制作

这个作品的不寻常之处在于它是直接绣在普通十字绣布上的，非常容易。稍加练习，你就可以绣得平整、漂亮。

剪两片30厘米×63厘米长方形布块。其中一片纵向对折，并用画粉标出对折线。用326号线于对折线外两边2厘米处各绣一行十字。然后绣两行十字之间的图案。圆筒包上部和下部的横向十字距离上下边缘均为8厘米，最后绣竖直的十字。

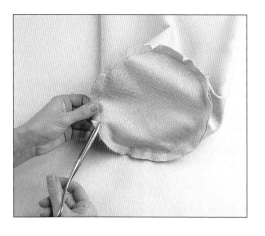

1 两片长方形布块正面相对，短边缝合，做成 2 个筒形。剪 2 块直径 20 厘米的圆形十字绣布块，用珠针各与一个筒缝合，接缝处可剪出小三角形，以便贴合。然后将刺绣正面翻出。

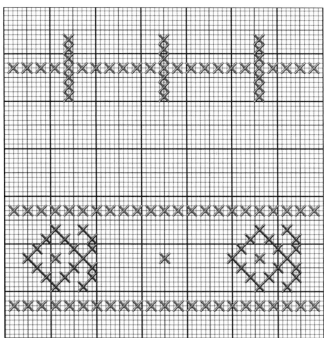

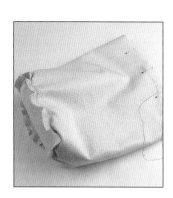

2 将粗绳剪为 2 段，取一根，将两头固定在接缝左右各 6 厘米处，另一根用珠针固定在对面，并确保缝份折向里侧。

3 将里布塞进外袋。布袋上边缘处、外袋、里布各折 1.5 厘米宽的边，然后用珠针固定并缝合在一起。最后距离缝合线 0.5 厘米处再缝一道线，完成。

墨西哥风格玩具收纳袋

Mexican Toy Bag

有了这只可爱的收纳袋，小孩子会很愿意将他们的积木等玩具收拾好的。

材料

- 18 厘米 ×46 厘米古白色 20 支平纹织物，ZE3256
- 疏缝线
- 针
- 捻合棉线 DMC300、310、349、603、704、806、972
- 十字绣针
- 80 厘米 ×60 厘米海军棉厚斜纹布
- 剪刀
- 珠针
- 缝纫线
- 缝纫机
- 160 厘米长的白色粗绳
- 安全别针
- 梳子

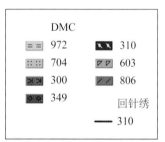

DMC		
== 972	◣◥ 310	
⋮⋮ 704	◪◪ 603	
◪◪ 300	◪◪ 806	
◈◈ 349		
	回针绣	
	—— 310	

十字绣制作

在平纹织物中心疏缝纵、横直线。用双股棉线，每隔一条织物纤维绣一针。然后绣回针绣部分。完成后反面熨烫绣布。

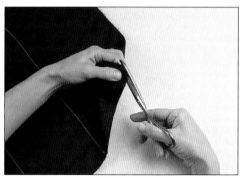 

1 将海军棉布剪成两片，用珠针将绣好图案的平纹织物固定在其中一片上，距离底边 15 厘米。将平纹织物两条长边疏缝在海军棉布料上。海军棉布正面相对，两侧边和底边用珠针固定。缝合两侧边顶部 7 厘米以下，各留 4 厘米的返口。返口处各片上用 Z 形针脚缝合。修剪整齐后，将收纳袋正面翻出。

2 袋口内折 5 厘米宽边，用珠针固定，缝牢。再折 1 厘米边。粗绳剪成两段，从相反方向穿进。绳头留 8 厘米，打结，制成流苏，用梳子梳理整齐。

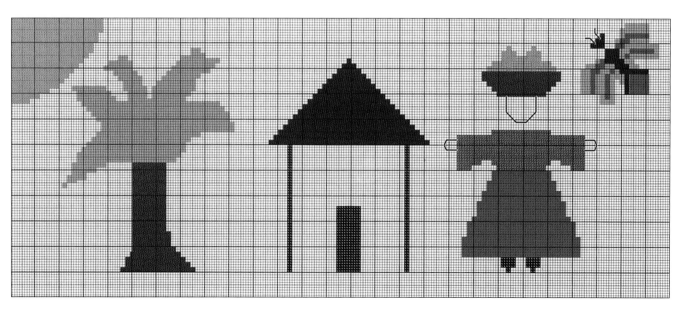

鞋袋
Shoe Bag

几何波纹图案非常适合十字绣。这些固定图形的动物图案设计来源于加纳制作的吊床。

材料

- 28 厘米 ×66 厘米金褐色 28 支奇客平纹亚麻布
- 剪刀
- 疏缝线
- 针
- 捻合棉线 DMC300、498、676、919、976
- 十字绣针
- 珠针
- 缝纫线
- 缝纫机
- 安全别针

十字绣制作

从布料上裁剪一条 5 厘米 ×66 厘米长条做带子。剩余的布料纵横对折,沿对折线疏缝。用双股棉线每隔两条亚麻纤维绣一针,从底部开始,在横向疏缝线一侧绣制图案。绣完后反面熨烫绣布。

1 正面朝里对折,用珠针固定,然后将两条短边缝合,缝合线上距离顶部 2.5 厘米处留 5 厘米长的返口。将缝份处熨平。

2 上边缘折 5 厘米宽边,然后再折 1.2 厘米边,用珠针固定并缝合。可在靠近顶部的地方加固。

3 布带的两条长边向中线折进,熨平,两端的毛边向下折 12 毫米,再将布带纵向对折。取珠针固定各边后缝合,形成圆布带。用安全别针将布带穿进通道内,布带的两头缝牢。拉紧布带,收拢袋口。

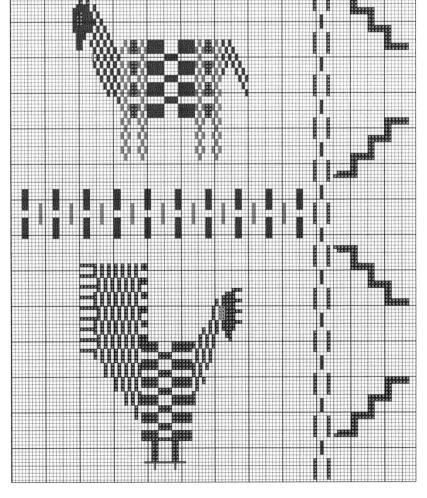

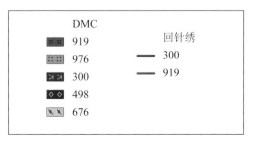

DMC		回针绣	
	919	—	300
	976	—	919
	300		
	498		
	676		

墨西哥壁挂

Mexican Wallhanging

这幅小壁挂的设计灵感来源于传统墨西哥神眼。多做几幅挂在一起很有趣味。

十字绣制作

　　剪裁两块 18 厘米 × 25 厘米的长方形亚麻布块。从中心纵向疏缝一道直线，距离短边 10 厘米处横向疏缝一道直线。用双股棉线每隔 2 条亚麻纤维绣一针。绣完后，将绣布反面熨烫。

1 剪裁两块 5 厘米 × 13 厘米的长方形亚麻布块，各纵向折叠，缝合，缝份为 1.2 厘米。将缝份处熨平，翻回正面。接缝位于中间位置，再次熨烫。

2 将两条布带对折，缝份压向里侧，用珠针将接缝固定在绣布两端。用珠针固定两块亚麻布块，刺绣图案和布带朝里，顶部和两侧边缝合。修剪边角，翻回正面。

3 将壁挂底部打毛，制成流苏，反面熨烫。将小棍穿过布带耳，两头系上绳子挂起来。

材料

- 边长 36 厘米的正方形 32 支原色平纹亚麻布
- 剪刀
- 疏缝线
- 针
- 小绣花绷
- 捻 合 棉 线 DMC310、435、550、701、712、743、900
- 十字绣针
- 珠针
- 缝纫线
- 缝纫机
- 15 厘米长的小棍
- 30 厘米长的细绳

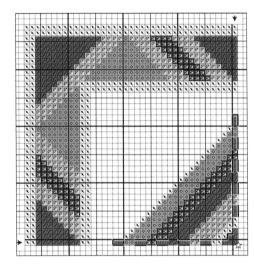

DMC			
▦	435	◩	900
▶	550		
◈	701		回针绣
◹	712	──	310
▱	743	☆	中心点

印度风铃

Indian Mobile

传统十刹镜是人们用来抵御妖魔的。传说任何妖魔看见镜中自己的影像都会吓得逃之夭夭。

材料

◆ 2 张墨绿色缝纫纸
◆ 捻合棉线 DMC783、796 号 3 束,911 号 4 束,815、3765 号 1 束
◆ 十字绣针
◆ 边长 1.5 厘米的正方形薄纸板
◆ 30 厘米长的钢丝
◆ 剪刀

十字绣制作

缝纫纸易撕破,可以用黏性胶带修补。用 3 股棉线在缝纫纸上缝制各个图样和它们的镜像,留出绣十刹镜的位置。按说明绣十刹镜,空白处绣十字绣。

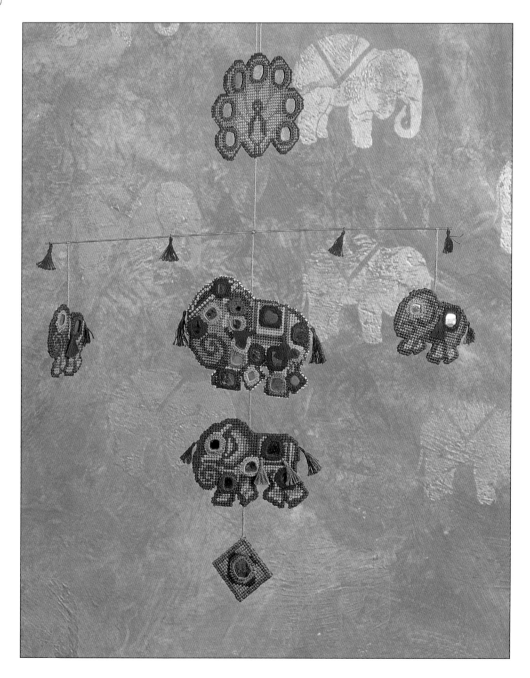

1 剪下图样，小心不要
剪到绣线。用单股绣
线把图样和它的镜像缝
合。拆散捻合棉线，制成
长 1.5 厘米的迷你流苏。
大号象身上每面挂 3 个，
小号象身上每面挂 2 个，
还有一个挂在钻石图样的
一角。

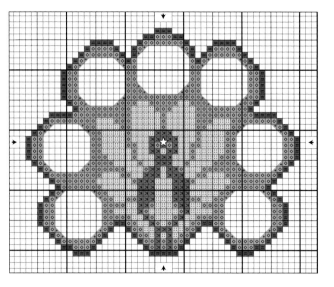

孔雀图样

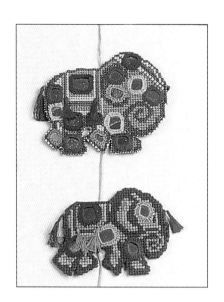

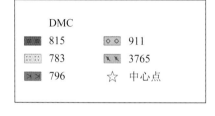

DMC		
815		911
783		3765
796		☆ 中心点

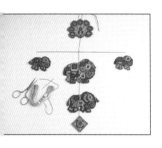

2 将制作好的图样平放
在工作台上。每两个
之间相隔 4 厘米。用 6 股
黄色捻合棉线将图样都穿
起来。钢丝上结一个线环，
上接孔雀的底部，下接大
象的背部。再往下是另一
个中号象和钻石图样。
钢丝左右两端套上 3 股线
环，缝上小号象。再制作
一些流苏做装饰，制作一
个线环固定在孔雀上部。
完成。

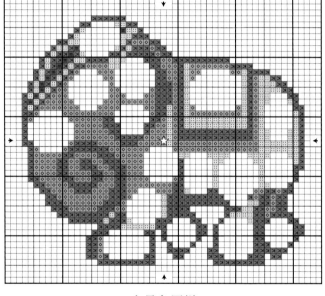

大号象图样

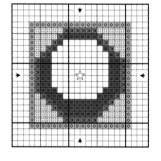

钻石图样

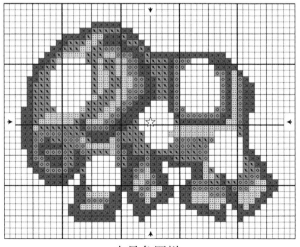

中号象图样

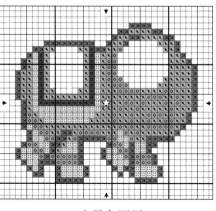

小号象图样

绣花背带裤和草帽饰带

Embroidered Dungarees and Hat Band

这两个图案本身很相配，用来装饰孩子的牛仔背带裤和草帽非常漂亮可爱。

材料

- 带前胸片的牛仔背带裤
- 10 厘米 ×15 厘米的 14 支十字绣布
- 珠针
- 疏缝线
- 针
- 铅笔
- 捻合棉线 6、9、46、238、291、896
- 刺绣针
- 草帽
- 60 厘米 ×2.5 厘米阿依达布带，ZE7002
- 剪刀
- 缝纫线

制作绣花背带裤

十字绣制作

图样上的小花猪图案面积为 7 厘米 ×13 厘米，适合绣在五六岁儿童的背带裤上。如果你需要使小花猪图案大一些，可使用 10 支十字绣布，则图案面积为 10 厘米 ×18 厘米。将十字绣布疏缝在胸片中间，用铅笔标出十字绣布中心点，用双股棉线绣制图案。绣完后，将十字绣布纤维一根一根拆除，然后熨烫。

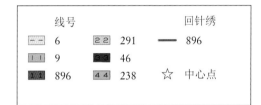

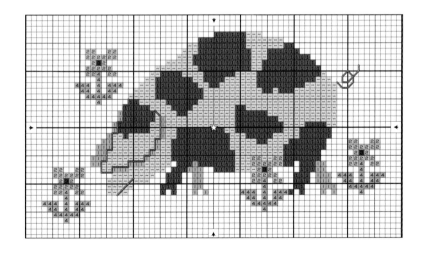

制作草帽饰带

十字绣制作

测量帽圈长度，剪裁比测量长度长 5 厘米的阿依达布带。将布带对折，插一根珠针，标出中心点。中心点处绣一朵花，然后按照图样往两边扩展。尽量使布带尽头处是一朵完整的花或完整的间隔图案。

1 将布带绕在草帽上。一端折边，压在另一端上。用藏针缝将两端缝合。如需要，用星点缝将布带缝在草帽上（正面用小针脚，反面用大针脚）。

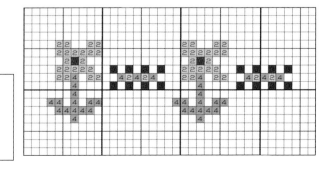

十字绣书封

Embroidered Book

这款小巧的书封由小纸板和碎布片制成，内有一些自制纸做装饰。

材料

- 11 厘米 ×13 厘米方格棉布
- 捻合棉线 352、890
- 刺绣针
- 边长 25 厘米的正方形斜纹厚绒布或牛仔布
- 边长 15 厘米的正方形印花棉布
- 边长 15 厘米的正方形棕色棉布
- 15 厘米 ×30 厘米黏合纸
- 万能胶
- 2 片 15 厘米 ×18 厘米纸板
- 胶带
- 23 厘米 ×38 厘米条纹棉布
- 双面胶带
- 18 厘米 ×33 厘米方格布
- 齿牙剪
- 5 张 18 厘米 ×33 厘米手工纸

十字绣制作

　　先为方格布绣边。剪一块斜纹厚绒布或牛仔布，贴在方格布绣边内，并用大针脚的十字绣固定。将黏合纸熨贴在印花棉布和棕色棉布背面，剪下树和 8 朵花的图样。移除背部衬纸，将图样粘贴在斜纹布上，周边用小针脚十字绣固定。树根处绣 3 个大的十字，每朵花中心处绣一个十字。将绣布反面熨烫。剪裁一块 12 厘米 ×14 厘米的斜纹布，用黏合纸或胶水粘贴到绣布背面。

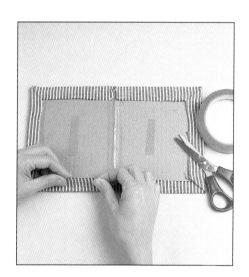

1 用胶带将两块纸板并排粘贴，中间留 1 厘米空隙，使两块纸板可以像书的封面、封底一样开合。将纸板放置在条纹布片反面的中间。在纸板外边缘粘贴双面胶带，将斜纹布多出纸板的布边反折过来，拉平，粘贴在纸板上。将边角修剪整齐。

2 用齿牙剪将方格布的布边剪成锯齿状，固定在封面上。将纸对折，沿对折线将纸固定在书内正中间，并缝合固定。最后将绣好的封面缝在斜纹布上。

材料

- 90 厘米 ×100 厘米蓝白相间的格纹布
- 剪刀
- 18 厘米 ×50 厘米的 14 支十字绣布
- 珠针
- 疏缝线
- 针
- 捻合棉线 DMC300、301、400、433、742、743、904、906、938、977、986
- 刺绣针
- 复写纸
- 铅笔
- 36 厘米 ×66 厘米中等厚度黏合衬
- 缝纫机
- 缝纫线
- 4 个白色 D 形环

窗帘绑带

这些大向日葵花绣在深蓝色和白色相间的绣布上非常绚丽。

十字绣制作

如果你能买到自织的格纹布，就可以直接将图案绣在上面。将格纹布剪裁成 4 块 23 厘米 ×68 厘米的布块，将其中一片纵横对折，找到中心点，然后再展开。将半块十字绣布用珠针固定并疏缝在格纹布右半边的中心位置。找出可拆卸十字绣布的中心点，用双股棉线绣。绣完后将十字绣布纤维一根一根拆除，反面熨烫绣布。

DMC		
300	742	938
301	743	977
400	904	986
433	906	☆ 中心点

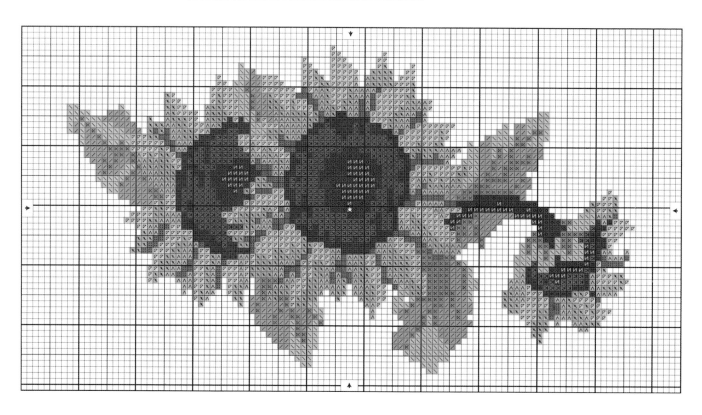

1 转印并放大图样。剪
裁绑带的正反两面,
注意向日葵的位置。将黏
合衬熨烫到背面布块上。
将 2 片布块正面相对,长
边缝合。修整边角。

2 将绑带正面翻出。用
大拇指和食指将边缝
整理平整。将绑带短边套
在 D 形环直边上,缉窄边,
缝牢。同法制作第 2 个绑
带。注意第 2 个绑带的向
日葵图样应在正面的左半
边,且图样应为前一个图
样的镜像。

材料

- ◆ 海军蓝毛巾
- ◆ 边长 25 厘米的正方形 14 支十字绣布
- ◆ 珠针
- ◆ 疏缝线
- ◆ 针
- ◆ 捻合棉线 DMC300、301、400、433、742、743、938、977
- ◆ 刺绣针
- ◆ 剪刀

向日葵绣花毛巾

这条毛巾是用来与窗帘绑带配套的。这些绣有灿烂的向日葵花的日用品会为一间单调的白色浴室增色不少。

十字绣制作

将十字绣布疏缝到毛巾一角。用 6 股棉线每隔两条十字绣布纤维绣一针。如你肯费心，刺绣前将捻合棉线散开，再将各股线捋顺并在一起，刺绣效果会棒得多。绣完后将十字绣布纤维一根一根拆除。用蒸汽熨斗反面熨烫刺绣图案，小心不要损坏毛巾。

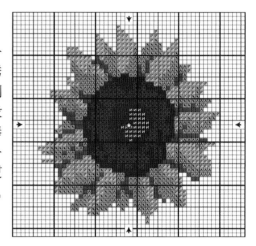

DMC	
▓	300
▒	301
◪	400
◉	433
↖	742
▽▽	743
⋈⋈	938
∧∧	977
☆	中心点

雏菊靠垫

Daisy Cushion

可以根据制作靠垫的格纹布颜色，将雏菊花瓣的颜色调整为与之相配的
其他颜色。同理选择同一色调的两个不同纯度的颜色来表现阴影。

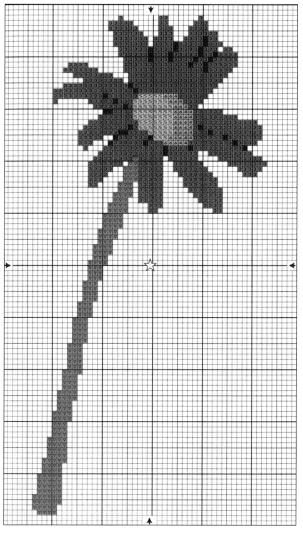

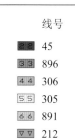

	线号
2 2	45
3 3	896
4 4	306
5 5	305
6 6	891
▽ ▽	212

十字绣制作

将十字绣布用珠针
固定并疏缝在靠垫正面
的中间位置。将绣布绷
到大绣花绷上，标出绣
布中心点，用双股棉线
刺绣图案。

材料

◆ 边长 30 厘米的正方形格纹
  布靠垫封套
◆ 15 厘米 ×30 厘米的 10 支十
  字绣布
◆ 珠针
◆ 疏缝线
◆ 针
◆ 大绣花绷
◆ 铅笔
◆ 捻 合 棉 线 45、212、305、
  306、891、896
◆ 刺绣针
◆ 边长 30 厘米的正方形靠垫
  芯

1 靠垫正面绣好以后，将十
字绣布纤维一根一根拆
除。反面熨烫绣布，翻回正面，
装进靠垫芯。

园艺围裙

Garden Apron

这个大围裙能保证你在花园工作时不会弄脏衣服，上面的大口袋最适合你装些小工具什么的。

材料

- 纸
- 铅笔
- 90 厘米 ×115 厘米沙黄色十字绣布
- 画粉
- 剪刀
- 珠针
- 缝纫机
- 缝纫线
- 疏缝线
- 针
- 安全别针
- 边长 20 厘米的正方形 10 支十字绣布
- 捻合棉线 46、212、226、238、316、926
- 刺绣针

十字绣制作

先做成围裙再绣图案会容易一些。将十字绣布用珠针固定并疏缝到围裙上部。用 3 股棉线绣植物图案上的十字绣和回针绣，最后绣法式结粒绣。绣其他部位的回针绣之前，将十字绣布纤维一根一根拆除，然后用回针绣完成植物周边的方框。

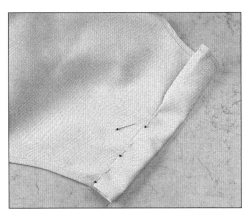

1 放大图样，并将它们画在十字绣布上。剪裁两个口袋，一个正面布块和 3 条 5 厘米 ×50 厘米的布条。翻过来并在围裙的两侧边、底边绲窄边。上边绲 1.2 厘米窄边，再折进 2.5 厘米。用珠针固定并缝合各边。

2 布条纵向折叠，毛边处缝合，缝份为 1.2 厘米，带子两头不收口，然后用安全别针将带子正面翻出。将两头毛边塞进去，熨平。围裙腰部两边各缝一条带子，另一条缝在脖颈处。连接处机缝出长方形以加固。

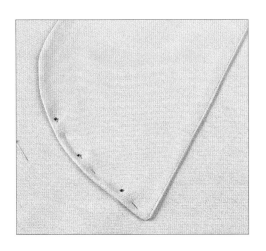

3 将两片口袋布缝合，正面相对，直边上留一条至少 8 厘米长的返口。修剪边角，然后将口袋的正面翻出。用手指将接缝捻平，熨烫。用珠针将口袋圆角边与围裙固定并缝合，完成后，用珠针固定并于口袋中间机缝一道线。

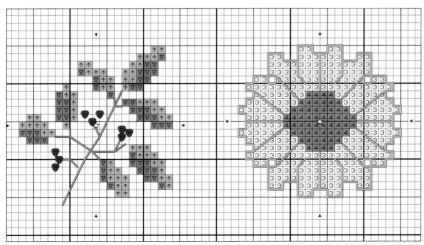

线号		回针绣	
3 3	926	—— 238	☆ 中心点
4 4	316	—— 212	
▽ ▽	212		法式结粒绣
↑ ↑	226		♥ 46

浴室小地毯
Decorative Bath Mat

为素色棉质浴室小地毯绣上大旋涡和十字针做装饰，与浴室的陈设相配。

材料

- ◆ 原色棉质浴室小地毯
- ◆ 疏缝线
- ◆ 针
- ◆ 柔软棉线 11、13、228、242、305、307
- ◆ 大号锋利长针
- ◆ 剪刀

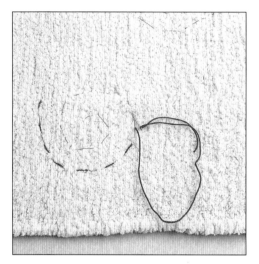

1 用长 2.5 厘米的针脚、疏缝针法绣旋涡，针脚之间留 2.5 厘米空隙。整张地毯绣 12 个大旋涡，每两个之间距离大致相同。起针时地毯背面留 5 厘米线头。绣完一个螺旋，返回再绣一遍，填补第 1 遍针脚之间的空隙。

2 第 2 遍回针绣可用异色线。绣完后，两个线头打死结系牢。

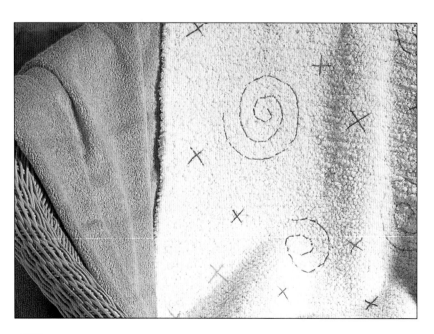

3 旋涡之间填补单个十字绣，起针、收针与前相同。最后在小地毯四边上绣成排的颜色各异的十字。完成。

钟表画

Clock

用裂纹清漆使深蓝色和米色漆呈现裂纹效果，为这幅漂亮的阿西尼作品制作别具一格的画框。

材料

- 边长 20 厘米的正方形 18 支海军蓝色阿依达布，ZE3793
- 疏缝线
- 针
- 捻合棉线 1223
- 十字绣针
- 剪刀
- 边长 22 厘米的正方形 6 毫米厚纤维板
- 10 毫米钻头的手钻
- 边长 1.2 米的正方形木框缘
- 木工锯
- 木工胶
- 胶带
- 砂纸
- 深蓝色和米色树脂漆
- 裂纹清漆
- 漆刷
- 带塑料指针的钟表设备
- 边长 14 厘米的正方形背板
- 铅笔
- 结实的线
- 双面胶带

十字绣制作

　　在阿依达布中心疏缝纵、横直线。图案回针绣处用单股绣线绣。背景用成排的十字绣填满。绣完后将绣布反面熨烫。

线号	
	1223
回针绣	
——	1223
☆	中心点

1 在纤维板中心钻一个直径 10 毫米的孔。制作框缘压边，内边为 14 厘米。框缘压边底部涂胶水粘贴在纤维板上。干透以后用砂纸打磨画框。

2 将画框刷成深蓝色，然后刷裂纹清漆，再刷米色漆。一层干透之后再上另一层漆。最后一层漆可用吹风机烘干，以利于裂纹形成。如有必要，用同样方法处理钟表指针。

3 剪切背板，使其大小正好适合画框内框。在背板相应位置钻孔。将绣布绷到背板上，整理好边角，剪去多余布料。在绣布的中心剪出一个小孔，仔细将钟表设备装进孔内。将背板粘贴在画框内，然后将设备上的螺丝拧上固定。

罗马风格窗帘

Roman Blind

这款罗马风格的窗帘色彩从深蓝到浅蓝条纹自然渐变，使其更加引人注目。

材料

- 软尺
- 棉布条
- 25 厘米宽 10 支十字绣布
- 疏缝线
- 针
- 捻合棉线 DMC700 号 4 束，307 号 2 束，105、743、995 号各 1 束（大致线量）
- 刺绣针
- 铅笔
- 尺子
- 捆绳
- 珠针
- 缝纫机
- 缝纫线
- 剪刀
- 与窗帘同样尺寸的黏合纸
- 黄铜环
- 窗宽长度 2.5 厘米 ×5 厘米木条
- 木工锯
- 大头钉
- 锤子
- 螺丝孔
- 无弹性细绳
- 窗宽长度、2.5 厘米宽的木质压条
- 导向板

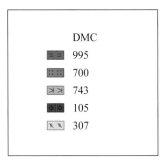

DMC	
= =	995
⋮⋮	700
▶▶	743
▓▓	105
◩◩	307

十字绣制作

　　测量窗户的长宽，剪裁窗帘布，其长度应比测量长度多出 15 厘米，宽度多出 8 厘米。你需要 2 块这样尺寸的窗帘布。取其中一块，距离底边 15 厘米处疏缝十字绣布。标出十字绣布中心点，用 3 股棉线刺绣。向左右两边延续单元图案，两边尽头处应各为一棵完整的树。绣完后拆除绣布，然后反面熨烫绣布。

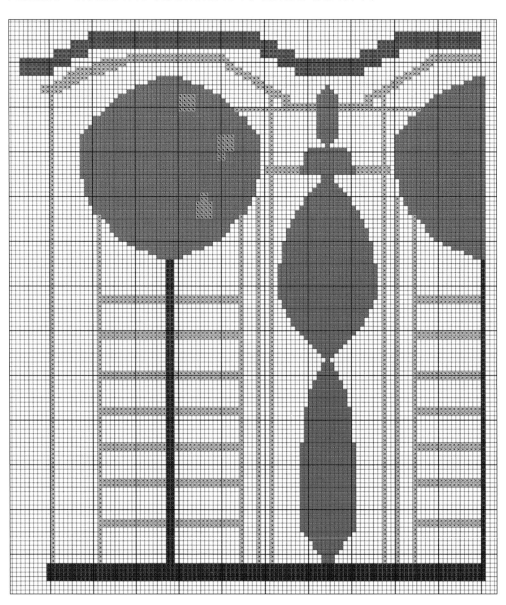

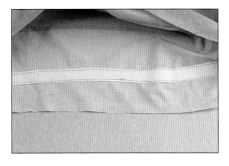

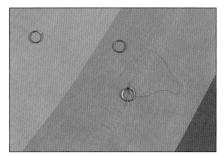

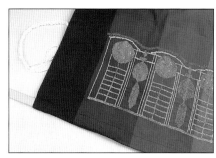

1 窗帘里布正面距离竖直边 8 厘米处开始画竖直线，每两条直线之间相隔 30 厘米。用珠针固定并沿直线疏缝棉布条。将黏合纸熨烫到绣布反面，揭去保护纸，将里布与绣布粘贴在一起。注意两层布都要保持平整。

2 各边折进 2.5 厘米，底边再折 4 厘米宽边，注意折边要保持水平。从上边缘折边开始，每隔 15 厘米钉一个黄铜环。

3 截取与窗帘宽度等长的木条。用大头钉将木条两侧和窗帘顶边固定在一起，在木条的下端钉上一些螺丝孔，位置应与窗帘顶边的黄铜环对应。窗帘最右端的黄铜环要足够大，以穿过所有的线绳。

完成

　　线绳穿过木条上的一个螺丝孔，再向下穿过对应的一竖排黄铜环，在最底部的黄铜环上打结。同理，裁多条线绳，将螺丝孔和对应的各排黄铜环串到一起，打结。所有的线绳聚拢，穿过最右侧的螺丝孔，打结，结外的线绳辫到一起，末端打结，剪掉线头。将压条插入窗帘底部的折边内，藏针缝缝合折边的两头。将木条钉到窗户上，用螺丝将窗帘线板固定在墙上。线板的高度自定，以开合窗帘时便于操作为宜。

牛津布枕套

Chambray Pillowcase

绣上字母使亚麻床品顿显档次。选择你喜欢的字母绣在经典牛津布枕套的一角吧。

材料

- ◆ 牛津布枕套
- ◆ 小绣花绷
- ◆ 边长 10 厘米的正方形 10 支十字绣布
- ◆ 捻合棉线 2 号
- ◆ 疏缝线
- ◆ 刺绣针
- ◆ 白色捻合棉线

线号	
■■	342

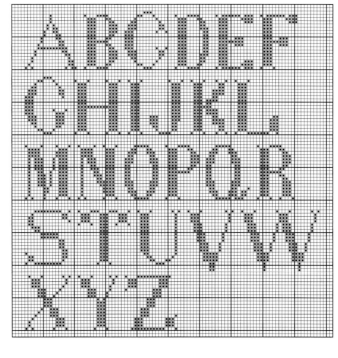

十字绣制作

将绣花绷放进枕套，把正面一角绷在绣花绷上，从角落疏缝十字绣布。用 3 股棉线绣字母。

1 完成后将十字绣布纤维一根一根拆除。反面熨烫。用同样方法将字母绣在床单或被罩一角。

微型画框
Miniature Picture

这样的迷你画框非常受欢迎，可以作为礼物送给爱人或朋友，一定会让对方喜欢。

十字绣制作

将亚麻绣布装进绣花绷，用单股棉线每隔两条亚麻纤维绣一针，绣制心形图案边框。然后绣心形图案和回针绣部分，完成后反面熨烫绣布。

1 将绣布从绣花绷上移下。将铺棉粘贴在纸板上。修剪绣布至边长8厘米大小的正方形，然后绷到纸板上，多出部分折到纸板后面固定。

2 将固定好的绣布装进画框。如需要，装框之前在纸板后再垫一层纸板。

材料

- 边长15厘米的正方形36支亚麻布
- 小绣花绷
- 捻合棉线133、152、226、289
- 十字绣针
- 有边长5厘米的正方形窗口的成品画框
- 边长6厘米的正方形铺棉
- 双面胶
- 剪刀

线号		回针绣	
55	289	—	226
	152		
	133	☆	中心点
	226		

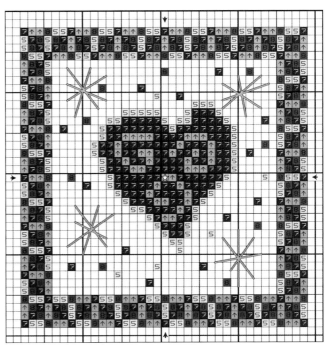

咖啡壶保温套

这款别具风格的保温套适合 1 升标准的咖啡壶。有了它，刚煮好的新鲜咖啡就不会凉得那么快了。

材料

- 20厘米×36厘米白色14支阿依达布
- 疏缝线
- 针
- 别针
- 捻合棉线148、360、370、373、398、846
- 十字绣针
- 剪刀
- 边长30厘米的正方形蓝底白花布料
- 15厘米×28厘米的铺棉
- 珠针
- 缝纫线
- 缝纫机
- 粗针

十字绣制作

在阿依达布中心疏缝纵、横直线，然后用双股棉线绣制图案和回针绣部分。完成后反面熨烫绣布。

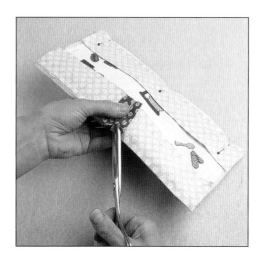

1 将绣布修剪至铺棉尺寸，并剪裁一块同样尺寸的蓝底白花布料，将铺棉置于中间，用珠针将3层布料固定在一起。剪裁3片6厘米×38厘米蓝底白花布料做滚边条。正面朝里，将其中一片包裹在3层织物底边，另外两片都对折剪断。保温套上边缘中间部位按滚边宽度剪出一个V形三角形返口。两条滚边条的一头各折起0.5厘米，面对面包裹在保温套上边缘。将三角形返口附近多余的布料塞进返口内。疏缝上边缘，缝份为1.2厘米。

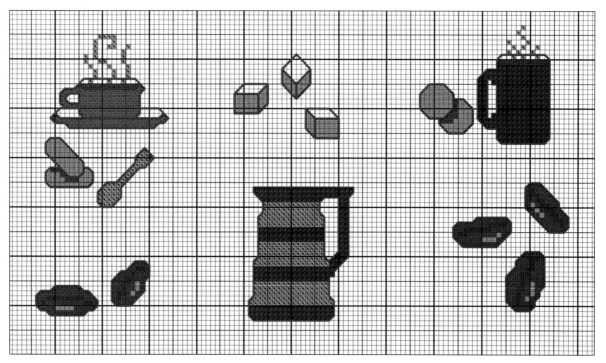

线号			回针绣
846	360	398	—— 360
373	370	148	

2将上边缘和底边的滚边条折起1.2厘米，翻到封套背面缝合。上边缘三角形返口处用藏针缝缝合各边。

3在蓝底白花布料上剪裁两条30厘米长的斜布条，制成圆布条。在封套两短边中间部位各缝合一条圆布条。用珠针固定并疏缝剩余的滚边布，将滚边条正面朝下缝合在短边上，修剪整齐，然后翻到封套反面固定，并处理好与两条长边滚边条的连接处。

搁物架饰边

Shelf Border

绣制可爱的泰迪熊搁板饰边，每只泰迪熊的领结用不同的配色，再制作与之相配的靠垫。

材料

- ◆ 10 厘米宽红边阿依达布带，ZE7195
- ◆ 软尺
- ◆ 剪刀
- ◆ 珠针
- ◆ 捻合棉线 369、370、403
  领结: 4、6、38、42、108、111、217、208、293、297
- ◆ 十字绣针
- ◆ 缝纫线
- ◆ 双面胶带或彩色图钉

十字绣制作

　　测量搁物架长度，剪裁比此长度多出 5 厘米的阿依达布带。每只小熊大概为 8 厘米宽。计算小熊之间的间距，确定每只小熊的位置，并用珠针标出每只小熊的中心点。在每只珠针的位置疏缝纵、横直线。用双股棉线绣制图案，每只小熊的领结用不同的配色线。然后用双股棉线绣回针绣。最后反面熨烫绣布。

1 修剪布带，两头各折窄边。用双面胶带或彩色图钉将绣花布带固定在搁物架切面上。

❖❖❖❖❖❖
刺绣小贴士

　　制作与饰边相配的靠垫，需准备边长 40 厘米的正方形 7 支十字绣布，分成 4 块。绣布四周各留 5 厘米缝份。在每块绣布中心绣制小熊。

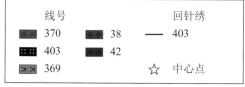

线号		回针绣
▨ 370	▨ 38	— 403
▨ 403	▨ 42	
▷ 369	☆ 中心点	

儿童马甲
Child's Waistcoat

秀气的贴布和大十字绣可以中和牛仔布的粗犷气息，使其平添了几分温婉的感觉。

十字绣制作

在马甲前襟边缘和正面底边每隔 1.5 厘米用水消笔点一个点。用粉色 6 股棉线绣大十字，针脚只穿透正面牛仔布层。起针、收针时在背面走 2 针小针脚的回针绣以固定，并将线头修剪整齐。

材料

- 牛仔布儿童马甲
- 水消笔
- 尺子
- 剪刀
- 各色棉布块
- 捻合棉线 254、894、939
- 边长 15 厘米的正方形黏合纸
- 十字绣针
- 4 颗四眼小扣子

1 将黏合纸熨烫到各色棉布块背面，剪 16 片花瓣。去除背面纸，将花瓣熨贴到马甲正面口袋上和背面。用十字绣固定花瓣。

2 用蓝色棉线将扣子钉在每朵花的花心。用绿色棉线在胸袋四角各绣一个小十字。下面 2 个口袋上缘用绿色线各绣一排小十字，并用蓝色线连续穿过每个十字中心。完成。

儿童挂包
Child's Bag

这种小挂包很受儿童喜爱，可用来装些小东西。

材料

- 28厘米×100厘米蓝色格纹棉布
- 剪刀
- 捻合棉线225、311、894、1028
- 刺绣针
- 5厘米×25厘米粉红色牛仔布
- 黏合纸
- 18厘米×46厘米蓝色牛仔布
- 珠针
- 缝纫机
- 缝纫线
- 疏缝线
- 直径1.5厘米的四眼扣

十字绣制作

剪裁一块 10 厘米 ×14 厘米大小的格纹布，四边各折进 1 厘米。用 3 股捻合棉线绣制四边的十字绣框。将黏合纸熨烫到边长 5 厘米的正方形粉红色牛仔布背面。剪 3 个小红心，去除背面衬纸，将红心熨烫到格纹布上。用小针脚仔细地将红心固定，然后在每个红心中央用蓝色棉线绣一个大十字。反面熨烫绣布。

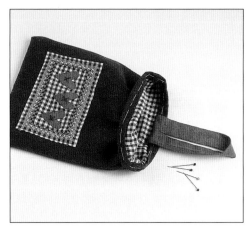

1 将蓝色牛仔布对折，再打开。将格纹布固定在上半段，缝合。绣花正面朝里，将蓝色牛仔布再次对折，缝合两侧边。用同样方法制作稍小一些的格纹里布，并塞进牛仔布袋内。袋口折进2.5厘米边。粉红色牛仔布正面朝里纵向对折，缝合长边。将缝份打开熨平，然后将布条正面翻出，再次熨烫，缝份应位于反面正中央。折叠粉红色牛仔布带，形成一个扣环，接头处用珠针固定到布袋背片袋口中央，疏缝，折回再疏缝。

2 剪裁一条 8 厘米 ×100 厘米格纹布，中线位置绣大十字。布条正面朝里纵向对折，缝合长边。将缝份修剪整齐，打开熨平，再将布条正面翻出，缝份应位于背片中央，大十字刺绣应位于正片中央。两头各缉 1.2 厘米边，并用珠针固定在蓝色牛仔布袋边缝位置，缝牢。绣一个大十字使粉红色扣环平整，然后在布袋正面相应位置钉上扣子。完成。

厨房壁挂

Kitchen Hanging

厨房是个忙碌的地方，人们往往忽视了对它的布置。美化厨房，可以从制作这个精美的厨房壁挂开始。

材料

- 15 厘米 ×30 厘米米色 28 支平纹亚麻布
- 剪刀
- 疏缝线
- 针
- 别针
- 捻合棉线 DMC312、316、435、743、3802、3815、3823
- 十字绣针
- 缝纫线
- 缝纫机
- 两片边长 11 厘米的正方形铺棉
- 1.5 厘米 ×5 厘米宽丝带或布条
- 珠针
- 40 厘米植物支撑架或 46 厘米长的电线绳(两头弯折)
- 月桂叶和干苹果片

十字绣制作

将亚麻布剪成两块正方形。取其中一块从中心点疏缝纵、横直线，用双股棉线每隔两条亚麻纤维绣一针，绣制苹果图案和边框。然后用单股棉线绣回针绣，绣完后反面熨烫。

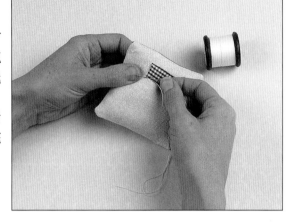

DMC			
▥	3802	▽▽	3815
⦂⦂	312	‖‖	3823
▶▶	316	‖‖	3823
◆◇	435	回针绣	
▨▨	3827	—	3823
		☆	中心点

1 绣面朝里，将两块亚麻布缝合在一起。缝合线处应距离刺绣边框两条亚麻纤维宽，并在底边留 5 厘米返口。修剪边角，将正面翻出。塞进铺棉，用藏针缝将留的返口缝合。丝带或布条两头折叠，固定在小垫子背面距离上边缘 2 厘米处。两长边与小垫子缝合在一起。

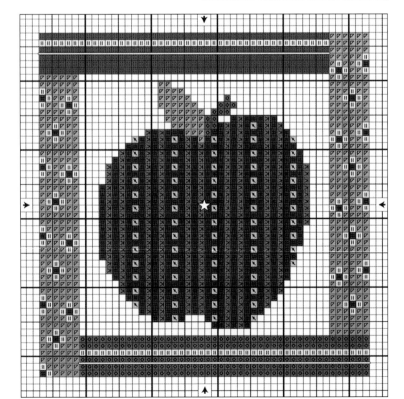

2 将小垫子穿在电线绳圈上。月桂叶上钻眼，与干苹果片间隔着穿在绳圈上。一些大的月桂叶需弯折后穿过绳圈，这样饰物就不至于看起来太挤。将小垫子的两角用线固定在线圈上，然后在电线绳圈的两头系绳，将饰物悬挂在厨房墙壁上。

砂锅垫
Pot Holder

这款极富设计感、色彩丰富的图案其设计灵感来源于柠檬黄和地中海的蓝色。

材料

◆ 边长 15 厘米的正方形白色 14 支阿依达布
◆ 疏缝线
◆ 针
◆ 别针
◆ 捻合棉线 DMC307、322、336
◆ 十字绣针
◆ 剪刀
◆ 珠针
◆ 两片边长 23 厘米的正方形 深蓝色亚光布
◆ 缝纫机
◆ 缝纫线
◆ 10 厘米长海军蓝拉绳
◆ 边长 10 厘米的正方形靠垫芯

十字绣制作

从阿依达布中心疏缝纵、横直线，用双股棉线绣制十字。完成后，反面熨烫绣布。

1 将阿依达布修剪为边长 13 厘米的正方形，修剪边角，各边折进 1.2 厘米的折边。将阿依达布固定并缝制在一片深蓝色亚光布中央。将拉绳对折，线圈朝外，缝在其中一个角内。

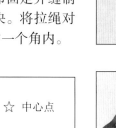

DMC		
▦	307	☆ 中心点
▦	322	
▦	336	

2 两片亚光布正面相对缝合，一边留返口。修剪边角然后从留的返口处将正面翻出。

3 塞进靠垫芯，靠垫中央用珠针固定并疏缝一个正方形，然后缝牢。留的返口用藏针缝缝合。

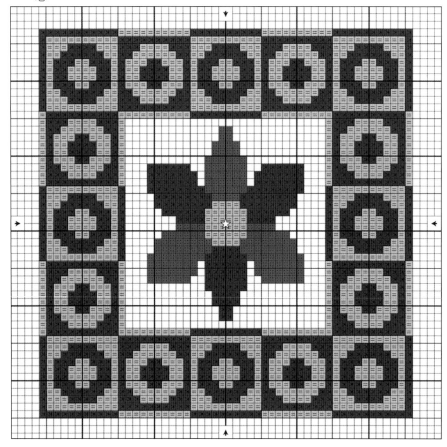

双肩帆布背包

Rucksack

双肩背包是参加各种活动时最常用也最实用的包袋。将斑马绣片缝制在背包前片上，按简易说明制作背包。

材料

- 20 厘米 ×25 厘米白色 18 支阿依达布
- 疏缝线
- 针
- 别针
- 捻合棉线白色，22、189、297、399、403、410
- 十字绣针
- 纸
- 铅笔
- 剪刀
- 珠针
- 从115厘米×1.5米鲜红色帆布上剪裁：31厘米×77厘米后片、56厘米×77厘米前片、31厘米×13厘米底片、2片28厘米×19厘米背包盖、2条8厘米×69厘米背带
- 缝纫机
- 缝纫线
- 4 个 D 形圈
- 10 个孔眼和打孔器
- 白色棉绳
- 扣子
- 14 厘米 ×18 厘米黏合纸

十字绣制作

在阿依达布中心点疏缝纵、横直线，用双股棉线绣边框，然后绣制斑马图案。完成后反面熨烫绣布。

1 将背包前片和后片的两长边用珠针固定并缝合。缝份展开熨平，朝内对折，再缝合。第 1 道线紧贴折叠边，第 2 道线距其 5 厘米。从剩下的布料上剪裁两片 5 厘米 ×15 厘米长布条。两长边各折进 1.2 厘米后对折，明线缝合。每个布条上穿进两个 D 形圈，对折后用珠针固定。

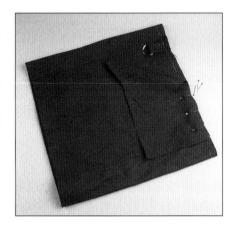

2 底片与包体用珠针固定并疏缝在一起。修剪边角，缝牢。两片背包盖布正面相对叠齐，用珠针固定，一短边剪成圆弧状，沿弧边缝合，翻到正面。用手指将缝份捻平，沿弧边机缝一道线。两条背带的两端下折少许，将毛边藏进接缝，紧邻后片第 1 道和第 2 道机缝线与背包缝合。用珠针将包盖固定在后片上，压住背带上的缝线，沿包盖的顶边机缝长方形，固定包盖。

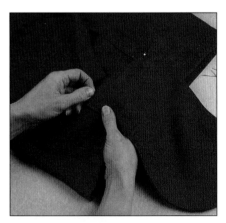

3 沿背包上缘标出孔眼位置，按说明钉上。用一根绳逐一穿过孔眼。距离两头 5 厘米处各打一个结。将结以下部分打散，形成流苏。背包盖上制作一个扣眼，将扣子缝在相应位置。

线号	
■■ 403	⊙⊙ 22
＼＼ 399	↑↑ 189
－－ 白色	
５５ 297	☆ 中心点
ＫＫ 410	

收尾

将黏合纸熨烫到绣布背面。撕掉背面衬纸，将绣布固定在背包正面。反面熨烫，并用22号线以回针绣绣一圈。完成后，各边框以外修剪至1.5厘米宽，然后去除横向纤维，使阿依达布四周呈现流苏。

鸡蛋箱

鸡蛋室温保存比放在冰箱里保存要好。门上绣有抱蛋鸡图案是很好的选择。

材料

- 边长 25 厘米的正方形粉白色 28 支亚麻布
- 疏缝线
- 针
- 绣花绷
- 含红褐色、深蓝色和香辛料色的野花棉线 1 束
- 捻合棉线 DMC 白色，816、841、842、3031
- 十字绣针
- 有边长 15 厘米的正方形门的鸡蛋箱
- 漆 104、109、114
- 漆刷
- 橡胶手套
- 毛线
- 边长 15 厘米的正方形背板
- 结实的线
- 边长 15 厘米的正方形硬纸板
- 镶板钉
- 锤子

十字绣制作

野花棉线是一种杂色棉线，重量和外观与花线及诺丁线相似。打开棉线，去除蓝色最深的线股。母鸡身体用野花棉线绣制，鸡头细节处和阴影处用蓝色线绣。绣布中心点疏缝纵、横直线，用单股线绣母鸡，其余部分用双股线绣。十字绣部分绣完后，绣回针绣部分。完成后绣布反面熨烫。

DMC	
--	白色
Ⅲ	3031
2 2	841+842
3 3	841
H H	816
野花棉线	
▦	红褐色 / 深蓝色
* *	香辛料色
▯▯	红褐色 / 深蓝色（去除）
回针绣 ~ DMC	
——	841
☆	中心点

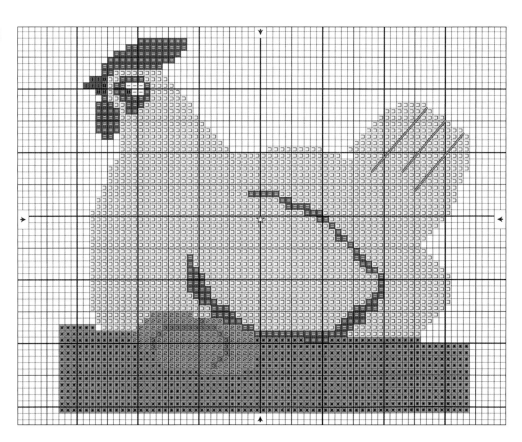

收尾

将绣布绷到背板上，使其尺寸和门的尺寸一致。背板后垫一张硬纸板，用镶板钉固定在门上的窗口处。

1 用蓝色漆刷鸡蛋箱。等漆干透后涂一层米色漆。你可以再刷一层红褐色漆，与绣线颜色呼应。

2 戴上橡胶手套保护双手，然后刮去箱体的顶层漆，使蓝色底漆依稀可见，呈现一种做旧的效果。刷掉漆屑，用半干的毛巾擦拭干净。

礼物袋
Gift Bag

用这款绣有字母的奢华袋子盛放一份特殊的礼物非常漂亮且很有个性。

材料

- ◆ 2片15厘米×25厘米金属色欧根纱
- ◆ 缝纫机
- ◆ 缝纫线
- ◆ 2片15厘米×25厘米深红色双宫蚕丝织物
- ◆ 剪刀
- ◆ 珠针
- ◆ 疏缝线
- ◆ 针
- ◆ 边长5厘米的正方形14支十字绣布
- ◆ 玛丽特线1034
- ◆ 捻合棉线150
- ◆ 刺绣针
- ◆ 46厘米长海军蓝色绳带
- ◆ 粗针
- ◆ 2束海军蓝色流苏

1 两片欧根纱的一条短边各折边5厘米，距离折叠处4厘米处机缝一道线。蚕丝织物也同法处理，只是机缝时需再往里折进1厘米毛边。修剪边角。正面朝下，将两种布料叠放在一起。折边处机缝两道线，间隔1厘米，形成安装拉绳的空间。在右下角距离底边6厘米处用珠针固定并疏缝十字绣布。

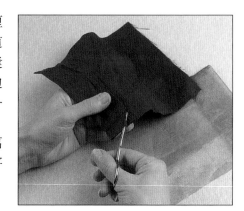

2 十字绣部分用两股玛丽特线绣，字母轮廓用双股棉线回针绣。完成后将十字绣布纤维一根一根拆除。反面熨烫绣布。正面相对叠放并用珠针固定，缝合三边。用Z形针缝合，并修剪缝份。

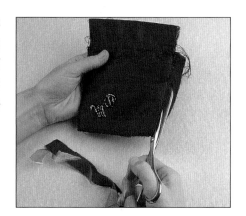

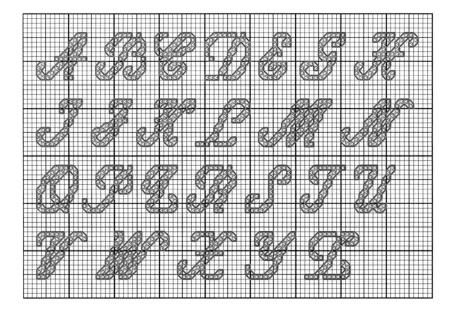

3 将礼物袋正面翻出，然后用粗针将拉绳穿进。将一束流苏穿过2条拉绳，作固定用，另一束流苏缀在一条拉绳的尽头。拉绳两头重叠，缝合在一起。轻拉拉绳，将交叠处隐藏在袋内。

玛丽特线	回针绣~线号
33 1034	—— 150

绗缝、拼布和贴布

Quilting and Patchwork

拼布、贴布、绗缝等手缝艺术历史悠久，作品五彩缤纷、风格多样，从美国早期殖民者制作的实用拼布棉被，到维多利亚时期盛行的繁复典雅的拼布饰品，折射出手缝者艺术品位和缝制技法的变迁历程。喜欢的话，不妨缝制一款传统风格浓郁的布艺饰品，用来纪念婚礼、婴儿诞生等人生大事，令唯美雅致的布艺元素再现记忆中的难忘时刻，传承绵延悠长的家族历史。

工具和用品

Tools and Equipment

对于缝纫爱好者而言，手边多已具备下述工具，其中比较专业的物品可到手工艺品店和百货商店采购。

剪刀和裁剪工具

裁衣剪、布剪：均为布料专用剪刀，请勿剪裁其他材料，以防刀刃变钝。

裁纸剪：专门用来裁纸，需定期将刀刃磨锋利。

绣花剪：小巧玲珑，刀刃锋利，有些刀刃带有装饰花边，制作拼布、贴布和绗缝作品时多用来剪线和修剪布边。

齿牙剪：刀刃为锯齿状，可剪出起伏状的装饰边，又可防止布料的裁边磨损起毛。

轮刀：又名旋转式裁切刀，需放在切割垫上使用，可准确裁切多层布料。使用前需检查刀刃，如有缺口及时更换。

美工刀：可切割硬纸板、塑料模板等较硬的材料。多在切割垫上使用。裁切时，切勿向着身体方向下刀。

标记工具

消失笔：消失笔留下的痕迹遇水或空气即可逐渐消失，便于在布料上描图。当然，也可用软芯铅笔在布背面绘图。

裁缝用描迹轮、画粉：画粉留下的痕迹可用手擦除，可在布料正面使用，还可组合使用描迹轮在布料上印图。

测量工具

可调式阔度量度器：该尺边印有刻度，尺身的中空内有可移动的滑块，可准确测量布料褶边的宽度。

钢尺：便于描图，裁切硬纸板和布料时，可沿尺边用轮刀或普通刀进行裁切。

米尺：常和三角尺组合使用，用来测量、裁切一定长度的布料。

三角尺：可准确测量直角，还可和米尺组合起来准确裁切布料。

卷尺：卷尺伸缩自如，携带方便，可准确测量布料。

圆规：可在布料上画圆。

缝合工具

针：较小的缝针多用来手工缝制拼布、贴布缝，而较短的缝针多用在薄布料上手缝较小的针脚。

双线绣针：针鼻长而椭圆，常做刺绣用针，针号从 1 到 10 大小不等。在棉布、十字绣布上进行刺绣时，多用 7 号针。

珠针：若针头变钝、生锈，建议直接更换。绗缝珠针比一般珠针更长，可轻松刺穿多层布料。

安全别针：手边没有珠针固定待绗缝的几层布料时，可用安全别针代替。

蜂蜡：缝制前，可将缝线划过蜂蜡润滑，使线更易穿过布料。

顶针：顶针是手缝时的必备工具，特别在手工绗缝时，针线需要一次穿过多层布料，使用顶针则非常省力。

拆线器：拆线器凹进的部分是刀刃，是割断机缝线的必备工具。

熨斗：熨斗是熨烫、整平拼布缝份的得力用具。条件允许的话，建议使用蒸汽熨斗熨平接缝线，消除布料上的褶皱。若使用干熨斗，需在布上放一块湿布（熨烫时可保护布料）。

绣绷、绣架

绣绷：使用时，两层圆形绷圈将布料紧紧地夹在中间，使布料绷紧拉平。机器刺绣时，建议使用带有弹簧卡扣的可调式塑料绣绷。

绣架：这些四边形的绣架可握在手中或平放在台面上使用。调节边角处的滚轴可拉紧布料。

其他工具

布用胶水：将贴布块黏合到底布上时，可用此胶水代替热熔式黏合纸。

纸用胶水：多用来黏合纸样。

布用颜料、染料：推荐选用可热烫着色的水性无毒颜料，这样，印染的布料可直接用来绗缝被饰。使用布用染料可对素布染色，还可使色调各异的布料颜色统一。市面上有冷水、热水染色的染料，使用前者时，需晾置等待染料浸透。具体操作方法请参看使用说明。

1. 裁衣剪、布剪	13. 画粉
2. 绣花剪	14. 针
3. 齿牙剪	15. 蜂蜡
4. 轮刀	16. 绗缝珠针
5. 美工刀	17. 安全别针
6. 钢尺	18. 顶针
7. 米尺	19. 拆线器
8. 卷尺	20. 绣绷
9. 三角尺	21. 绣架
10. 圆规	22. 布用胶水
11. 可调式测量尺	23. 布用颜料、染料
12. 水消笔	

材料
Materials

下述大部分物品为手缝时的常用材料，比较专业的材料可到手工艺品店和百货商店采购。

无酸纸：可作为包裹用纸，使织物的存储更加安全持久。

珠子、珠片：这些饰品材料各异，珠子可分为玻璃珠、木珠、塑料珠和骨珠。

滚边条：滚边条为狭长的布条，用来包裹布料的毛边。既可在市面上买到成品，也可自己动手制作。

纽扣：纽扣材质多样，常见的有塑料和木质的，比较独特的有珠母纽扣和布面纽扣。除了扣接衣物，纽扣还可作为织物的装饰品，或作为绗缝被和靠垫上的系扣。

布用复写纸：可将图案转印到布料上。

绣线：常用以下3种：珠光棉线，这是一种双股丝光棉线；多股绣线，多为5股线（将线劈开可绣制复杂精美的图案）；机绣线，这种线粗细不一，颜色多样，其中比较独特的为质感十足的仿金属光泽线。

孔眼（饰环）：这些饰品多成套出售，是固定线绳、丝带等的功能性装饰品。

热烫式黏合纸：可轻松黏合两层布料，还可将贴布块黏合到底布上。使用时，先将贴布图样描绘到黏合纸上，熨热后即可黏合。

热烫式黏合衬：用缝纫机拼布时，将黏合衬粘贴到拼布块的背面，便于确定缝份。也可在布料背面添加黏合衬，使布面更加挺括。

斜格纸、方格纸、坐标纸：这些纸便于描绘装饰图案和图样。

蕾丝：不管是狭长的条状蕾丝，还是成块的方形蕾丝，用在贴布四周均是不错的装饰。

按扣：这些金属扣件可固定两块布料，例如，按扣可为靠枕套封口。

丝带：丝带用途较广，可装饰在贴布、拼布织物上，还可作为装边条。有天鹅绒、绸缎和人造纤维布等材料可供选用。

填充棉：填充棉多为棉花、羊毛或合成纤维等柔软蓬松的材料，多用于靠枕、玩具的填充物。

缝线：主要有手缝线、机缝线、疏缝线和绗缝线。手缝时，可选用纯棉线；机缝时，可选用纯棉线或聚酯棉纱混合线。疏缝线比一般的缝线结实，可临时固定多层布料。绗缝线也较为结实耐用。

复写纸：可将装饰图案转印到布料上。

描图纸：多用于描绘、转印图案。

镶边饰品：既是别致的布料边饰，又可点缀绗缝和拼布织物。这些饰品种类繁多，有穗饰、绒球带、流苏以及丝带等。

铺棉（棉絮）：铺棉柔软蓬松，用于填充拼布的内层，也可填充意大利白玉拼布的浮雕图案。铺棉取材多为棉花，也可使用丝绸、羊毛和化纤。

纱线：可用纱线缝制凸纹绗缝被。此外，纱线还可用于刺绣和棒针编织。

拉链：拉链可将两条布边拼接到一起。

1. 无酸纸	12. 热烫式黏合衬
2. 铺棉（棉絮）	13. 蕾丝
3. 珠子、珠片	14. 填充棉
4. 滚边条	15. 按扣
5. 纽扣	16. 丝带
6. 布用复写纸	17. 卡纸
7. 孔眼（饰环）	18. 缝线
8. 绣线	19. 疏缝线
9. 机绣线	20. 镶边饰品
10. 方格纸	21. 纱线
11. 热烫式黏合纸	

 布料
Fabrics

拼布、纫缝和贴布作品中常用到多种布料。这里，我们将分类一一介绍，并教你如何选用。

白棉布：这种平纹布结实耐用，重量不一，通常为白色或带有深色斑点的原色。

灯芯绒 / 优质灯芯绒（细条灯芯绒）：带有竖直罗纹的平纹布。布边为毛边，容易磨损，但用在贴布、图案较大的拼布作品上效果不错。

棉布：原料为天然的棉花，布料触感舒适，透气性好，易洗易烫，经久耐用。有彩色素布和印花棉布，用在拼布作品上色彩斑斓，效果棒极了。

不织布：在适当的温度和湿度下由羊毛纤维压缩而成。不织布容易缩水，不适合制作需经常洗涤的布艺饰品。但优点在于不易磨损，适合制作贴布饰品。

格子棉布：经线和纬线选用白色和彩色线，纵横交错即可织成彩色的格子图案。该布多为纯棉布，有时为棉混纺布。

上等细麻布：细麻布色彩多样，有素色和印花图案两类，材质为比较挺括的优质棉布和棉混纺布。

亚麻布：由亚麻的纤维制成。亚麻纱线粗细不均，造就了布料的不规则触感和丰富质感。这种布易磨损，易起皱，但很适合作为贴布作品的底布。

细纱布：这是一种织法松散的棉布或棉混纺布，多为白色或天然色。多用于意大利白玉拼布被、凸纹纫缝被和贴布的底层垫布。

玻璃纱：这是一种上浆的精细棉布，多用于打造朦胧的阴影效果。

欧根纱：这是一种透明、质地挺括的织物，材质多样，有丝绸和合成纤维，或由两者混纺而成。这种纱布多为素色，有些表面呈现金属色和闪光的彩虹色效果，多用于贴布饰品，或打造朦胧效果，也可用于雅致的拼布饰品上。

PVC/ 聚氯乙烯（醋酸纤维）：这是一种棉布做底的塑料布，质地不如普通布料柔韧，不易穿针走线。多用于缝制贴布、拼布饰品，机缝时，若预先润滑一下机缝针和自由压线压脚，缝时会比较顺畅。

贡缎：贡缎比棉布、棉混纺布更加纤细丝滑，布面光泽丰富，华贵典雅。可用在拼布饰品上，也是纫缝被的理想布料。

缎布：缎布充满光泽质感，多由棉布、丝绸或合成纤维制成。该布易磨损起皱，但用在拼布和贴布饰品上雍容华贵，效果非凡。

丝绸：又称"布中皇后"，可用在各种布艺饰品上。丝绸取材蚕丝，质地轻盈，色泽鲜亮。市面上的丝绸颜色、质地、图案、重量不一，可仔细挑选。

山东绸：又名茧绸，由粗细不一的柞蚕丝织造而成，绸面具有自然的疙瘩花纹和珍珠光泽。该绸布易磨损，但可用在拼布和纫缝饰品上。

塔夫绸：这是一种双色织的平纹织物，由天然丝绸纤维或合成丝绸纤维织就，适用于制作贴布饰品，或者打造小巧精致的拼布图案。

天鹅绒：取材于棉布、棉混纺布和化纤面料，布底织纹细密，布面的割绒细腻光滑，不倒绒。丝绒质地更轻盈，色泽更丰富，但易磨损，难以缝制。用天鹅绒制作拼布饰品时，应使各布块的绒面走向一致。

巴里纱：这种精细的纱布透明度好，多用来打造朦胧的阴影效果。与各种合成纱相比，棉纱质地更纤细，缝制时更易操作，效果更棒。

毛料：毛料是一种取材天然的织物，由绵羊毛等动物毛织成。毛料织物弹性大，导热性差，保温性能很好。化纤混纺毛织物也能具备以上特点。但是，毛织物遇水即缩，不宜水洗，故适宜作为内嵌的贴布。质地轻盈的毛料可用作拼布。

1. 灯芯绒 / 优质灯芯绒（细条灯芯绒）

8. PVC/ 聚氯乙烯（醋酸纤维）

2. 白棉布

9. 缎布

3. 不织布

10. 丝绸

4. 格子棉布

11. 塔夫绸

5. 亚麻布

12. 天鹅绒

6. 玻璃纱

13. 毛料

7. 欧根纱

技艺

Basic Techniques

这一部分展示了多款风情百变的布艺作品，件件精美绝伦，制作时运用了源自世界各地的手缝技法，有些洋溢着现代气息，有些沉淀着古代风情，将创作者的巧妙设计转变为唯美的手工艺品。这里，我们将为你奉上一桌手缝艺术的视觉盛宴：南美风情的莫拉拼布、塞米诺拼布、日本刺字绣拼布、波斯贴布、意大利白玉拼布等。动工之前，可了解一些最基础、最常用的纫缝、拼布、贴布手法，制作时就会得心应手。

拼布技法

Patchwork Techniques

　　拼布，就是将零碎布块拼接成几何图形，成为一块酷似马赛克拼图的布料。手缝或者机缝均可。其中，机缝比较快捷，但手缝的拼布呈现随意的不规则缝边，自然亲和力强。对于新手而言，建议在布下垫上绘有拼布图样的底纸，手工拼接、缝合时，有助于准确拼接成预定图形。无论手缝或者机缝，只有具备了精确的拼布模板、准确的测量与裁剪、完美的缝接和工整的熨烫，才能打造出完美的拼布作品。

拼布模板

　　有了精确的模板，才能保证各布块的尺寸、形状一致，并且能完美地组合在一起。可购买现成的模板，也可自行制作。制作时，将卡纸（硬纸板）或硬的透明塑料裁切成相应形状即可。也可制作镂空框模板，以便于观察、选取合适花色的布块。建议为各个拼布块制作新模板（手边的旧模板通常边缘磨损、变形，不利于准确拼接）。想省时间的话，可直接选购合适尺寸、形状的模板。

　　拼布模板应该包括拼布块的缝份尺寸，本书中模板预留的缝份均为0.5厘米。若需使用底纸，且需使用塑料、卡纸模板时，要准备两套拼布模板：第1套为带有缝份的模板，便于确定拼布块的尺寸；第2套为不加缝份的模板，便于在底纸上绘制拼布图样。至于镂空框模板，其外框和内框分别为布块、底纸的参照尺寸。

制作卡纸模板

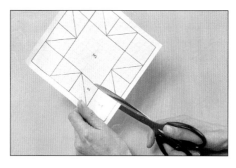

1 将拼布图样转印到方格纸上，用剪刀沿线裁下各图样。

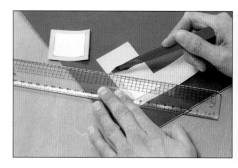

2 将拼布图样粘贴到一张略大的卡纸上，描出其缝份线，沿线裁下卡纸。

3 在缝份区轻涂一层透明的指甲油，用于加固并保护缝份。

制作塑料（醋酸纤维）模板

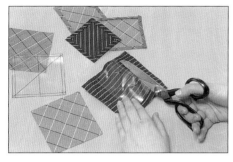

将透明塑料板放在拼布图样上，描绘出拼布图样的轮廓线。在拼布图样外绘出缝份线，沿线裁下作为模板。参照各个塑料模板，裁剪相应的拼布块。

制作镂空框模板

将一个拼布图样描绘到卡纸上，在其轮廓线外量取 0.5 厘米绘线，作为缝份线。沿着拼布图样的轮廓线和缝份线分别裁切，可形成宽 0.5 厘米的镂空框。

制作弧形模板

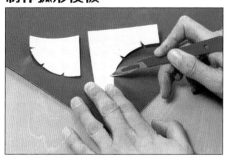

对于弧形的拼布图案，先在方格纸上弧形的缝份线上用刀刻出多个 V 形凹口，再用美工刀沿凹口切割出多个拼布图样。再裁剪相应的模板。

制作拼布布块

将模板放在布料的反面，一边和布纹对齐。使用水消笔、画粉或是软芯铅笔，沿模板的边缘在布上画线，沿线裁切。将相邻的拼布块摆放在一起，查看一下拼接效果。

裁切多片拼布块

1 该方法可一次裁切多个拼布块。首先，将一块布料进行风琴式折叠，用订书机将卡纸模板固定到折好的布上。

2 布下垫上切割垫，使用刀刃锋利的轮刀或美工刀，沿模板的边线用力切割各层布。

3 将裁切好的布块穿在一起。使用时直接从线上取下即可。

疏缝固定底纸

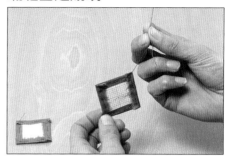

用珠针将底纸固定到布块的背面。将布边的缝份向纸面折叠，或熨平缝份。线的末端不用打结，沿着缝份区的中心线，将一条布边和底纸疏缝在一起，缝到布角时，压平邻边的缝份后接着疏缝，依次将各边疏缝到位。由于缝线的末端并未打结，作品完工后可自由拆除疏缝线。

用黏合衬加固拼布块

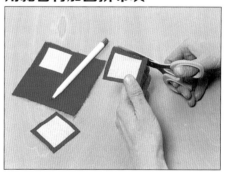

机缝前，除了用底纸加固拼布块，还可使用黏合衬。在一大块黏合衬上标记出各个拼布图样的边线。先沿整个拼布图样的外轮廓线裁下黏合衬，再裁切成小块。小块黏合衬摆放在布料的反面，熨烫黏合，并在布料上绘出各片黏合衬外围的缝份线。沿线剪下布块，或用轮刀一次裁切多个布块。

拼接、缝合拼布块

将拼布块组合搭配花色，摆放成相应的拼布图案，满意后就可动手拼接。这里有多种拼接方法以供参考，依据喜好，可以选择手缝或机缝。

手缝法

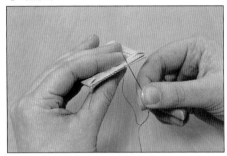

两片拼布块正面相对叠齐，先用珠针固定布料的边角，再沿待拼接的布边等距离插入固定。如图所示，拼缝时可用卷针缝，将针从一侧布边的一角插入，线斜绕过布边再入针，布边可形成小而工整的倾斜线迹。注意，手缝时可依次拆除珠针。

旗帜连缝法

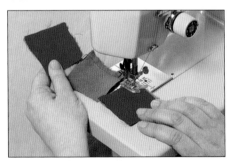

旗帜连缝法可让你不用换针、一次缝合多组拼布块。各组拼布块正面相对叠齐，摆成一竖排，用珠针粗略固定。放下缝纫机的自由压线压脚，沿一组拼布块的缝份线机缝，边缝合边拆除珠针。缝合该组布料后，不要剪断缝线，留一段空线作为连线，机缝下一组。缝合完毕后，再剪断各组拼布块间的连线。该方法可一次拼缝多组布块。熨烫缝份时，注意不要左右错开各组布的缝份，应使其倒向一侧，以便隐藏缝合线，使拼布正面更加平整。

拼接两行拼布块

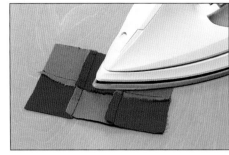

无论手缝还是机缝，在珠针固定、缝合两行布块前，应该确保缝份的尺寸一致。还应该纵向、横向分别熨烫缝份，减少拼布正面的凸起纹。

直角嵌布法：拼布盒

直角嵌布法，即将一片拼布块拼缝到形成直角边的两块拼布顶部。缝制竖直的直角边时，先取两片拼布块，正面相对且一边叠齐，从该重叠边的一端入手，沿缝份线缝合两布，一直缝到距离另一端布角0.5厘米处，再用回针缝缝合布角。各块布料正面相对，将一片拼布块盖在竖直的直角边上，各边叠齐，用珠针将3块布的两条叠边固定好，从夹角处向外缝合一叠边，再缝合另一叠边。取熨斗，将顶部嵌缝布上的缝份向着盒体外侧熨平。

小边条、大边条

小边条和大边条的手工剪裁、缝接方式相同，但用途不大相同。小边条用在拼布的内部，点缀在各个拼布块之间，或嵌缝在各组拼布块之间。而大边条则点缀在拼布的外围，用来包裹和隐藏布料的毛边。

带状边条

为手缝被添加边条时，先量取被长和被宽，裁剪两条（和被长等长的）长布带，作为长边的边条；再裁剪两条尺寸相同的短布带，其长度应是被宽加上边条的两倍宽度，作为短边的边条。被子和边条正面相对，将两条长边条缝合到被子长边上，同理缝合两条短边条。最后，用熨斗将各个缝份向着被子的外侧熨平。

斜接边条

裁剪4条边条时，可参考上述尺寸，但该边条需剪成斜角，故长度需另加5厘米，再分别缝到相应被边上。手缝相接的两条边条时，将两边条溢出被边的部分向下折叠45度，熨平折边，用藏针缝缝合对接的斜边。机缝斜接的边条时，应使边条、被边的反面向上。将各个溢出被边的边条折叠45度。沿折痕用珠针固定每组斜接边，再机缝每组折边即可，最后熨平缝份。

小木屋拼布被

小木屋拼布被上是一种中间为正方形，再以旋涡状向外扩散的图案。应先用珠针固定，再从中心向外拼接各块拼布条。先取一小块正方形布，作为拼布被的中心，将各块拼布条用珠针固定到四周，边缝合边剪掉多余的布边。注意，每一块拼布条均比上一条略长，并以逆时针的方向拼接。依此类推，可在正方形的外侧拼接无数层拼布条，最后，斜接拼缝最外层的拼布条。可以制作几组花色不同的小木屋图案，拼在一起即一条漂亮别致的拼布被。

拼缝技艺

Quilting Techniques

手工被有3层：外层为饰有图案的被面，中心为保暖的铺棉（棉絮），而底层为被里。除了传统的直线外，还可采用规则的网格、精致的花样针迹缝合3层布料。还可为手工被添加边条、纺缝奖章、法式结粒绣和被角边饰等装饰元素。传统意义上，多采用多行针脚细密的平针缝制被子，以达到更好的保暖效果。现在，由于科技的发展和新式纤维的兴起，已无需采用平针缝来达到保暖需求，故而，纺缝线迹的工整美观和艺术美感成为最重要的考虑因素。

疏缝

被里正面向下放置，将铺棉平铺在被里和顶层的被面中间，被面的正面向上。疏缝时，取一段与被子色差对比鲜明的缝线，穿针后打结。注意，应从被子的中心向外围疏缝，对被子的水平、竖直和对角线方向进行大针脚的固定。如采用缝纫机疏缝，可在被边多加几条疏缝线。

手工纺缝

将内层绷圈放置在平台上，将疏缝好的3层被子放在绷圈上，再将外层绷圈放置其上，旋转绷圈上的螺丝，卡紧，使布料拉伸平整。一只手握住绷圈和布料，另一只手从被子的正面穿针纺缝，应穿透3层布料出针。

机器纺缝

若用缝纫机在被子上进行直线针迹或网格针迹的纺缝，可使用纺缝压脚，使机缝针更易穿透较厚的布料。若进行图案复杂的自由纺缝时，可以去掉缝纫机的压线压脚，降低压脚杆即可。纺缝时，可用手或绣花绷拉紧布料，建议慢速纺缝，以便准确地控制针迹走向。

贴布技法

Appliqué Techniques

点缀用的贴布块可选用丝绸、毛料、棉布等布料，以结实耐用、布纹细密的布料效果最好。贴布造型、图案千变万化，只要喜欢，都可大胆尝试。本书的布艺作品除了展示缝接、内嵌、反缝等常用手法外，还展示了波斯贴布、镂空贴布、花式贴布、夏威夷贴布和彩绘玻璃贴布等来自世界各地的奇特手缝技法。

热烫式黏合纸

  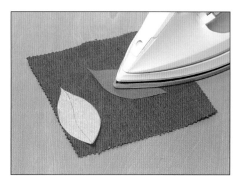

1 将黏合纸放在不织布的背面，熨斗加热时，黏合纸的胶层融合在布的背面，黏合比较快捷、方便。操作时，先将图样描绘到黏合纸的纸层。

2 使用刀刃锋利的剪刀、轮刀或美工刀，沿着图样的轮廓线裁剪黏合纸。熨斗加热后，将其黏合到不织布的背面，沿黏合衬边缘剪布，作为贴布块。

3 撕下贴布块背面的纸层，用熨斗加热后黏合到底布上。最后，将缝纫机调整为 Z 形针法，沿着贴布块边缘绷线加固。

珠针固定、疏缝

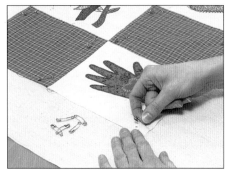

将贴布块固定到底布上时，应沿着前者的缝份线插入珠针（或安全别针）。操作时，先在底布的正面标出贴布块的定位线，再将各片贴布块摆放在底布上。如果贴布块为两层，应先摆放底层，再将装饰花摆放到上层。或用双面胶带黏合两层贴布，再摆放、热烫到底布上，最后沿缝份线插入珠针固定。

下图：这朵四色的八瓣太阳花贴布可是精心手缝的哦！

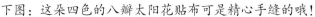

手缝针法

Stitches

机缝时，最常用的为直线针迹，并在每一行线迹的末尾用回针缝加固。使用缝纫机疏缝时，可将针脚设定为最大值。若用缝纫机进行贴布缝和不规则拼布时，可将其设定为小针脚的 Z 形针法。以下所列的手缝针法简单易学，多次在本书展示的作品中使用。

平针缝（Running Stitch）

平针缝是手工绗缝的主要针法，也可缝合拼布和被边。缝制时，针脚应该长短一致，最好小于 3 毫米，一次可多缝几针再拉紧缝线。这种针法也可用在日本拼布作品和印度刺绣作品上。

双面平针缝（Holbein Stitch）

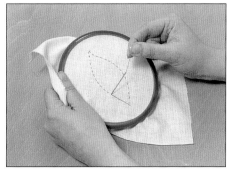

先在布料上缝一条平针线迹，再从该线的末端出发，沿原线迹的空白位置反向缝一条平针线迹。

藏针缝（Slip-Stitch）

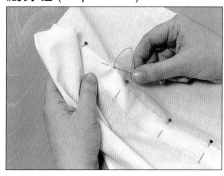

该针法多用来将贴布边、滚边条等布边缝接到另一布料上。缝制时，先在布料上挑一针，再从对应位置的折边上挑一根线入针，线拉紧时 2 块布贴紧。注意针距应该细小均匀。

卷针缝（Whip Stitch）

该针法多用于缝合两块布料的折边或毛边，布边上的线迹斜向平行，又称作包边缝。缝线穿过两层布料出针，针线呈斜角绕过布边，从布边的另一侧入针，依此类推，在布边上缝出一排平行的斜线。

刺针缝（Stab Stitch）

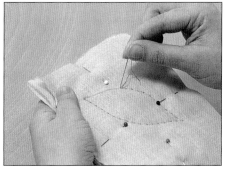

手工绗缝比较厚的布料时，可用该针法替代平针缝。握针时，缝针和布料成直角，针向下刺穿布料，再从对侧布料向上入针，每次只缝一针。该针法还可在绗缝作品上绣出装饰图案。

锁边缝（Blanket Stitch）

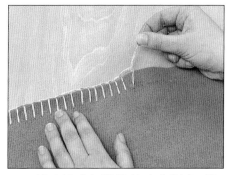

锁边缝或扣眼缝针法多用在不织布、毛毯等不易磨损的布料上，既可加固毛边，又能起到装饰作用，还可用来缝合折边。缝针从布料的反面入针，从正面出针，针尖向上对着布边，将末端的线在针头绕成一个环，针从环中穿过，拉紧线，针再从反面入针，出针后再穿过布边的线。线拉紧后可在布边形成直角线迹。若选用和布料颜色反差鲜明的缝线，锁边缝线迹的装饰效果更好。

基础技法
General Techniques

寻找布纹

　　沿着布纹剪裁布料，布边会更加整齐。操作时，先在布边上剪一个小口，从中抽出一根线，沿此虚线剪开布料。若在布料的毛边抽掉多根线，即可形成自然的散边，还可从四边抽线形成一个正方形的流苏边。若要使装饰图案位于布料的正中心，则需找到布料的直纹进行定位。

放大图样

　　将图案描绘到一张方格纸上。另取一张空白纸，纸的大小与放大后的图案大小一致，在纸上画出相同数量的大方格。参照小方格纸上的图案，每次转移一个方格，就将图案描绘到大方格纸的对应位置上。

在布料上转印图案

1 将图案描绘到布用复写纸上。布料背面向上，带图案的复写纸放置其上。取铅笔用力描出图案的轮廓线。

2 采用针戳印图法也可将图案转印到贴布、纤缝用布的正面。操作时，用描迹轮滚过图案的轮廓线，将图案转印到纸上。也可用未穿缝线的缝纫机，在纸上刺出图案的轮廓线。再将刺孔的纸放在布料的正面，使用画刷或者海绵，用画粉扫过刺孔的轮廓线，布上散落的画粉即为图案的轮廓线。

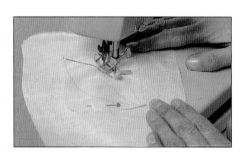

3 将图案描绘到薄绵纸上，用珠针将其固定在布料的反面，沿着图案的轮廓机缝。撕去薄绵纸，布上的线迹即为图案轮廓。这种转印方法常用在精细、轻盈的布料上。

下图：这款拼布拉绳袋上的图案俏皮可爱，转印的效果一点都不差呢！

制作滚边条

滚边条常用来为布料嵌边，也可用在彩绘玻璃贴布作品上。制作时，沿着布料的直纹裁下一块正方形布，沿对角线斜折，缝合三角形的两条散边。熨烫缝份，修剪毛边。在布上描绘多条和折边平行的线条，将布料沿着折边向外卷折成筒，使布料的顶点压在折边下第1条线的中心点。沿该线用珠针固定并缝合。取熨斗熨烫缝份。沿各条线痕裁剪布料，成为一条长长的滚边条。也可沿着布料的对角线斜剪多条布带，缝合后烫平，即为一条长滚边条。

添加斜接的滚边条

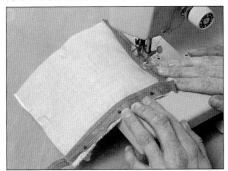

1 将滚边条机缝到一条布边上，靠近布角时将针脚放小。缝到距角0.5厘米处，抬高缝纫机的压线压脚，将布料转动90度，滚边条在布角处形成一个凸起褶。放下压脚，将滚边条缝合到相接的邻边上。

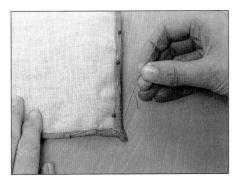

2 将滚边条向下折，包裹住布边，用珠针固定后手工缝合。缝到布角时，将滚边条的凸起褶从中斜向剪开，用藏针缝斜接缝合。

制作信封式靠垫套

依据靠垫芯的大小，各边外加1厘米的缝份，裁剪一块相应尺寸的正方形布，作为枕套的前片。另裁一块布作为枕套的后片，该布应比前片枕套的一边长2.5厘米。将该布纵向裁开。熨平裁边，将两条裁边向下折1厘米折边。将枕套的前片和后片正面相对叠齐，用珠针固定四边，两块后片布在裁边处略微重叠，形成信封式开口。缝合前后片枕套的四边缝份，喜欢的话，可在四边缝上滚边条或添加流苏。最后，斜剪布角，熨平缝份，将枕套从开口处翻到正面。

镶贴纸样

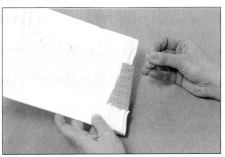

将绘有图样的纸平铺在布上，纸边用布包裹住，拉紧布边。取一根结实的缝线，先纵向缝合一条长边，再横向缝合相邻的短边，再缝合其他两边，边缝边拉紧缝线。用双面胶带将其黏合，镶贴到硬卡板上。

制作拉绳袋

1 裁剪两块等大的长方形布，作为袋子前、后片的表布。两布正面相对叠齐，缝合侧边和底边，留下顶部的短边先不缝合。再裁下两块等大的布料，作为袋子的里布，两布叠齐，缝合两条长边（袋子的侧边）。在一条短边的中间量取5厘米，从这两个端点向外一直缝到布角。将外层、里层袋布正面相对叠齐，用珠针固定各边，缝合两布的顶边。修剪缝份。从袋子里布的5厘米开口处将袋子翻到正面，用藏针缝缝合里布上的返口。

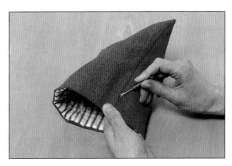

2 将里布塞进去并熨平。制作袋子的拉绳通道时，从顶边向下量取1厘米，在此处绕着袋身机缝一条线，下移1厘米再缝一条线。用拆线刀拆去夹在两缝线间的侧边缝线，侧边上形成一个开口，开口内穿进拉绳即可。

作品 *Projects*

天鹅绒围巾
Velvet Scarf

这款宽宽的天鹅绒围巾雍容典雅，两端饰以正方形的丝绸、天鹅绒拼布块，巧妙地斜拼成规则的菱形方格，末端的锯齿边上下起伏，十分别致，使整款围巾华贵又不失生动。

材料

- 薄卡纸、铅笔
- 美工刀
- 裁衣剪
- 粉色、红棕色、褐色的丝绸和天鹅绒碎布
- 1块1米×90厘米的天鹅绒布
- 缝纫机、配色线
- 熨斗
- 珠针
- 1块1.8米×40厘米的丝绸（里布）

准备

参看拼布色调搭配图，确定拼布块的数量和形状。围巾每一端需使用26块拼布块。先从卡纸上裁出一个边长为9厘米的正方形。依照此模板，从丝绸和天鹅绒布上共裁下24块红棕色、14块粉色和14块褐色布块。取4块粉色布块，将3块布块沿对角线斜裁一分为二，将另一块斜裁成4个等大的小三角形。将6块褐色布块斜裁一分为二。依据图示摆放各块布，形成两组相同的拼布图案。将天鹅绒布横向裁开，拼缝成2米×45厘米的天鹅绒布带。

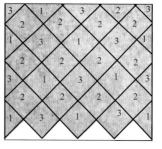

配色：
1 = 褐色
2 = 红棕色
3 = 粉色

1 依据拼布搭配图的斜向行列，将拼布块缝接成布带，再缝成一整块拼布。三角形布块缝到拼布的两侧和顶部，形成整齐的顶边和侧边。熨平缝份。缝合另一块拼布。两块拼布花色、造型完全相同。

2 测量拼布的顶边，依此尺寸修剪天鹅绒布。用珠针将两块拼布的顶边固定到天鹅绒布的两端。沿拼布内的菱形边线用机缝，使拼布固定到围巾上，再在拼布和围巾的接缝处压上Z形线迹。修剪边线，熨平接缝处。

3 天鹅绒围巾和丝绸正面相对叠齐，用珠针固定各边。机缝各边，并在一长边上留返口。修剪毛边，斜剪4个布角。从返口处将围巾翻到正面，取熨斗烫平。再用藏针缝缝合返口。

天鹅绒家居鞋

Velvet Slippers

缝制这款舒适的儿童家居鞋时采用了天鹅绒和丝绸碎布。手工绗缝的鞋面上点缀了一些印度刺绣花纹。这种密集排布、呈放射状的刺绣针法多用在印度绣花被上。

材料

- 描图纸、铅笔
- 裁衣剪
- 30 厘米 ×90 厘米的天鹅绒布
- 30 厘米 ×90 厘米的丝绸
- 15 厘米 ×90 厘米的白棉布
- 针、疏缝线
- 美工刀
- 1 对鞋内底
- 画粉
- 布用胶水
- 金属色线
- 缝纫机、配色线
- 珠针
- 1 对鞋底
- 4 束流苏

准备

将下述图样均放大一倍复印，用描图纸描到硬纸上。依照纸样，从天鹅绒布和丝绸上各裁下 4 块 1/2 鞋面；从白棉布上裁下 4 块里布，分别疏缝到天鹅绒鞋面的反面；取一对白色鞋内底，放到天鹅绒布上，预留缝份，裁出天鹅绒鞋底。

1 将鞋内底放到天鹅绒鞋底的反面。鞋底的缝份上剪多个牙口，缝份折回包裹住鞋内底。取布用胶水黏合缝份，熨斗熨平。

2 使用缝纫机和金属色线，采用小针脚，在天鹅绒布上绣一些装饰花纹。将每两片天鹅绒布沿着中间缝份线缝合，作为天鹅绒鞋面，同理缝合每两片丝绸，作为鞋面的里布。将天鹅绒鞋面和丝绸里布正面相对叠齐，沿着鞋面前边缝合。将鞋面翻到正面，再疏缝其他几条毛边。

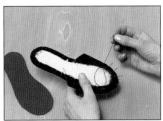

3 用珠针将鞋面固定到鞋内底上，用藏针缝缝合到位。

收尾

将鞋底粘到刚才缝制的鞋体上时，注意隐藏住毛边。晾干。将流苏缝到每个鞋面的中心。

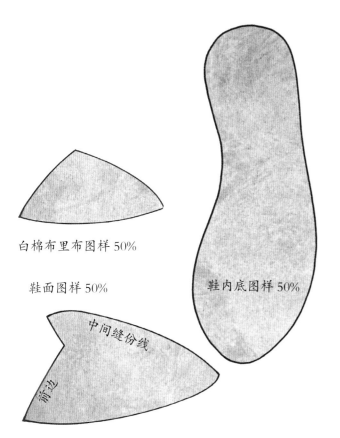

白棉布里布图样 50%

鞋面图样 50%

中间缝份线

前边

鞋内底图样 50%

不规则拼布靠枕

Crazy Patchwork Cushion

这款靠枕上的花式拼布形状各异，随意排列成不规则的几何造型，一眼看去，酷似瓦砾铺就的路面。裁剪拼布块时，可选取质感相似、色调反差和谐的布料，打造专业的拼布效果。

材料

◆ 裁衣剪
◆ 60 厘米 ×90 厘米的棉布
◆ 薄卡纸、铅笔
◆ 6 种色调不一的碎布料
◆ 珠针
◆ 针、疏缝线
◆ 配色线
◆ 熨斗
◆ 长 1.8 米的棉布流苏
◆ 缝纫机
◆ 长 38 厘米的拉链
◆ 边长为 45 厘米的正方形靠枕芯

准备

从棉布上裁下两块边长 46 厘米的正方形布块。扩印拼布图样，使其为边长 46 厘米的正方形，再裁下等大的薄卡纸，在纸上描出各条轮廓线，作为靠枕面的拼布模板。作为靠枕面的这两块棉布应选用纹理粗糙的棉布，构成不规则拼布的各个拼布块应选用织纹稀疏、质感丰富的装饰布。

收尾

熨平两块正方形布块，将其正面相对，用珠针将棉布流苏固定到一块棉布的布边上。沿着缝份，缝合两层布的 3 条布边。翻回正面，装上拉链装入靠枕芯，完成。

1 依据模板上的拼布图案，并预留 0.5 厘米的缝份，从各色碎布上裁下造型各异的拼布块。

2 从卡纸上裁下各个拼布块的模板，疏缝到对应布块的背面。用珠针固定后疏缝到一块棉布上。

3 使用与拼布块颜色一致的缝线，用藏针缝将各布边缝合到底层棉布上，形成一块不规则图形的拼布。

靠枕面拼布图样 33.3%

不规则拼布针插

Hatpin Cushion

天鹅绒、丝绸、缎布在这里大显身手，剪裁成造型、花色各异的布块，拼缝成一个五彩缤纷的布艺针插。

材料

- ◆ 裁衣剪
- ◆ 描图纸
- ◆ 圆规、铅笔
- ◆ 丝绸、天鹅绒、缎布的碎布块
- ◆ 50 厘米 ×90 厘米的白棉布
- ◆ 珠针
- ◆ 缝纫机、配色线
- ◆ 熨斗
- ◆ 铺棉
- ◆ 针

准备

从纸上裁下一个直径18 厘米的圆，作为针插顶盖、底盖的纸样；再裁下一个 52 厘米 ×10 厘米的长方形，作为针插柱身的纸样。依据纸样，裁下一个丝绸底盖、一个白色棉布顶盖和一个白色棉布柱身。从丝绸、天鹅绒布上分别斜裁下一条 52 厘米×5 厘米的滚边条。

1 缝合白棉布柱身的两短边，撑开成环形，再与丝绸底盖缝合。白棉布顶盖和柱身正面相对，用珠针固定后缝合，注意留返口，将布料从返口处翻到正面。修剪整齐，整烫布面，从返口内塞入铺棉。缝合返口，作为针插的棉布内层。

2 从 3 种布料上裁下形状不一的拼布块。折边后摆放到一起，形成自然、随意的拼布图案，机缝形成一整块拼布。依据纸样，裁下等大的拼布顶盖。将丝绸和天鹅绒布裁成多个小正方形，拼接缝合形成一条 52 厘米长的拼布带。丝绸、天鹅绒滚边条沿布带长边拼放在一起，拼布带放到两布条的接缝线上，用珠针固定，各条毛边下折后机缝固定，形成一条拼缝的布带。

3 该布带对折成环形，作为拼布柱身，将正面向下的拼布顶盖放其上，用珠针固定后缝合，熨烫平整并翻到正面。

4 将拼布罩在棉布针插的外层，折边向内压紧，用藏针缝缝合两层布料。

方格纹亚麻拼布被

Square Linen Quilt

丝光刺绣棉线绣制的小圆点排列规则，为亚麻被打造出典雅大方的仿古方格纹，被边饰以三排针脚均匀的平针线迹，使整款被子色调素雅，风格简朴，却又在细节中透着高雅和精致。

材料

- 水消笔
- 边长为90厘米的正方形白色亚麻布
- 直尺
- 珠针
- 针、疏缝线
- 边长为90厘米的正方形铺棉
- 2束深蓝色丝光刺绣棉线
- 大孔幼缝针
- 边长为90厘米的正方形白棉布
- 配色线
- 裁衣剪

1 使用水消笔，在亚麻布的一侧边上每隔5厘米描一个小圆点。做标记时，注意使最顶部、最底部的圆点与上、下边和侧边的距离相等。在每个圆点处从布上横向抽出一条纬线（参看P336基础技法），在布上形成多条虚线。

2 将亚麻布翻到反面，用水消笔在每条虚线上每隔5厘米描一个圆点，描完后再翻过来。

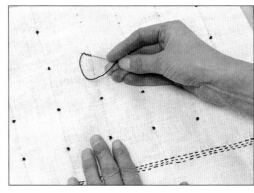

3 将亚麻布和铺棉疏缝到一起。使用深蓝色的丝光刺绣棉线，从布料的中心向外绣，每个圆点处绣一个法式结粒绣。最后，使用平针绣和深蓝色棉线，紧贴亚麻布边的内侧手缝三条针脚均匀的装饰线，作为被子的边饰。

收尾

将白色棉布和亚麻布正面相对叠齐，用珠针固定好。机缝两层布边，并在一边上留返口。从返口处将布料翻到正面，用藏针缝缝合返口，熨平两层布面。在三条装饰线内侧机缝一条线，以固定被子内层的铺棉。

卫浴间贴布纱帘
Bathroom Curtains

这款巴里纱质地的窗帘明快轻盈，纱帘上点缀了几个浅粉色调的贴布缝贝壳造型，扣眼缝线迹点缀在贝壳的轮廓线上，使其不易散边，且为贝壳增添了几分灵动。

材料

◆ 1 幅巴里纱窗帘
◆ 描图纸、铅笔
◆ 25 厘米 ×90 厘米的乳白色巴里纱
◆ 布用复写纸
◆ 珠针
◆ 针、疏缝线
◆ 绣花绷
◆ 浅粉色丝光刺绣棉线
◆ 大孔幼缝针
◆ 绣花剪

1 将贝壳的图样描到描图纸上。描图纸下方依次放置布用复写纸和巴里纱，在描图纸上沿着贝壳轮廓线描图，将贝壳转印到最下层的巴里纱上。

2 对齐两层纱的布纹，将描好的巴里纱放在纱帘正面的预定位置上，用珠针固定并疏缝。将绣花绷卡在贝壳图案的外围，使用浅粉色丝光刺绣棉线，用扣眼绣针法绣出贝壳的外围轮廓线，交错使用平针绣和轮廓绣针法绣出贝壳的内层轮廓线。

准备

购买一幅和卫浴间窗户大小相符的巴里纱窗帘。在纸上描绘出窗帘的草图，仔细对比，决定所需贝壳的位置和数量，并标记在草图上。这款巴里纱尺寸为 25 厘米 ×90 厘米，可用来绣 6 个贝壳贴布。

收尾

同理，可在纱帘上添加多片贝壳贴布。使用绣花剪，紧贴着贝壳的外围刺绣线剪去图案外的巴里纱。

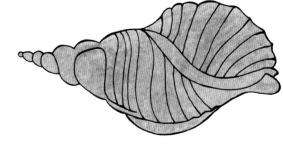

345

花样布衣茶壶罩

Teapot Cover

这款茶壶罩花团锦簇，刺针缝线迹点缀在片片花瓣的外围，既突出了绚丽的花朵，又添加了几分手作的温馨。玉色的茶壶有了这件雅致的花样外衣，茶水也仿佛倍加浓郁香醇。

材料

- 布用复写纸、铅笔
- 裁衣剪
- 50厘米×90厘米的花朵印花布
- 50厘米×90厘米的铺棉
- 珠针
- 针、疏缝线
- 配色线
- 小片魔术粘

准备

依照茶壶的大小，扩印右侧的图样。依据纸样，预留0.5厘米的缝份，从印花布上裁下4块壶罩侧片和两块壶罩底片，从铺棉上裁下两块壶罩侧片和一块壶罩底片。

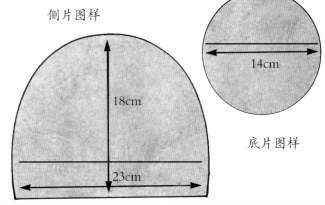

侧片图样

18cm

23cm

14cm

底片图样

1 取两块印花布侧片，正面相对叠齐，并疏缝上1块铺棉侧片，再沿着弧线边缝合两层布料和铺棉。同理，将剩余的印花布侧片、底片和对应的铺棉缝合到一起。修剪缝份。熨平缝份，从直线边将侧片印花布翻到正面。用缝纫机在弧线边内1厘米处缉线固定。

2 采用刺针缝，沿着印花布上花朵的轮廓添加装饰线，为每个花朵打造浮雕效果。这种在图案边缘添加装饰线的方法也可用于装饰绗缝被。

3 用珠针将两块壶罩侧片沿直线边固定到一起，再缝合。沿着缝合线，修剪缝份外的毛边。

收尾

将壶罩底片的印花布翻转到正面后疏缝加固，布边向内折进1厘米，沿着折边机缝，包裹住毛边。最后，缝上小片魔术粘将上部封口。

格网贴布锅垫

这款凸显直线、方格的锅垫，创作灵感源于英国著名建筑学家查尔斯·别尼·麦金托什的设计。如果你有幸参观他设计的格拉斯哥艺术学院的话，就能切身领会其设计风格的经典所在。

材料

- 裁衣剪
- 边长为 30 厘米的正方形黄褐色布
- 20 厘米 ×26 厘米的粉红色棉布
- 22 厘米 ×24 厘米的铺棉
- 26 厘米 ×28 厘米的蓝白方格布
- 珠针
- 针、疏缝线
- 熨斗
- 配色线

准备

从黄褐色布、粉红色布上分别裁下 4 块、8 块边长为 6 厘米的正方形布块。再从黄褐色布上裁下一块和铺棉尺寸等大的长方形。将铺棉居中摆放在蓝白色方格布的反面，并疏缝固定。

1 各片小正方形布的布边向下折少许。如图所示，用珠针将 4 块黄褐色布固定到方格布正面的中心。用珠针在方格布的四角各固定一块粉红色布，再在 4 条布边的中心各固定一块粉红色布。

2 采用藏针缝将上述彩色布缝到方格布上。方格布翻到反面，在铺棉上平铺长方形的黄褐色布。将方格布的布边向内折，再卷折一次包裹住铺棉和黄褐色布边。采用藏针缝以斜向滚边法缝合 4 条布边。将方格布翻到正面，在一条布边的中心缝上对折成环形的粉红色布带，用于悬挂锅垫。

教堂之窗拼布针线袋

Cathedral Window Needlecase

这款拼布作品貌似极度复杂，令人望而生畏，实际操作起来却非常简单。缝制时，各块拼布层层叠加，保暖效果不错。绗缝手工被时可借用这一拼布手法。

材料

- 塔夫绸碎布
- 裁衣剪
- 熨斗
- 珠针
- 手缝针、配色线
- 欧根纱碎布
- 里布
- 缝纫机、配色线
- 4 片不织布
- 齿牙剪
- 纽扣

准备

　　沿着塔夫绸的直纹，裁下 8 片正方形的绸布。绸布大小应为成品拼布图案的两倍。将绸布边向下折少许，取熨斗熨平。

1 将各块正方形绸布沿对角线折叠，找到中心点后打开，熨平折线。

2 将绸布的四角折向中心点，熨平折边，并用珠针固定，成为小正方形绸布。

3 布角再次折向中心点，熨平新折线，并用珠针固定。将折向中心点的 4 个布角用小针脚缝在一起。

4 取两块上述绸布反面（无折线的一面）相对叠齐，采用卷针缝缝合一条布边。将其他 6 小块绸布分成 3 组沿一边缝合，再拼缝成两行。

5 量取任一小块绸布上半条对角线的尺寸。以此尺寸作为边长，从欧根纱布上剪下 10 块正方形布块。每块纱布斜放在绸布上斜边组成的各个菱形上，用珠针固定。将纱布下绸布的 4 条斜边均向外卷折成弧形，盖住纱布的毛边，用藏针缝缝合绸布的弧线边。同理，将绸布上的各条斜边向外卷折成弧形并缝合，形成双色搭配的教堂之窗拼布图案，作为针线袋的表布。

6 依据表布的尺寸，预留 0.5 厘米的缝份，裁下相应大小的里布。里布的缝份向下折。表布和里布反面相对叠齐，采用藏针缝缝合。在长方形袋身的一条短边中心点缝一粒纽扣，在对侧布边的中心点缝上对折的布带，作为环形扣带。将袋身对折成正方形，用齿牙剪裁下 4 块正方形不织布。将不织布放进针线袋内，布的底边和袋子折线处的里布缝合在一起。

折叠星拼布针插

Folded-star Pin Cushion

一眼望去，这款针插的拼布造型十分复杂，实际制作则容易多了。将正方形布块折叠成三角形，拼放到底布上，即可形成折叠星拼布图案。各块三角形布块层层叠加，布边无需留缝份，与严格意义上的拼布手法有所不同。

材料

- 两种颜色的塔夫绸碎布
- 裁衣剪
- 熨斗
- 棉布
- 珠针
- 手缝针、配色线
- 圆规、铅笔
- 天鹅绒碎布
- 缝纫机
- 填充棉

1 取一块长方形绸布，将折边的两个布角折向中心线，折翼形成一个直角三角形，剪去超出三角形底边外的布边，熨平折边。将其余各块绸布折成三角形，并熨平折边。

2 取4块A色三角形布，相邻折边对齐拼放到底布上，并使各个顶角位于底布的中心点，形成一个正方形。用珠针固定各条折边，用藏针缝将其缝合到底布上。

准备

从A色塔夫绸碎布上裁下12块5厘米×9厘米的长方形，再从B色绸布上裁下8块等大的长方形。各块绸布的一条长边向下折进0.5厘米。从棉布上裁下一块边长为20厘米的正方形，作为拼布用的底布。将该棉布沿着两条对角线折叠，并用熨斗熨平折线。

3 堆叠第2圈三角形布块时，取8块B色三角形布块围绕底布的中心点摆放成一圈。摆放时，先取4块B色三角形布块叠放在第1圈A色三角形布块的上层，其顶角距底布中心点应为2厘米。再取4块B色三角形布块斜铺在四个对角方向，其顶角距底布中心点也应为2厘米。用珠针固定各布块，用藏针缝将折边缝合到底布上。

4 同理，将其余8块A色三角形布在最外围摆成一圈，其顶角距底布中心点应为4厘米，用珠针固定后，采用藏针缝将各个顶角、折边缝合到底布上。

收尾

将圆规的针尖置于拼布的中心点，笔尖尽可能贴近拼布的边缘画圆。沿圆形轮廓线裁剪布边。从天鹅绒布上裁下一块等大的圆形布。将天鹅绒布和折叠星拼布正面相对叠齐，沿布边缝合两层布料，熨平缝边，并留一个返口。从返口处将布料翻到正面，往两层布料内放入一些填充棉，使其鼓成中间蓬松的圆垫，再用藏针缝缝合返口。

拼布小熊玩偶

Patchwork Bear

如图所示，彩色的绸布裁剪成了规则的菱形拼布块，巧手拼接之后，呈现出一款憨态可掬的立体小熊玩偶，整体手作沿袭了早期制作拼布布偶的流行风尚。

材料

- 薄卡纸、铅笔
- 美工刀
- 50 厘米 ×90 厘米的热烫式黏合衬
- 裁衣剪
- 熨斗
- 各色绸布块
- 珠针
- 缝纫机、配色线
- 针、疏缝线
- 轮刀
- 填充棉

准备

扩印右侧的 1/2 小熊图样，并描绘到卡纸上，裁下作为模板。扩印 A、B 的布块图样，描绘到卡纸上，裁下作为纸样，并转印到黏合衬上。裁下足够数量的 A 黏合衬，再裁下两倍的 B 黏合衬，热烫到各色绸布的背面，预留 0.5 厘米的缝份，裁下各块拼布块。注意，A 布块应选用同色（这里为黑色）的绸布，B 布块应从其余各色绸布上裁剪，且深浅色 B 布块的数量相等，总数量是 A 布块的两倍。缝制拼布盒时，需用一块浅色和一块深色拼布块搭配，A 位于浅色 B 和深色 B 的上方。注意，各个盒体的深、浅色布的左右排列保持一致，为拼布小熊打造立体感。

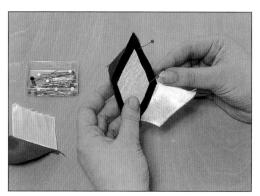

1 取一块浅色 B 和一块深色 B 拼布块正面相对叠齐，沿一条布边缝合后，两块布的顶边形成直角边。用珠针将一块 A 拼布块固定到直角处的两条布边上，从直角处入手，沿缝份线向外缝合一条布边，再从直角处向外缝合另一条布边。具体缝合方法可以参看 P336 的基础技法。

2 采用直角嵌布手法缝出多个拼布盒，使用缝纫机拼缝成行。注意，各个拼布盒的缝份倒向保持一致。用针线将各行拼布盒疏缝到一起，再仔细缝合各边。最后，取熨斗纵、横向分别熨烫缝份，形成一大块盒子拼布。

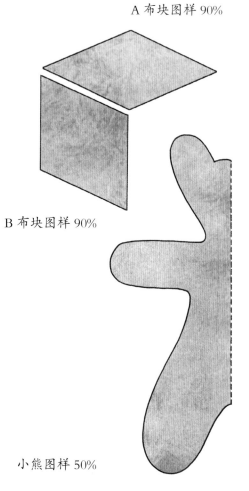

A 布块图样 90%

B 布块图样 90%

小熊图样 50%

收尾

依据 1/2 小熊模板，无需预留缝份，从黏合衬上裁下两片整体小熊布块。将盒子拼布裁成两块，背面用熨斗烫上黏合衬加固。一片拼布沿中线折叠，将 1/2 小熊模板夹在两层布中间，模板外预留缝份，用轮刀裁出一片整体小熊布块，再裁一片。两片小熊布块正面相对叠齐，从腿部的内侧入手，沿着小熊的轮廓线缝合两层拼布，并留 5 厘米的返口。斜剪转角处的布边，修剪缝份外的毛边，并熨平。从返口处将小熊翻到正面，填入足量的填充棉，使小熊的身体鼓起来，用藏针缝缝合返口。

天鹅绒拼布沙发巾
Velvet Throw

这款天鹅绒拼布作品色彩鲜艳，制作时，只需将各组三角形拼布块对接成双色菱形，再拼接成满天星造型即可，手法简单，效果非凡。喜欢的话，可制作一款拼布被或是拼布靠枕，让百变布艺演绎精彩无限的色彩派对。

材料

- 薄卡纸、铅笔
- 热烫式黏合衬
- 美工刀
- 熨斗
- 各色天鹅绒碎布
- 轮刀
- 珠针
- 缝纫机、配色线
- 丝绸里布
- 手缝针、配色线

准备

先确定三角形拼布块的尺寸。在纸上画一个等腰三角形，底边为斜边的 1/2，再描到卡纸上。测算出所需三角形拼布块的数量，用美工刀从黏合衬上裁下相应数量的三角形。将黏合衬热烫到各块天鹅绒布的背面，预留 0.5 厘米的缝份，从布上裁下各色三角形拼布块。搭配花色，将每两块拼布块摆放成菱形，再将各个菱形尽可能地摆放成最漂亮的星形。摆放前，可先在纸上绘制草图，仔细比较各个花色搭配方案，确保最佳搭配效果。

1 搭配好花色后，用珠针将每两块拼布块的短边固定在一起，参看 P332 的旗帜连缝法缝合各组拼布块，形成多个双色菱形。剪断各组拼布块间的连线，取熨斗熨平缝份。

2 依据你的色彩喜好，用缝纫机将各组拼布块水平拼缝成行。然后将各行拼布缝合在一起，形成一整片拼布。最后，取熨斗纵、横向熨烫缝份，减少拼布正面的凸起纹。

收尾

将拼布块制作成沙发巾，并裁下与拼布等大的丝绸里布。拼布和里布正面相对叠齐，沿布边缝合两层布料，并留 10 厘米长的返口。斜剪布角，取熨斗熨平缝份。从返口处将布料翻到正面，用藏针缝缝合返口。拼布沙发巾制作完成。沿用这一方法，略加改动就可缝制出五彩缤纷的拼布被和拼布靠枕。

西装边料拼布沙发巾

Suiting Throw

这款拼布沙发巾全部取材于制作西装裁剪下的碎布料。大小不等的长方形布块有序拼接，条纹和印花图案交错搭配，打造出了这款创意独特的拼布沙发巾。

材料

- 薄卡纸、铅笔
- 美工刀
- 西装碎布
- 布用铅笔
- 裁衣剪
- 珠针
- 缝纫机、配色线
- 丝绸里布（对比色）
- 手缝针、配色线
- 熨斗
- 疏缝线
- 衬衣纽扣

准备

　　裁剪一张长方形的卡纸，作为拼布块的纸样，依据成品沙发巾的大小，计算所需拼布块的数量。将纸样放在各块西装料上，描绘出拼布块的轮廓线，线外预留 0.5 厘米的缝份，裁剪各块拼布。每两块布块为一组，用珠针固定，采用旗帜连缝法缝合每组布块。将各组布块拼缝成拼布区块，熨平缝份。

1 将各条拼布区块缝接在一起，形成一整块拼布。修剪缝份，沿纵、横向分别熨烫，以减少拼布正面的凸起纹。

2 量取拼布的尺寸，各边外加 13 厘米，依据此尺寸裁剪丝绸布。从该布的四边上各裁下一条 13 厘米宽的布带，作为丝绸边条，余下的丝绸布作为里布。拼布和里布正面相对叠齐，用珠针固定，从距离布边 1 厘米处机缝两层布料，各个布角暂不缝合，并在一个布边上预留 10 厘米长的返口。熨平缝份，将布料从返口处翻到正面。用藏针缝缝合返口。

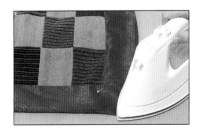

3 将丝绸边条对折后包裹在拼布外围，熨平布边，用珠针固定后和拼布边疏缝在一起。

收尾

　　使用缝纫机和配色线，在边条和拼布的接缝处缉线。斜剪边条的布角，用藏针缝缝合对接的斜边。最后，将各枚纽扣作为装饰缝到拼布边条上。

柠檬星拼布香薰袋

Lavender Bag

拼布作品中常见造型各异的星星图案，这里的柠檬星造型就是非常受欢迎的一款。它采用了8块菱形布块，花色交错拼缝在一起，8条接缝线如天女散花般散开，整体造型尤为别致。

材料

◆ 描图纸、铅笔
◆ 薄卡纸
◆ 美工刀
◆ 3种颜色的欧根纱碎布
◆ 轮刀
◆ 丝绸里布碎布
◆ 珠针
◆ 缝纫机、配色线
◆ 手缝针、配色线
◆ 干薰衣草
◆ 丝带

准备

用描图纸描绘柠檬星图样，从卡纸上裁剪各部分纸样。缝制每块星星拼布时（共需两块），需从两种颜色的欧根纱布上分别裁剪4块1号拼布块，从第3种颜色的欧根纱布上各裁剪4块2号、3号拼布块。裁剪时，如用轮刀会更加方便。

2 如图所示，将两组拼布块铺开摆放在一起，布边对齐后用珠针固定，细心缝合中间的接缝处，形成半颗星星，熨平缝份。同理，缝合其余几块1号拼布块，作为另外半颗星星。

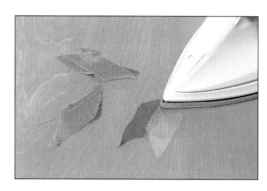

1 取两块不同颜色的1号拼布块，正面相对叠齐，沿一边用珠针固定并缝合。缝合另一组1号拼布块。取熨斗熨烫缝份。

3 添加3号拼布块时，可参看P332的直角嵌布法。将正方形拼布卡在星星外围的直角内，并用珠针固定两条直角边。同理，添加2号拼布块时，将2号拼布的顶角（直角）卡在星星外围的夹角内，并用珠针固定相应的两条直角边。取针线缝合这些直角边，再熨平缝份。

收尾

采用直角嵌布法，将其余几块3号、2号拼布块添加到星星的外围，形成一块柠檬星拼布。裁剪、缝合其余各块布料，形成另一块柠檬星拼布。量取拼布边的尺寸，裁剪两块第3种颜色的欧根纱布，与拼布的底边等长，比拼布的侧边高出5厘米。将纱布和拼布分别缝合在一起，纱布高出拼布的顶边，熨平缝份，作为拼布袋的前、后片。两块拼布正面相对叠齐，取针线缝合底边和左右侧边，从顶边将袋子翻到正面。顶边的纱布向下折1厘米折边，用缝纫机缉一条线，熨平折边。在拼布袋内装入一些干薰衣草，用丝带系一个蝴蝶结，系住袋口。

柠檬星图样

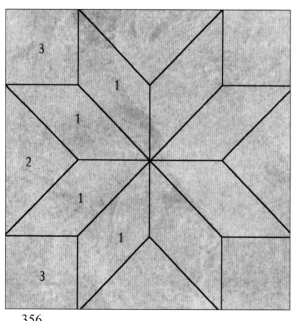

睡衣收纳袋

Nightdress Case

此款拼布图案历史悠久，多出现在结婚用的五彩拼布被上。拼布块色彩缤纷，拼成的弧线交错对称，宛如环环相扣的结婚喜戒。

材料

◆ 薄卡纸
◆ 美工刀
◆ 裁衣剪
◆ 5 种颜色的欧根纱碎布
◆ 珠针
◆ 缝纫机、配色线
◆ 熨斗
◆ 手缝针、配色线
◆ 按扣

准备

参看 P495 的图样，从卡纸上裁剪相应部分的纸样。每块戒指环拼布由 8 条弧形布、4 块 4 号布和 4 块 5 号布组成。缝制每块弧形布（由 4 块 1 号布、2 块 2 号布和 1 块 3 号布组成），需从 A 色布上裁下 4 块 1 号布，还需从 B 色布上裁下 2 块 2 号布，8 块弧形布共需裁下 32 块 1 号布和 16 块 2 号布。从 D 色、E 色布上分别裁下 4 块 3 号布。从 B 色、C 色布上分别裁下 2 块 4 号布。从 D 色、E 色布上分别裁下 2 块 5 号布。

1 缝制弧形布时，用珠针将 4 块 1 号布两两固定在一起，再取针线缝合。熨平接缝处，并使缝份倒向同一侧。取两块 2 号布，用珠针固定在 1 号布的两端，缝合后烫平。

3 对于其余 4 块弧形布，取 4 块两种颜色的 3 号布，用珠针固定并分别拼缝到弧形布的一端，形成较长的弧形布。熨平接缝处，并使缝份倒向同一侧。

5 如图所示，将一块椭圆形布放置在 5 号布的弧线边上，椭圆布的弧形中线和 5 号布的 V 形凹口重合，两布的两端对齐后，用珠针固定再缝合，熨平接缝处，并使缝份倒向椭圆形布一侧。交错搭配花色，将第 2 块椭圆形布放置在 5 号布的另一侧弧线边上，两布的弧线边对齐，用珠针固定后缝合。熨平接缝处，并使缝份倒向椭圆形布一侧。

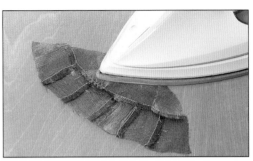

2 将一块 4 号布摆放到弧形布的内侧，对齐两布的中心线，修剪布边，与弧形布的两端对齐。用珠针固定后缝合。同理，另取 3 块弧形布，与其他 3 块 4 号布分别拼缝到一起。

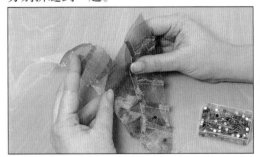

4 取一块带 4 号布的弧形布，再取一块较长的弧形布，两布的端点和中心线对齐，用珠针固定后缝合对应边。熨平接缝处，并使缝份倒向较长的弧形布。同样制作 4 块。

收尾

另取一块 5 号布，沿弧线边和第 2 块椭圆形布缝合到一起，同理，将其余的 5 号布和椭圆形布缝合到一起，形成一块正方形拼布。量取该拼布的尺寸，三条边上外加 1 厘米的缝份，另一边外加 2 厘米的缝份，裁下一块欧根纱布。该布的长边对折后剪开。两块纱布正面向上左右平铺，使剪开的毛边位于中心，毛边分别向下卷折后缝合。移动纱布，使两条折边略微重叠，正方形拼布正面向下放置其上，参看 P337 制作信封式靠垫套的缝合方法，缝合两层布料，形成信封式收纳袋。喜欢的话，可以为袋子添加丝绸里布。最后，将按扣缝合到收纳袋的开口处。

凸纹绗缝钱包
Corded Purse

凸纹绗缝是一种历史悠久的绗缝技法，曾在意大利非常盛行，又称意大利式绗缝。缝制时，先用缝纫机在布上压出平行线迹，其内作为中空的通道，可以填入细绳、纱线等形成凸起的花纹。这一技法稍加改动，即可用在白玉拼布作品中。

材料

- 薄绵纸、记号笔
- 30 厘米 ×90 厘米的细纱布
- 布用铅笔
- 针、疏缝线
- 30 厘米 ×90 厘米的褐色缎布
- 缝纫机、配色线
- 细绳、纱线
- 扁平的钝头针
- 珠针
- 30 厘米 ×90 厘米的蓝色缎布
- 裁衣剪
- 按扣

准备

扩印图样，并描绘到薄绵纸上，将细纱布疏缝到褐色缎布的背面，沿布边缝合两布。用珠针将凸纹图案的纸样固定到细纱布上，用缝纫机缝出凸纹图案。在缝线的末端打结，剪去线头，并拆除纱布上的纸样。

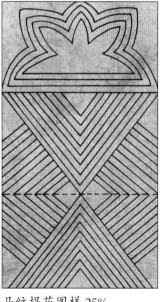

凸纹提花图样 25%

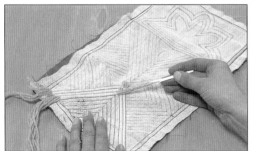

1 使用扁平的钝头针，将细绳或纱线穿入两条平行缝线形成的通道内。在图案的转角处抽出纱线，留出一个线环，以防纱线拉得太紧时破坏布料正面的平整性。

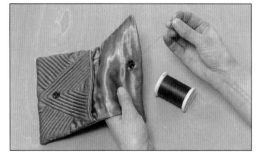

2 将褐色缎布（表布）和蓝色缎布（里布）正面相对叠齐，用珠针固定。缝合前盖的三边，再缝合对侧的短边。斜剪布角，将钱包翻到正面。然后，用藏针缝缝合两条侧边。最后，缝上按扣，封合包口。

凸纹绗缝丝绸被

Corded Quilt

这款作品所用的凸纹绗缝技法简单易学。在两层布料上沿着图案的轮廓线机缝两条平行线，在平行线迹间的通道内填入纱线。这一手法既可装饰整块布料，也可用来添加装边条。

材料

- 裁衣剪
- 丝绸
- 细纱布
- 薄绵纸、铅笔
- 珠针
- 针、疏缝线
- 缝纫机、配色线
- 扁平的钝头针
- 羊毛纱线
- 白棉布（作为里布）

准备

确定成品被子的尺寸，裁剪相应大小的丝绸和细纱布。将凸纹图案描绘到薄绵纸上，作为被子边条的纸样。将细纱布疏缝到丝绸布的背面，紧贴布边缝合两层布料。

1 用珠针将纸样固定到细纱布上。用缝纫机沿图案上的平行线在丝绸、纱布上缉线。缝线的末端打结，剪去线头，并拆除细纱布上的纸样。

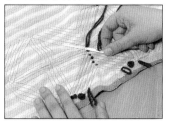

2 为扁平的钝头针穿上羊毛纱线，穿入两层布上平行线迹内的通道。针从图案拐角处的纱布上抽出，留出一个线环，再入针穿线。遇到两个通道交错点时，剪断线再入针。依此类推，将纱线穿进各个通道内，形成丝绸被的凸纹边条。

收尾

修剪细纱布和丝绸布的布边，裁剪相应尺寸的白棉布，作为被子的里布。丝绸布和白棉布正面相对叠齐，沿边缝合两层布料，并留 10 厘米长的返口。从返口处将布料翻到正面，采用藏针缝缝合返口。丝绸被制作完成。

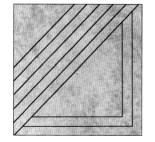

1/4 的凸纹图案，可依照成品被子尺寸按比例扩印

中世纪风格拼布被

Medieval Quilt

这款中世纪风格拼布被可谓一款地地道道的百纳被，丝光棉、锦缎、绸缎、莫尔布等布料竞相登场，形成了一首由浅蓝色、淡金色、复古米色主导的色彩协奏曲。对于这款大尺寸的拼布作品，要细心纫缝每组拼布块，以求最佳效果。

材料

◆ 纸、铅笔
◆ 裁衣剪
◆ 丝光棉、锦缎、绸缎、莫尔布等碎布
◆ 熨斗
◆ 珠针
◆ 缝纫机、配色线
◆ 白棉布
◆ 铺棉
◆ 针、疏缝线
◆ 薄卡纸
◆ 美工刀
◆ 热烫式黏合纸
◆ 金属纤维布、彩虹色欧根纱
◆ 双线绣针、粗金属色线
◆ 珠子、珠片

拼布图样 25%

准备

这款作品是由边长为36厘米的正方形拼布块组合而成的。其中，一半拼布块内嵌菱形图案，剩余的拼布块由4部分组成：一部分内嵌4个菱形，另一部分分别内嵌2个正方形和菱形。缝制前需设计好拼布被的图案和色彩搭配。扩印下侧图样，描绘到卡纸上。裁下大、小菱形，大、小三角形和1/4正方形的纸样。将纸样放置在各色布料上，预留出缝份，裁下足够数量的各色布块。将相应布块放置在一起，沿着缝份线卷折毛边，用珠针固定，采用Z形线迹机缝后形成正方形的拼布块。从白棉布和铺棉上裁下等数量的正方形。每组拼布块和白棉布叠放整齐，中间叠入铺棉，疏缝3层布料。然后，采用Z形线迹机缝固定。

 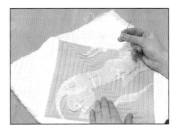 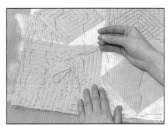

1 参看P495的动物图样，扩印后描绘到卡纸上，裁下多个动物图样备用。将动物图样描绘到黏合纸上，再热烫到金属纤维布、彩虹色欧根纱的背面。可沿图案边缘细心剪下，作为吉祥物贴布。

2 撕去贴布背面的黏合纸，热烫到内嵌菱形的拼布块上。喜欢的话，可以为吉祥物添加金属线、珠子、珠片等装饰元素。

3 使用金属色线，在一些拼布块上缝出装饰线。打开缝纫机，以粗金属色线作为底线，普通缝线作为顶线，在另一些拼布块上压出花样线迹。

收尾

拼接各片拼布块时，先将布边向下折，用珠针固定，用缝纫机从布料的背面缝合。从白棉布上裁下多条5厘米宽的布带，长度分别等于拼布被的被宽和被长，作为边条。布带的长边向内折，压在被子上每行、每列拼布的接缝线上，用缝纫机以Z形线迹绲缝固定布带，形成纵横交错的白色边条。将白棉布带包裹在拼布被的外围后机缝，作为拼布被的白色边条。

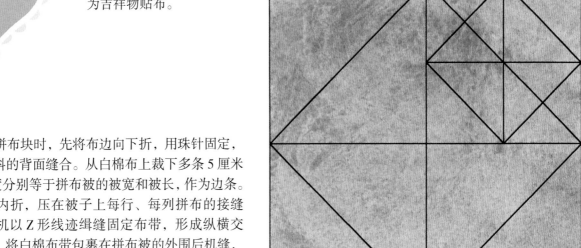

涡旋花纹马甲

Quilted Waistcoat

涡旋花纹图案最初源自印度，18世纪时由东印度公司引入欧洲大陆。制作这款马甲时，可先将涡旋花纹彩绘到马甲前襟上，再用刺针缝手工绗缝出花纹。

材料

- 西装马甲纸样
- 裁衣剪
- 白棉布
- 黑色里布
- 水消笔
- 金色树胶轮廓笔
- 黑色、绿色、紫色的绢画颜料
- 画笔
- 铺棉
- 针、疏缝线
- 缝纫机、配色线

准备

依据纸样，从白棉布和黑色里布上裁下马甲的前片和后片。参看 P497 的图样，将涡旋花纹图案扩印后，使用水消笔将其描绘到前片马甲的白棉布上。

1 使用金色树胶轮廓笔，将白棉布的花纹描成金色图案。晾置一夜等待风干。

2 使用绢画颜料，为涡旋花纹染色。一种颜料染色完毕后，需晾置，待颜料风干后，再用另一色颜料染色。最后将花纹外的白色背景染成黑色。

3 将铺棉夹在染色的棉布和黑色里布间，疏缝固定。采用刺针缝缝出涡旋花纹的轮廓线，让花纹更加醒目。

收尾

最后，使用缝纫机和配色线，将前、后片马甲缝合到一起，熨烫平整。

针绣浮雕侧影

Cameo Picture

这一贴布手法创意独特，却简单易学。首先，从书页或者瓷器上描绘人像的侧影，若喜欢韦奇伍德瓷器（英国的高档瓷器，亦为皇室的御用瓷器）的浮雕风格，可用淡蓝色布做底布。当然，也可为家人、朋友拍下侧面照片，剪下头部侧影作为纸样。绣好的浮雕侧影，既可镶框悬挂展示，也可以制作成浮雕胸针。

材料

◆ 记号笔
◆ 白色或黑色热烫式黏合衬
◆ 裁衣剪
◆ 熨斗
◆ 浅蓝色底布
◆ 绣花绷
◆ 缝纫机、配色线
◆ 小号相框

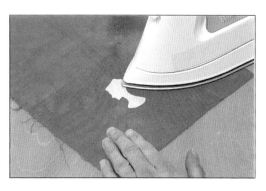

1 将人像侧影描绘到黏合衬上。沿轮廓线裁下，用熨斗热烫到浅蓝色底布上。

2 将底布抻平，将绣花绷卡在布上。卸下缝纫机上的压脚，沿着侧影的轮廓机缝。在人像的衣领和头部机缝出花样装饰线迹。

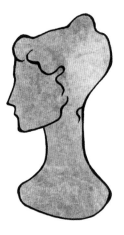

收尾

最后，为针绣浮雕侧影镶框。

白玉拼布收纳盒

Trapunto Box

白玉拼布是一种古老的浮雕式压线技法，也是手工绗缝中技巧性、艺术效果最佳的手法。需先在布料上针缝出装饰图案的轮廓线，再从布料背面将毛线、化纤棉等填入。如图所示，盒盖上的白玉拼布玫瑰十分雅致，立体感十足。

材料

- 裁衣剪
- 40 厘米 ×90 厘米的蓝色缎布
- 30 厘米 ×90 厘米的白棉布
- 六边形收纳盒（边长为 18 厘米）
- 珠针
- 针、疏缝线
- 水消笔
- 单胶不织布
- 缝纫机、金色机缝线
- 铺棉
- 布用胶水
- 50 厘米长的流苏

准备

　　裁下一块边长为 40 厘米的正方形缎布和一块与收纳盒盖尺寸等大的白棉布，放到缎布背面，用针线疏缝固定。扩印玫瑰图样，用水消笔将其描绘到缎布的中心。盒底、盒盖放在单胶不织布上，用水消笔描出轮廓线，再将不织布绕在盒身外侧，用笔描下边线后裁下，作为盒底、盒盖和盒侧内层的饰布。

1 为缎布上的玫瑰机缝出金色轮廓线。

2 在一片花瓣处的白棉布上剪一个小口，填入铺棉，使花瓣丰满，缝合开口。为其余花瓣填入铺棉，制成浮雕风格的白玉拼布玫瑰。

3 将装饰好的缎布居中放在盒盖上，并包裹住盒盖的侧身和内层，剪去多余的布边，取布用胶水黏合。为外侧盒身和盒底包裹上缎布。将各片单胶不织布块粘在盒盖、盒底、盒身的内侧，将流苏绕着盒身粘到盒盖内侧，作为垂饰。

50%

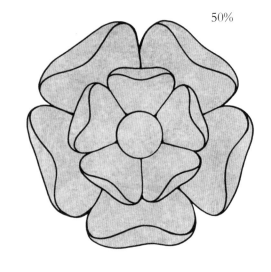

绗缝压花布艺盒
Quilted Box

如图所示，盒盖上的图案是由缝纫机绗缝而成的。制作时，将铺棉夹在两层布料间，再用缝纫机压缝出菱形和鸢尾花图案。

材料

- 水消笔
- 50 厘米 ×90 厘米的金色缎布
- 小号的长方形盒子
- 铺棉
- 裁衣剪
- 针、疏缝线
- 单胶不织布
- 缝纫机、配色线
- 布用胶水

准备

    扩印菱形和鸢尾花图样，用水消笔将其描绘到金色缎布上，依照盒盖尺寸裁出一块比盒盖略大的缎布。裁一块和盒盖等大的铺棉，放到缎布背面，取针线疏缝固定。将盒底、盒盖放在单胶不织布上，用水消笔描绘出轮廓线，裁下各块不织布。

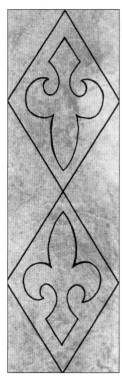

50%

1 为缎布上的菱形和鸢尾花图案机缝出金色的装饰线。

2 用布用胶水将铺棉粘到盒盖顶部，再放上压花的缎布，使缎布包裹住盒盖的侧身和内层。剪去多余的布边，并取布用胶水黏合。在盒身内外均包裹上缎布。

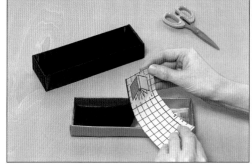

3 将单胶不织布粘到盒盖、盒底的内侧，为盒子内外打造黑、金双色搭配效果。

白玉拼布丝绸帽

Quilted Hat

这款温暖俏丽的帽子是由丝绸和毛呢制作而成的。帽体上用褐色线勾勒出菱形图案。白玉拼布工艺的运用使帽子呈现丰富的立体效果。

材料

- 薄卡纸、铅笔
- 美工刀
- 布用复写纸
- 裁衣剪
- 50 厘米 ×90 厘米的白棉布
- 50 厘米 ×90 厘米的粉色毛呢
- 50 厘米 ×90 厘米的粉色丝绸
- 缝纫机、配色线
- 熨斗
- 珠针
- 铺棉
- 双线绣针、褐色线
- 100 厘米 ×90 厘米的丝绸里布
- 针、疏缝线
- 50 厘米 ×2.5 厘米的罗纹丝带

准备

扩印大、小菱形图样，将其描绘到卡纸上，裁下作为纸样。参看 P497、498 的帽子图样，按比例扩印后，从白棉布和粉色毛呢上裁下 1 号帽体，从白棉布和粉色丝绸上裁下 2 号帽体，从粉色毛呢和白棉布上裁下 3 号帽顶。布边留出 1.5 厘米宽的缝份，将 1、2 号白棉布缝在一起，再将 1 号毛呢和 2 号丝绸缝在一起，作为两片帽圈。斜剪布角，熨平缝份。

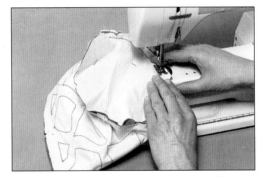

1 在白棉布帽圈上描绘多个间距均匀的菱形图案，大小菱形上下各自成行，交错搭配。

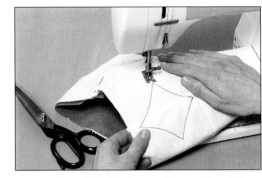

2 分别缝合白棉布、丝绸毛呢帽圈的两端毛边，形成两个圆筒状帽体。两布背面相对，将白棉布套在丝绸毛呢帽体外，并用珠针固定。使用缝纫机和褐色线，沿着菱形的轮廓在两层布料上缉线。

3 两布背面相对，用珠针将 3 号白棉布、粉色毛呢帽顶叠放在一起，并用珠针固定。用珠针将帽顶固定到帽体上，机缝固定。帽子翻到正面，在接缝线处再压一条明线。

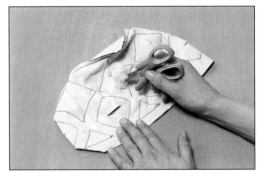

4 在帽子里层白棉布的菱形上均剪一个小口。填入铺棉，缝合开口。用缝纫机在每个小菱形内绣出褐色的星星。参照帽子的各部分纸样，裁下各块丝绸里布，用藏针缝将其缝合到帽子的内部。

5 将罗纹丝带疏缝到帽檐内侧，再手缝固定，并用熨斗熨平。

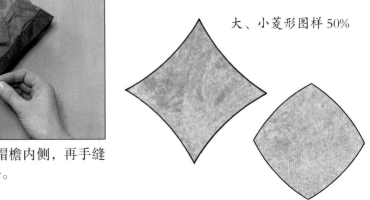

大、小菱形图样 50%

婴儿床拼布被

Crib Quilt

此款纫缝拼布被色调淡雅、温馨怡人，其拼布风格最早源于 19 世纪。缝制前，可先水洗布料，亮色的布料可用其背面，以打造清新淡雅的复古色调。当然，也可以从四邻、亲友处搜集一些配色和谐的布料，令小小的拼布被见证温馨的亲情。

材料

- 薄卡纸、铅笔
- 美工刀
- 印花棉布、白棉布碎布
- 裁衣剪
- 针、疏缝线
- 熨斗
- 配色线
- 75 厘米 ×64 厘米的铺棉
- 75 厘米 ×64 厘米的白棉布
- 珠针
- 双线绣针、米色绣花线
- 3 种色差鲜明的手缝线

准备

在纸上绘 2 个正方形，边长分别为 8 厘米和 4 厘米。从卡纸上裁下 31 个大正方形和 128 个小正方形。各片卡纸放在各块布上，预留 1 厘米的缝份，裁下 31 块大正方形白棉布和 128 块小正方形印花布。再将卡纸疏缝到相应布块的背面。制作被子的边条时，从 3 种花色不同的印花布上各裁下 2 条 5 厘米 ×80 厘米的布带，再各裁下 2 条 5 厘米 ×65 厘米的布带。布带的长边均向下回折，盖住毛边。

1 采用卷针缝，将每 4 块小正方形花布缝合成一块边长 8 厘米宽的正方形，共形成 32 块。将这些印花拼布块和 31 块白棉布交错搭配在一起，形成一块约 72 厘米 ×56 厘米的拼布（纵、横向分别由 9 块和 7 块布块组成）。拆除疏缝线和卡纸，熨平接缝处的缝份。

2 拼布正面向下放置，依次铺上铺棉和白棉布。用珠针从内向外固定 3 层布料。用平针疏缝各层布，边缝边拆除珠针。

3 纫缝被子前，剪下多条 4 厘米长的米色绣花线，回折成双股线，摆放到拼布上，每条线的中心点位于各个布块的接缝夹角以及印花拼布块的中心点上。取针线缝合后，用针尖将两端线头打散成毛边。

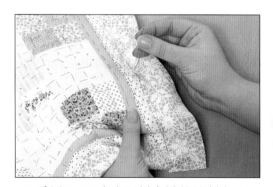

4 采用 P333 小木屋拼布被的缝制方法，使用各色手缝线，将各条印花布带缝到拼布的四周，作为拼布被的边条。斜剪最外层布带的两端，将毛边向下卷折，用藏针缝缝合到底层的白色里布上。如图示折叠拼布被，被角处即可呈现出小木屋拼布图案。

条纹拼布画框

String Patchwork Frame

将长度相同、宽度不一的布条拼缝在一起，就可呈现一款立体感十足的条纹拼布作品。可依据个人喜好，自由调整横竖条纹间的 V 形夹角，赋予拼布画框非同一般的视觉效果。

材料

◆ 黑色、白色绸布
◆ 裁衣剪
◆ 缝纫机、配色线
◆ 2 张正方形的薄卡纸
◆ 美工刀
◆ 双面胶带
◆ 遮蔽胶带
◆ 单胶不织布
◆ 针

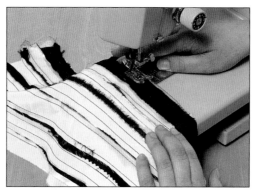

1 将黑色、白色绸布裁成宽度不一的布条。黑白色交错搭配，各个布条从背面机缝到一起。喜欢自然随意效果的话，可将布条略微倾斜地拼缝到一起。

2 从一张卡纸的中心裁下一个正方形窗口，将条纹拼布裁成 4 块长方形布，尺寸应略大于窗框，便于卷折毛边。用裁衣剪将每块布的两端剪成斜角。

收尾

使用双面胶带将各块条纹拼布粘到拼布画框上。将超出框的布边折向卡纸的背面，用遮蔽胶带粘牢。取另一张卡纸，内部开窗口，裁剪相应尺寸单胶不织布，粘贴到该卡纸上，作为底框。将条纹拼布画框放置在底框上，采用藏针缝缝合两层框的布边。

彩绘玻璃图样贴布靠垫

Stained Glass Appliqué Cushion

层层叠加的贴布手法打造出这款色调明快的沙发靠垫。制作这类贴布作品时，图案应该简洁而大方，最好选用大型图案，更能打造出色彩斑斓的彩绘风格。

材料

- ◆ 薄卡纸
- ◆ 记号笔
- ◆ 边长为48厘米的正方形红色丝绸
- ◆ 珠针
- ◆ 裁衣剪
- ◆ 黄色、绿色丝绸碎布
- ◆ 熨斗
- ◆ 热烫式黏合衬
- ◆ 缝纫机、配色线
- ◆ 描图纸
- ◆ 描图笔
- ◆ 两块边长为48厘米的正方形黑色丝绸
- ◆ 美工刀
- ◆ 边长为48厘米的正方形靠垫芯
- ◆ 手缝针、配色线

准备

将右下方的八角星图样补充完整，按比例扩印，描绘到两张卡纸上。取一张卡纸放到红色丝绸上，用珠针沿着卡纸的外侧虚线在绸布上刺孔。沿着刺孔剪去绸布中心的八角星，留着红色的绸布外框备用。沿着虚线，将一张卡纸裁成8个菱形和一个小正方形的纸样。依据纸样从黄色、绿色丝绸碎布上各裁下4块菱形布块，从红色丝绸上裁下一块正方形布块。用熨斗将一块热烫式黏合衬粘到红绸布框的背面。

1 8块菱形布块和一块红色正方形布块摆放到红绸布框下的黏合衬上，注意花色错开搭配。用珠针固定后，熨平各块布料，再机缝固定，即为彩色八角星拼布。

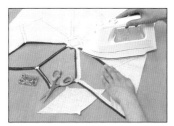

2 将另一张卡纸上的实线框（作为拼布上的黑色框）用描图纸描出（纸框的内外边线）。将该框描绘到另一块黏合衬上。将黏合衬热烫到一块黑色丝绸的背面。沿着黏合衬上的线框，用美工刀裁下菱形和中间的正方形，形成黑色的绸布框。黑色绸布框的各边向下折，用珠针固定后熨平折边。

3 将黑色绸布框放到彩色八角星拼布上，各边对齐，用珠针固定后机缝。

收尾

将八角星拼布和另一块黑色绸布正面相对叠齐，从距布边1厘米处缝合两层布的各边，并留返口。斜剪布角，熨平缝份，从返口处将布料翻到正面。将靠垫芯塞入靠垫套内，采用藏针缝缝合返口。彩绘玻璃图样贴布靠垫制作完成。

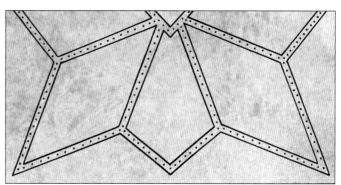

1/2 的八角星图样 25%

花式绗缝丝绸收纳袋

Silken Bag

这款娇小玲珑的丝绸收纳袋上缀满了密密麻麻的绗缝线迹，环绕在心形、葡萄藤、蝴蝶结等浮雕图案的四周，袋口采用了拉绳封口。

材料

- 裁衣剪
- 40厘米×90厘米的丝绸里布
- 40厘米×90厘米的白棉布
- 描图纸、铅笔
- 8厘米×30厘米的铺棉
- 针、疏缝线
- 双线绣针、白色丝光刺绣棉线
- 缝纫机、配色线
- 乳白色丝带，长50厘米

准备

分别裁下两块23厘米×30厘米的丝绸里布和白棉布。将下方的图样按比例扩印后，描绘到一块丝绸里布上。铺棉夹在两层白棉布之间，绗缝固定。将描图的丝绸里布放在各层布的顶部，用针线疏缝固定。

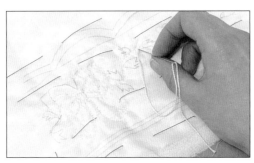

1 沿着丝绸里布上的轮廓线，用刺针缝（见 P335）缝出心形、葡萄藤和蝴蝶结图案，作为袋身的表布。

2 在各个图案的外围装饰上细密的平针缝线迹，使图案具有凸起的浮雕效果。

蝴蝶结的左侧为对称的葡萄藤和心形图案 50%

收尾

各裁下一块直径为 10 厘米的圆形白棉布和丝绸里布。白棉布用珠针固定，作为收纳袋的袋底，丝绸里布作为袋身的里布，细心缝合内、外层袋身和袋底。在袋口下方 1 厘米和 2 厘米处用缝纫机各压缝一条环绕袋身的拉绳通道。丝带穿入通道，拉紧以封合袋口，并系成蝴蝶结。

波斯风情贴布绣餐巾

Broderie Perse Appliqué Napkins

这一贴布手法的创意源于波斯刺绣，贴布图案以块面为主，花鸟人物皆可成图，风格别致大方。这款餐巾图案选用了玫瑰和园艺叉，令人联想到春日里屋前花园的无限生机。

材料

◆ 描图纸、铅笔
◆ 灰色素布和有玫瑰花图案的印花棉布
◆ 裁衣剪
◆ 4 块亚麻餐巾
◆ 珠针
◆ 针、疏缝线
◆ 缝纫机、配色线
◆ 熨斗

准备

参看 P498 的图样，将园艺叉描绘到灰色素布上，预留出缝份的尺寸，剪下备用。预留缝份，从印花布上剪下带有花叶和花茎的粉色玫瑰花。

1 将玫瑰花放在亚麻餐巾上，将园艺叉斜放在花茎上，使叉齿和玫瑰花的枝杈互相交错。用珠针固定这些贴布块，疏缝后，将贴布块的布角裁剪平整，布边向下折，隐藏毛边。

2 沿着贴布块的折边，将贴布块手缝到餐巾上，也可用缝纫机仔细缝合。

收尾

以同样方式为其他 3 块亚麻餐巾装饰上玫瑰贴布。完工后，拆除疏缝线，熨平餐巾。喜欢的话，可以细心为玫瑰花茎绣上小刺，从细节处再现栩栩如生的娇艳玫瑰。

波斯风情贴布绣桌布

Broderie Perse Appliqué Tablecloth

裁下布上的印花图案并缝到底布上的手法即为贴布缝。这些贴布块既可代替传统的"补丁"，非常实用，又能以创意的方式展示心爱的旧布料。这里，印花布上的大花朵、花叶精心剪裁后，贴绣在亚麻布上，花茎下方点缀上用碎花布剪成的花瓶，复古情调呼之欲出。

材料

- 裁衣剪
- 爱尔兰亚麻布
- 珠针
- 针、疏缝线
- 缝纫机、配色线
- 粉绿色花卉图案印花布
- 熨斗
- 手缝针、配色线

准备

将亚麻布裁成所需尺寸的桌布。布边向下回折，机缝折边。

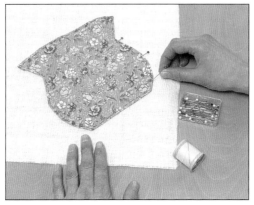

1 在印花布上的小碎花图案处描一个花瓶，预留出缝份的尺寸，裁下。花瓶的布边向下折，摆放到亚麻布的一角，用珠针固定后疏缝。

2 从印花布上裁下一条图案迥异的布带，布带的毛边向下回折，水平摆放到瓶颈位置，用珠针固定并疏缝到亚麻布上。

3 从印花布上裁下几片大花朵和花叶，摆放到花瓶上侧，用珠针固定并疏缝到亚麻布上。

4 将花朵、花叶的毛边向下回折，将边角处的布边修剪平滑，沿着这些贴布块的边缘仔细缝合到亚麻布上。注意，遇到两层图案重叠时，应先缝合下层图案，最后拆除疏缝线。

法式接缝拼布真丝裙

Silk Dress

这款长裙是由多块真丝印花布拼接而成的。这里采用法式接缝法将各片丝绸随机拼缝成一大块布，再剪裁成长裙。最后为长裙染色，使裙身的印花图案色调统一。

材料

- 布用复写纸、铅笔
- 裁衣剪
- 真丝碎布、旧真丝围巾
- 珠针
- 缝纫机、配色线
- 熨斗
- 长裙图样
- 冷水染色颜料

准备

下方图样均为边长 26 厘米的正方形，可作为裙子的拼布块图样。按比例扩印这些图样，并裁剪下各个组成部分的纸样。将纸样放置到真丝碎布上，预留出 1 厘米的缝份，裁下大小不一的长方形丝绸布块。

裙子的拼布图样

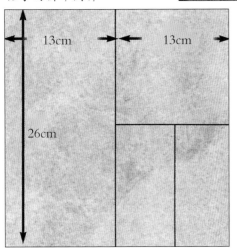

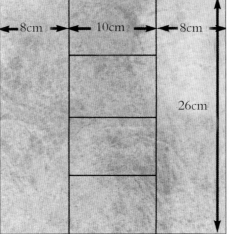

1 将各组丝绸布块背面相对叠齐，用珠针固定，采用旗帜连缝法沿一条布边缝合。每组布块的两层缝份均熨向一侧。剪裁一片缝份的布边，使其紧贴接缝线。将另一片缝份的毛边向下折，再回折盖住接缝线，熨平 2 条新折边。用珠针固定，机缝折边，即在布的正面形成双线的法式接缝。

2 依据图样上的组合图案，采用法式接缝法将各组布块拼接成正方形，再拼缝成一大块拼布。

收尾

依据长裙图样，将拼布裁成相应几部分，并拼缝成一条长裙。参照冷水染色颜料的使用说明书，按比例稀释颜料，将长裙浸入颜料中染色，晾干。

贴布公主裙

Child's Skirt

丝质裙子的花边与其丝绸面料形成鲜明的对比，并通过拼缝的形式在贴布周围镶边。这种创造性的结合赋予裙子古典的美感。

材料

- 透明塑料模板、记号笔
- 美工刀
- 裁衣剪
- 120 厘米 ×115 厘米的真丝印花布
- 真丝碎布（配色布）
- 熨斗
- 珠针
- 缝纫机、配色线
- 针、疏缝线
- 6 粒纽扣

准备

参看右下方的图样，扩印后描绘到纸上，并剪下各部分的透明塑料模板。将真丝印花布纵向裁成两半（即 120 厘米 ×57.5 厘米）。从配色的真丝碎布上裁下两条 7 厘米 ×120 厘米的长布带，布带的长边向下折 1 厘米，作为缝份。再从该布上裁下 4 条 5 厘米 ×55 厘米的短布带。

收尾

从配色真丝碎布上裁下两条腰带，长度约为 60 厘米。根据需要，修剪裙子的长度。将前、后片裙子的顶边缩缝到两条腰带上。转动裙身，使原来的侧饰边位于裙子的前、后中线。在前侧的饰边上制作扣眼并缝上纽扣。

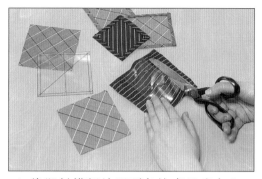

1 将塑料模板放置到各块真丝碎布上，预留出缝份的尺寸，裁下各块布，并将缝份回折后熨平。

2 将长布带机缝到真丝印花布的背面，作为底部边条。将该布翻到正面，饰边的毛边下折，用珠针固定，机缝压线隐藏毛边。再将 4 条短布带缝到裙身的两侧，作为侧饰边。

3 将正方形贴布摆放到裙子的下侧，使其斜放呈菱形排列，用珠针固定并疏缝，再机缝固定。

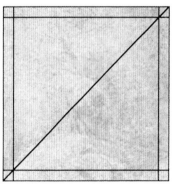

50%

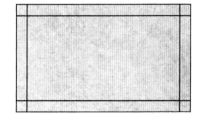

纫缝网格缎面手提包

Satin Handbag

这款手提包采用了触感光滑的绸缎，点缀了一些纫缝的方形网格。提手、包底乃手工制作而成，结实耐用，又与包身自成一体，封口处特选了一粒金属感十足的铜扣装饰，使整款手提包典雅大方。

材料

- 40 厘米 ×60m 的加厚黏合衬
- 水消笔
- 裁衣剪
- 40 厘米 ×60m 的铺棉
- 40 厘米 ×60m 的绸缎
- 46 厘米 ×30m 的里布
- 珠针
- 缝纫机、配色线
- 针、疏缝线
- 熨斗
- 铜扣

准备

　　参看 P498 的主包体图样，扩印后描绘到黏合衬上，裁下一块等大的铺棉。预留出缝份的尺寸，裁下主包体的绸缎和里布。将铺棉夹在绘图的黏合衬和绸缎中间，用珠针固定，缝合布边。在缎面上机缝大小均匀的网格。依据扩印后的纸样预留出缝份的尺寸，从绸缎和里布上各剪下两块侧面包体，从绸缎上裁下两条提手用布带。再裁下一块 16 厘米 ×7 厘米的黏合衬，用于加固包底。

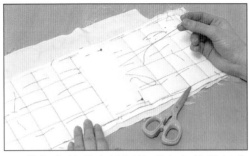

1 将包底的黏合衬摆放到主包体的相应位置上并疏缝固定，裁去超出布边的黏合衬。

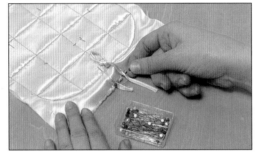

2 将 5 厘米 ×20 厘米的缎带折叠，缝成一条双面缎带，对折成环形扣带，用珠针固定到包体前盖的正面。注意，扣带的尺寸应能套入纽扣。包体的里布和缎面包体正面相对叠放，用珠针固定，沿着机缝线的内侧缝合，并留出返口。将包体从返口处翻到正面，采用藏针缝缝合返口。

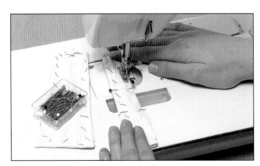

3 每组侧面包体的绸缎和里布正面相对叠齐，用珠针固定，机缝固定短边和一条长边，从另一长边处将布料翻到正面。将这 2 块布分别纵向对折，熨平折边。紧贴着折边用缝纫机从顶部向下缉线，一直缉到距离底边 4 厘米处。

4 用缝纫机在手提包的包底、前盖和前侧包体的布边上缉缝固定。

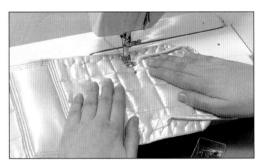

5 将提手纵向折叠，两侧毛边下折 1 厘米，从一端 2.5 厘米处开始沿着缝份机缝到距另一端 2.5 厘米处。将 2 个提手末端的绸缎展开，放到前、后片包体的上方，机缝固定到包体上。

收尾

　　用藏针缝将两侧的包体缝合到主包体的前、后片之间。在扣带下的前片包体上缝一粒铜扣，封合包口。

田园风拼布椅巾
Country Throw

小方格图案和白棉布交错搭配，花鸟、水果、小手掌等各式趣味贴布点缀在白棉布之上，一切都是那么素雅自然，使这款纯棉的拼布椅巾有一种纯朴恬淡的田园风情。

材料

- 60 厘米 ×90 厘米的白棉布
- 60 厘米 ×90 厘米的方格棉布
- 裁衣剪
- 描图纸、铅笔
- 20 厘米 ×90 厘米的热烫式黏合衬
- 熨斗
- 各色碎布块
- 布用铅笔
- 双线绣针、各色绣花线
- 小号的玻璃珠
- 缝纫机、配色线
- 100 厘米 ×115 厘米的全棉粗斜纹布
- 珠针或安全别针
- 针、疏缝线
- 衬衫纽扣

准备

　　从白棉布和方格棉布上分别裁下 13 块和 12 块 17 厘米 ×19 厘米的长方形布块。参看 P499 的图样，扩印后描到黏合衬的纸层上。从黏合衬上裁下 4 块心形，3 只小鸟，2 只手掌及梨、草莓、葡萄串和花朵各 1 块，作为 13 块白棉布上的贴布图案。

1 将 13 块造型各异的黏合衬熨烫到各色贴布块的背面，沿着轮廓线裁下。撕去贴布块背面的纸层，熨烫粘贴到各块白棉布上。

2 用铅笔在白棉布上描下图案的轮廓线，选用配色绣花线绣出各个图案的轮廓，使各片贴布更加醒目。

3 将 12 块方格棉布和 13 块贴布的白棉布交错摆放，排列成 5 行，每行 5 块布。用旗帜连缝法缝合各组布块，再拼缝成一大块拼布。

4 将拼布放在全棉斜纹布的中心，用珠针固定，沿着拼布的边线疏缝。在每个拼布块的角落缝上一粒玻璃珠。

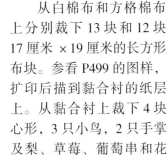

5 将斜纹布的布边折进 1 厘米，压住毛边，向拼布边对折，形成白色的边条。用珠针固定，将边条用藏针缝缝合到拼布上。注意，边角处应采用斜接的方式缝合。最后，在边条内侧布角各缝一粒纽扣作为点缀。

方格拼布相框

Patchwork Frame

黑白双色的方格图案素雅静谧，与素色布块交错搭配，色彩的极简组合为相框穿上了一件素雅布衣。陈列在家中也是不错的装饰品呢！

材料

- 两张 A4 大小的厚卡纸
- 美工刀
- 布用铅笔
- 碎铺棉
- 裁衣剪
- 双面胶带
- 20 厘米 ×90 厘米的白棉布
- 布用胶水
- 方格布、素布
- 珠针
- 缝纫机、配色线
- 熨斗
- 手缝针、配色线

1 用珠针将方格布交错固定，留出 0.5 厘米的缝份，采用旗帜连缝法缝合。再拼缝成布带，共需要 8 条布带：4 条长布带由 10 块布块组成，4 条短布带由 3 块布块组成。将每两条长布带拼接在一起，作为侧边。同样拼接每两条短布带，作为顶边和底边。将顶边、底边和侧边拼接到一起，形成拼布框。

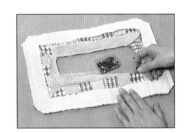

2 将粘有铺棉的卡纸框放在白棉布框和拼布框之间，将卡纸框的边角剪成圆弧形，缝合上、下层布的各边。用熨斗烫平布料，作为前侧拼布框。

准备

用美工刀在一张卡纸的四边向内 5 厘米处开窗口，形成一个卡纸框。将另一张卡纸将作为相框的背板。将卡纸框放在铺棉上，描出内、外框边线，沿线剪下铺棉框，用双面胶带黏合两层框。将另一张卡纸放在白棉布上，预留出缝份的尺寸，裁下棉布，将棉布的缝份向下折，用胶水粘到卡纸上。裁下和卡纸框等大的白棉布框。将方格布和素布裁成边长 3.5 厘米的正方形。

收尾

将拼布框放在粘有白棉布的背框上，使背框的卡纸位于相框的前侧，将拼布框的 3 条布边向下压折，用双面胶带粘贴到下层卡纸上。将前、后片对齐，并用藏针缝缝合三边。

贴布羊毛围巾

Appliqué Wool Scarf

一条普通的羊毛围巾，有了仿麂皮、毛料、灯芯绒的友情造访后，乏味的单色立刻升级为耐人寻味的和谐色，暖暖的感觉油然而生。

材料

- 描图纸、铅笔
- 薄卡纸
- 美工刀
- 布用铅笔
- 仿麂皮、毛料、灯芯绒碎布
- 裁衣剪
- 轮刀
- 针、疏缝线
- 30 厘米 ×150 厘米的羊毛呢
- 缝纫机、配色线
- 双线绣针、与围巾色调有反差的绣花线

1 纸样放置在仿麂皮、毛料、灯芯绒碎布上，用铅笔在布上描下轮廓线。使用剪刀、美工刀或者轮刀，沿线裁下各个造型。将各片贴布块疏缝到围巾（即羊毛呢）的一端。用缝纫机沿着贴布的边缘压出 Z 形线迹。

2 围巾的两条长边向下回折，用缝纫机沿折边缉线。对于围巾的两条短边，取对比色的绣花线和双线绣针，采用毛毯绣针法装饰布边。再在贴布图案的外侧绣一些竖线装饰。

准备

将下方的图样扩印后描到薄卡纸上（可分为 4 部分），裁下作为纸样。

贴布块图样 25%

葵花贴布装饰帘

Sunflower Shelf Edging

早先，英国乡间颇为流行在橱柜搁板上垂吊花色各异的装饰帘。这款锯齿边的帘子上点缀了靓丽的葵花图案，在传统厨房的油烟重地与蓝花瓷器间舞出时尚色彩的派对。

材料

◆ 薄卡纸、铅笔
◆ 美工刀
◆ 16厘米×90厘米的白棉布
◆ 布用铅笔
◆ 热烫式黏合纸
◆ 裁衣剪
◆ 熨斗
◆ 黄色、绿色和红棕色方格布
◆ 手缝针、米色手缝线
◆ 烫衣剂
◆ 齿牙剪

准备

扩印本页的图样，用铅笔描到薄卡纸上，裁下作为纸样。

1 将纸样放在白棉布的一端，用铅笔描下三角形的轮廓线，移动纸样，在布上描下多个相连的三角形。

2 依据纸样从黏合纸上裁下5片葵花、5片花心和10片叶子。将葵花、叶子和花心造型的黏合纸热烫到黄色、绿色、红棕色方格布的背面，裁下各片造型。

3 撕去各块贴布块背面的纸层，将两片叶子对称摆放到白棉布上三角形的中线两侧，将一片葵花摆放在叶子的中间，遮盖住一些叶子，再摆上花心，熨烫黏合各块贴布。将剩余各片叶子、葵花和花心贴布摆放到三角形内，并熨烫黏合。

4 白棉布的顶边向下回折1厘米，烫平折边，采用藏针缝缝合。布上喷少许烫衣剂，将布料熨烫平整。最后，用齿牙剪沿着布上三角形的轮廓线，为棉布剪出齿牙状的起伏边。

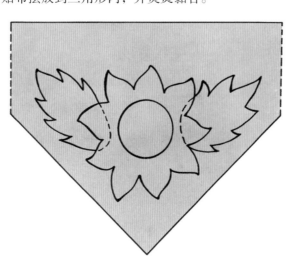

50%

五彩拼布长枕

Bolster Cushion

色调鲜亮的拼布长枕静卧在沙发一端，为起居室增添了几分华贵典雅、一丝莫名慵懒，躺在沙发上抱着或靠着它也是一种惬意的"蜗居"呢！枕套采用纽扣封口，非常便于拆洗。

材料

- ◆ 布用复写纸、铅笔
- ◆ 裁衣剪
- ◆ 热烫式黏合纸
- ◆ 熨斗
- ◆ 50 厘米 ×90 厘米的彩色棉布
- ◆ 各色碎布
- ◆ 缝纫机、配色线
- ◆ 2 粒纽扣
- ◆ 45 厘米 ×18 厘米的枕芯

枕面的贴布图样 50%

枕侧图样 25%

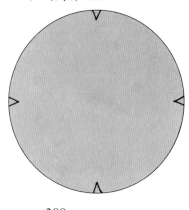

准备

扩印本页的枕侧图样，描到一张纸上。从彩色棉布上裁下一块 47 厘米 ×70 厘米的长方形布，作为枕面布，再裁下两块圆形的枕侧布。依据枕面的贴布图样，裁下 8 块长方形的黏合纸，热烫到各色碎布的背面，裁下作为贴布。枕面布的两条短边向下折少许，机缝折边。在一条短边上剪两个扣眼，并取针线锁缝。将 8 块长方形贴布依次摆放到一条长边上，热烫黏合。将各色碎布裁成 7 厘米 ×4.5 厘米的布块，拼缝成彩色布条。

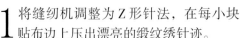

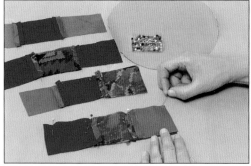

1 将缝纫机调整为 Z 形针法，在每小块贴布边上压出漂亮的缎纹绣针迹。

收尾

2 用珠针固定并将各块彩色布条缝成一大块拼布，放到一块圆形枕侧布上，裁剪成等大的圆形。沿圆边缝合两块布，作为拼布枕侧。

用珠针固定枕面布的两条短边，形成一个圆筒，枕侧布放于圆筒两侧，裁剪布边，缝合枕面和枕侧，熨平缝份。翻到正面，缝上两粒纽扣。将枕芯装入枕套内，扣上纽扣。

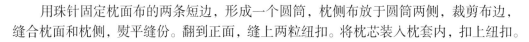

花环贴布靠枕

Country Wreath Cushion

看到这款五彩靠枕，耳边立刻回荡起那首脍炙人口的英国儿歌："编一个玫瑰花环，满口袋的鲜花……"制作时，可从各色棉布上裁下花朵、花叶造型，粘贴在靠枕上，形成一个五彩玫瑰花环。

材料

- 描图纸、铅笔
- 热烫式黏合纸
- 熨斗
- 各色彩色碎布
- 裁衣剪
- 45厘米×95厘米的条纹布
- 餐盘
- 布用铅笔
- 各色绣花线
- 双线绣针
- 缝纫机、配色线
- 边长为45厘米的正方形靠枕芯

准备

扩印本页图样，描到黏合纸上。从黏合纸上裁下8片花朵、18片花心和24片花叶，热烫黏合到各色碎布的背面，裁下各片贴布。将条纹布分别纵、横对折，两折边的相交点即布的中心点。将布展开，餐盘放在布的中心点上，取铅笔沿着盘边在布上画圆。

1 参照条纹布上的圆形，将各片花朵贴布在条纹布上摆成一个圆形，注意花色交错搭配。用铅笔沿着贴布边在布上描出各片花朵。撕去贴布背面的黏合纸层。

2 注意花叶和花朵的颜色搭配，在每片花朵下插入两片花叶。可依据在花环上的位置相应调整花叶的摆放角度。将花心添加到花朵的中心和花朵间的空白处。

3 使用3股绣花线，采用立针毛毯绣沿着贴布边绣出醒目的装饰线。

收尾

将条纹布的两条短边向下折1厘米，缝合折边。在距一侧布边25厘米处，将布折向中心，用珠针固定，将对侧的布边也向内回折25厘米。另一边同样操作。缝合两层布的顶边和底边，并修剪整齐，形成信封式的靠枕套。从两折边形成的开口处将枕套翻到正面，放入枕芯。

花朵、花心图样50%

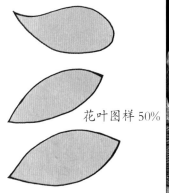

花叶图样50%

趣味宝宝布书
Rag Book

布书柔软轻巧，色泽鲜艳，图案逼真，是开发小宝宝视觉的理想益智布玩，深受年轻父母的喜爱。这款布书共有10页，贴布图案、色彩各不相同，趣味横生，相信小宝宝们定会爱不释手！

材料

- 描图纸、铅笔
- 熨斗
- 热烫式黏合纸
- 各色碎布
- 裁衣剪
- 60 厘米 ×90 厘米的白棉布
- 20 厘米 ×90 厘米的花卉图案印花布
- 缝纫机、配色线
- 珠针

准备

　　首先，选取一些数字、字母以及小宝宝们易于辨认的日常图案，将其描绘到黏合纸上，再热烫粘贴到各色碎布的背面。沿图案的轮廓线剪下各块布，作为趣味贴布。从白棉布上裁下 10 块边长为 20 厘米的正方形布块，再裁下一块 14 厘米 ×17 厘米的长方形布块。从花卉图案印花布上裁下两块边长为 20 厘米的正方形布块。

1 撕去趣味贴布背面的纸层，热烫粘贴到 10 块正方形白棉布上。

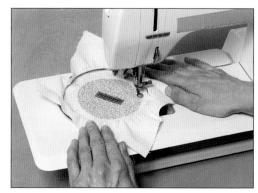

2 将缝纫机调整为 Z 形针法，用配色线在贴布边压出漂亮的缎纹线迹。在长方形的白棉布上热烫一块趣味贴布，放到一块正方形印花布的中心，沿布边缝合两层布，作为布书的封面。

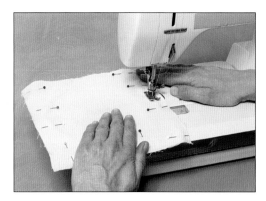

3 将饰有贴布的白棉布叠放整齐，每两块布正面相对，用珠针固定并机缝，作为书页。将封面布放在首页上，另一块印花布放在书的最后一页下面，作为封底，整理书页后缝合。

4 从彩色碎布上斜裁一条滚边条，包裹在书脊上，用珠针固定，在书脊的内侧机缝固定。

鲜花贴布 T 恤
Appliqué T-shirt

五彩缤纷、赏心悦目的盆栽鲜花在儿童 T 恤衫上怒放。原来，小贴布也有大智慧，竟能营造一份奇妙绚丽的自然意境。

材料

- ◆ 描图纸、铅笔
- ◆ 热烫式黏合纸
- ◆ 熨斗
- ◆ 各色碎布
- ◆ 裁衣剪
- ◆ 针、疏缝线
- ◆ 珠针
- ◆ 素色的 T 恤衫
- ◆ 配色线

1 将本页图样描绘到黏合纸上，裁下各个造型，热烫粘贴到各色碎布的背面。留出缝份的尺寸，裁下各个贴布造型。贴布边的缝份下折，取针线疏缝固定折边。

2 将各块贴布摆放到 T 恤衫的前侧，用珠针固定，用藏针缝沿布边将其缝到 T 恤衫上。拆除疏缝线。

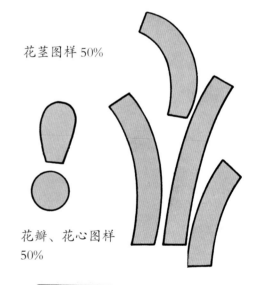

花茎图样 50%

花瓣、花心图样 50%

花盆边沿图样 50%

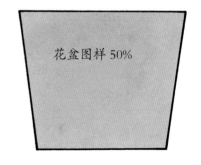

花盆图样 50%

秋叶贴布鞋袋

Autumn Leaf Shoe Bag

色彩鲜艳的秋叶零落飘散在洁白的棉布拉绳袋上，令人联想到让人沉醉的斑斓秋色。袋子如此别致，悬挂在防盗门后，也是不错的家居装饰呢！

材料

- ◆ 描图纸、铅笔
- ◆ 20 厘米 ×50 厘米的热烫式黏合纸
- ◆ 裁衣剪
- ◆ 熨斗
- ◆ 各色花布
- ◆ 50 厘米 ×56 厘米的棉质格纹布
- ◆ 缝纫机
- ◆ 红色和乳白色线
- ◆ 1 米长的白丝带
- ◆ 安全别针

准备

扩印本页的图样，描到描图纸上，再转印到黏合纸上。裁下各个造型，热烫粘贴到各色花布的背面。

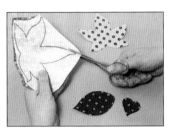

1 取裁衣剪，从各块花布上剪下叶子和心形。撕去贴布背面的黏合纸层，摆放在棉质格纹布的正面。位置调整满意后，取熨斗热烫黏合。

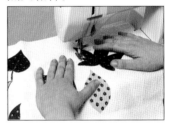

2 将缝纫机调整为 Z 形针法，用红色线在叶子边绣出漂亮的缎纹绣线迹。再在叶片的下方机绣出红色的平针绣线迹，作为叶茎。

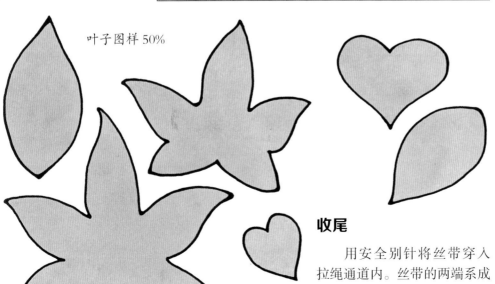

叶子图样 50%

收尾

用安全别针将丝带穿入拉绳通道内。丝带的两端系成蝴蝶结，再剪去多余的丝带。

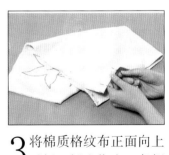

3 将棉质格纹布正面向上对折，折边作为一条侧边，形成一个袋体。机缝底边和另一条侧边，缝到距顶边 7 厘米处停针，将袋子翻到正面。顶边向下折 3 厘米，缝合折边，形成一个通道。

布艺小屋钥匙挂

Little House Key Ring

乖巧的方格布环绕在米色的棉布小屋外，各色贴布点缀其上，酷似家中的门窗、墙面和烟囱。钥匙有了这款小巧玲珑的布艺挂饰，定会与主人如影随形，绝不会"私自走失"。

材料

◆ 描图纸、纸、铅笔
◆ 裁衣剪
◆ 红色、蓝色方格布和红色碎布
◆ 针、疏缝线
◆ 熨斗
◆ 10 厘米 ×32 厘米的米色棉布
◆ 10 厘米 ×15 厘米的铺棉
◆ 红色、米色和蓝色手缝线
◆ 钥匙环

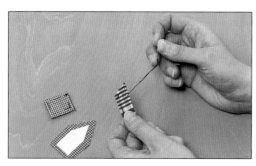

1 将本页图样描绘到纸上，裁下小屋的各部分纸样：两个窗户，两片墙体，两个烟囱，一个屋顶和一扇门。预留出 0.5 厘米的缝份，从相应的各色布上裁下这些造型。将纸样疏缝在布背面加固，取熨斗熨平。

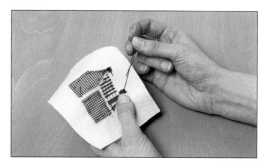

2 依据小屋的轮廓线，裁下两块米色棉布和一块铺棉。将小屋的各部分贴布疏缝到一块米色棉布上，边缝边拆去布背面的底纸。采用藏针缝缝合各块贴布。

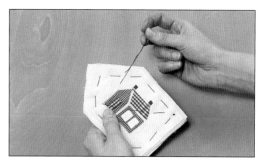

3 将铺棉夹在两块米色棉布之间，疏缝固定。

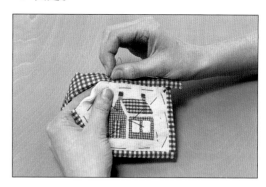

4 从方格布上裁下 3 条布带作为滚边条，两侧的布边向下折 0.5 厘米，包裹在小屋的布边上。用珠针固定底边和左、右侧边，对于屋顶的两斜边，将滚边条包裹到距离尖顶 2.5 厘米处，再穿进钥匙环中。最后，用藏针缝将滚边条缝合到位。

小屋及前墙体图样

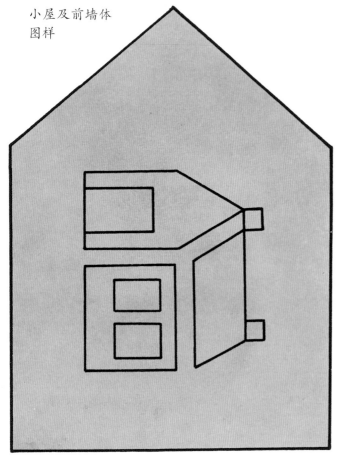

心形拼布香袋

Hanging Heart Sachet

追求浪漫情调的主妇们，喜欢在橱柜、抽屉里放置薰衣草香袋，每每打开，悠悠的香气扑面而来，令人陶醉。

材料

- ◆ 布用复写纸、铅笔
- ◆ 各色棉布
- ◆ 裁衣剪
- ◆ 珠针
- ◆ 手缝针、配色线
- ◆ 熨斗
- ◆ 干薰衣草
- ◆ 50 粒彩色玻璃珠
- ◆ 50 枚彩色珠针
- ◆ 丝带

准备

　　扩印本页图样，取复写纸描绘到纸上，裁下作为纸样。从各色棉布上裁下组成心形的拼布块。

1 将各拼布块正面向上放置，拼成心形后用珠针固定，沿着缝份线缝合。取裁衣剪，修剪拼布的毛边。裁下一块等大的素色心形布块。

2 两块心形布块正面相对叠齐，用珠针固定后缝合各边，并留出 5 厘米长的返口。斜剪布角，烫平缝份，从返口处将袋子翻到正面。袋内填入干薰衣草后，藏针缝缝合返口。

3 每枚珠针上穿一粒玻璃珠，间隔均匀地插入心形香袋的边线上。最后，将丝带绕成环形，缝到香袋的顶部凹口处。

50%

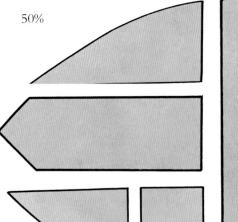
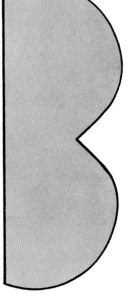

满天心贴布枕套

Heart Appliqué Pillowslip

为平淡无奇的枕套以贴布缝加上各色心形，床饰顿时散发出自然清雅的田园风情。制作时，可在贴布边外绣上色调和谐的装饰线，满枕的心形色彩斑斓，犹如夜空中闪耀着的小星星。

材料

◆ 纸、铅笔
◆ 边长为 25 厘米的正方形热烫式黏合衬
◆ 裁衣剪
◆ 熨斗
◆ 颜色鲜艳的各色棉布
◆ 针、疏缝线
◆ 枕套
◆ 珠针
◆ 配色线
◆ 各色绣花线
◆ 双线绣针

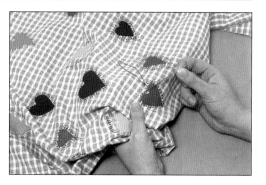

1 在黏合衬上描绘 17 个大小不等的心形图样，裁下。将其分别热烫粘贴到各色棉布的背面，预留 0.5 厘米的缝份，再裁下这些彩色的心形贴布。

2 斜剪每块贴布的边角，将缝份均折向布的背面，取针线疏缝固定折边。

3 注意搭配花色和大小尺寸，将各块心形贴布零落摆放到枕套上，用珠针固定并疏缝，再采用藏针缝缝合到枕套上。注意搭配线与贴布的颜色。用单股的绣花线和双线绣针在贴布的外围绣出漂亮的轮廓线，为每个心形罩上彩色光环。最后，取熨斗整烫枕面。

拼布儿童双肩包

Child's Strip Patchwork Rucksack

小碎花布和方格布交错拼接，各种色彩搭配和谐，还有贴心的前盖和包带，整款包体轻巧可爱，包内容量超大，可收纳书本、文具、午餐盒等物品。原来，背包上学也是一种享受呢！

材料

- 布用复写纸、铅笔
- 裁衣剪
- 60厘米×100厘米的铺棉
- 100厘米×90厘米的方格布
- 各色的碎花、方格碎布
- 缝纫机、配色线
- 针、疏缝线
- 珠针
- 100厘米长的绳带
- 木栓扣

准备

　　扩印本页包底、包盖图样，描摹到纸上，裁下作为纸样。再裁下50厘米×4厘米的纸条，作为包带的纸样。从铺棉和方格布上均裁下36厘米×85厘米的包体，再各自裁下一片包底、一片包盖和两条包带。从方格布上裁下一条100厘米×10厘米的布带，再裁下一条150厘米×10厘米的滚边条。将各色碎花、方格碎布裁成6厘米×36厘米的布带，留出0.5厘米的缝份，搭配花色拼缝成一块拼布。从拼布上裁下一片包体、包底、包盖和两条包带。将拼布、方格布包体叠放整齐，中间夹入铺棉，疏缝固定后缝合。将包体的两条短边缝合到一起，形成一个圆筒。将铺棉放在方格包带和拼布包带之间，两层布边向内折盖住铺棉，缝合包带。同理，将剩下的铺棉夹缝在包底、包盖的布层之间，疏缝后，用缝纫机沿对角线绗缝固定。

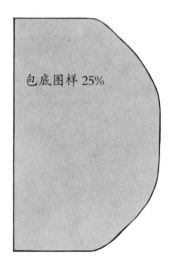

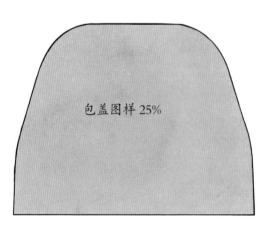

包底图样 25%

包盖图样 25%

收尾

　　绳带穿入拉绳通道内，在前侧的开口处打结。将多股线缝在包盖前边的中心，下垂成一个线环，缝上木栓扣，封合包口。

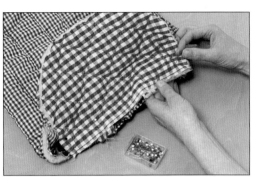

1 包体和包底的拼布正面向外，用珠针固定对应接边。将两条包带的一端插入包底和外侧包体的接边，两包带相距5厘米，用珠针将另一端固定到包顶的内侧，用针线缝合。使用方格滚边条，包裹在包底的接缝边上并缝合。

2 用珠针将100厘米×10厘米的方格布带固定在包体的顶边上，两端位于包体的前侧中线上。布带对折后包裹在顶边上，折下毛边，沿着折边机缝到位，作为拉绳通道。

3 用方格滚边条为包盖滚边。包盖放置在包体上，正面相对，将后侧的包盖缝合到包体后侧拉绳通道的下方。注意，为了牢固起见，可缝两条相距1厘米的线。

贴布娃娃收纳袋

Toy Bag

这款拉绳收纳袋容量超大，孩子们囤积的玩具可以一并囊括其中。两个扎小辫的娃娃笑盈盈地绣在袋身前侧，张扬着无限童趣。

材料

- 描图纸、铅笔
- 热烫式黏合纸
- 熨斗
- 红色、绿色、米色碎布
- 裁衣剪
- 70 厘米 ×115 厘米的条纹棉布
- 20 厘米 ×90 厘米的方格棉布
- 缝纫机、配色线
- 一小段红棕色纱线
- 小片蕾丝
- 蓝色、红色绣花线
- 双线绣针
- 珠针
- 300 厘米长的绳带

准备

依本页图样将娃娃的各部分身体、衣饰描到黏合纸上，裁下。将其分别热烫粘贴到各色碎布的背面，并裁下备用。裁下一块 70 厘米 ×100 厘米的条纹棉布，作为袋体，再从方格棉布上裁下两块 20 厘米 ×25 厘米的布，作为前侧的插袋。

1 两块插袋布平铺在桌面上，将各部分身体、衣饰在布上摆出娃娃造型。将缝纫机调整为 Z 形针法，在贴布的边缘缉线固定。将纱线剪成多段，缝在娃娃头部辫成小辫，裁剪蕾丝，缝到裙子下摆上作为裙子的饰边。使用蓝色线，在娃娃的面部用法式结粒绣绣出眼睛，再用红色绣花线绣出弯弯的嘴巴。

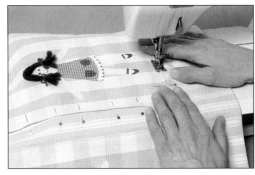

2 将条纹布的长边下折少许，熨平折边，垂直于该边将布对折，形成 70 厘米 ×50 厘米的袋体。两块插袋的顶边下折少许，其余三边沿着缝份线向下卷折。用珠针将口袋固定到袋体的前侧，在底边和侧边机缝固定。

3 袋体布正面向内，对齐左、右侧边后用珠针固定，再机缝。顶边向下折 10 厘米，烫平折边，缝合后，将袋体翻到正面。

4 顶边向下量取 15 厘米，在袋体两侧的接缝线上开扣眼，扣眼的上下方各机缝一条线，形成一个拉绳通道。将拉绳裁成两半，分别穿入通道的两侧扣眼内，打结后封合袋口。

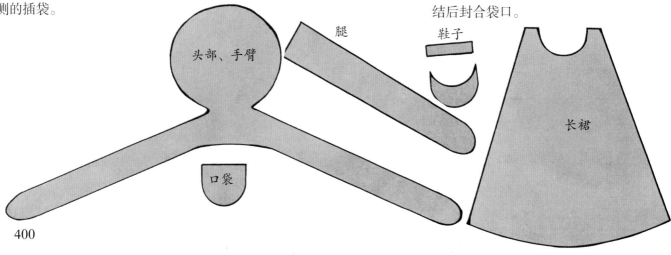

头部、手臂

腿

鞋子

长裙

口袋

儿童印花拼布马甲

Child's Strip Patchwork Waistcoat

这款儿童马甲是由花色相近的布带拼接而成的。无需从大块布上取材，可选用裁衣剩下的碎布料，将碎布折叠成风琴折页，再剪成长条拼接起来即可。注意，选用的布条应该风格相近，花色、图案大小应该搭配和谐。

材料

◆ 马甲图样
◆ 各色印花碎布
◆ 裁衣剪
◆ 缝纫机、配色线
◆ 熨斗、黏合衬
◆ 85 厘米 ×90 厘米的素色布
◆ 珠针
◆ 手缝针
◆ 4 粒纽扣

准备

　　这款马甲适合的胸围约为64厘米。将印花碎布裁成6厘米×90厘米的长布带，预留0.5厘米的缝份，每5条布带缝成一块拼布。将拼布横向对折后裁成两半，依据马甲的图样，裁成两片拼布前襟。从拼布上裁下一块后衣襟（约为前襟尺寸的两倍），从素色布上裁下两块前襟和一块后衣襟，作为衬布。

1 将两块前襟的衬布和拼布正面相对叠齐，机缝各边，留下弧形的肩线暂不缝合，整烫缝份。再和拼布后襟缝合到一起。用珠针将后襟衬布固定到对应拼布上，缝合各边，两侧的腰线暂不缝合。修剪整齐。

2 将前襟翻到正面，熨平布料，藏针缝缝合弧形肩线处的拼布和衬布。使用珠针，将前、后衣襟的两侧腰线固定在一起，藏针缝缝合并留下返口。修剪整齐并熨平缝份。

3 在右侧前襟上开4个间距均匀的扣眼，在左侧前襟的对应位置缝上4粒纽扣。

儿童印花拼布百褶裙

Child's Strip Patchwork Skirt

这款百褶裙同样是由碎花布和条纹花布拼缝而成的，与马甲形成绝妙的搭配。印花布带和条纹布带环绕在裙摆下侧，形成了可爱别致的双饰边，非常甜美浪漫。

材料

- 裁衣剪
- 各色印花、条纹碎布
- 缝纫机、配色线
- 40厘米×160厘米的素色布（衬布）
- 熨斗
- 手缝针
- 珠针
- 橡皮筋

1 采用平针缝在裙体的顶边下0.5厘米和1.5厘米处分别机缝一条线。拉紧这两根线，在裙子上形成缩褶，使顶边的长度恰好等于腰线的长度。

2 用珠针将腰线固定到缩褶顶边上，手工缝合。腰线向下对折后包裹在顶边上，用珠针固定。在手缝线下方机缝一条线，留返口暂不缝合。从返口处插入橡皮筋，将皮筋打结，形成腰身可伸缩自如的百褶裙。

准备

这款裙子适合的腰围约为58厘米。先从印花、条纹碎布上裁下32条6厘米×40厘米的布带。缝份为0.5厘米，各条布带拼缝成一大块圆筒拼布，作为裙体。从条纹、印花布上各裁下1条6厘米×160厘米的布带，沿着一条长边缝合两布带，作为裙摆处的双饰边。两布正面相对，将饰边和裙体的下摆缝合到一起，将双饰边的底边和衬布缝合到一起。熨平缝份，将裙体翻到正面。再从碎布上裁1条12厘米×80厘米的布带，作为裙子的腰线。

小木屋拼布床罩

Log Cabin Throw

这款床罩选用了经典的小木屋拼布图案。制作时，各块拼布的色调不应过于杂乱，以保证作品风格的整体和谐。

材料

◆ 裁衣剪
◆ 20厘米×90厘米的蓝色灯芯绒布（细条灯芯绒）
◆ 100厘米×90厘米的红色灯芯绒布
◆ 红蓝色调的印花碎布
◆ 200厘米×250厘米的蓝色素布
◆ 珠针
◆ 缝纫机、配色线
◆ 熨斗
◆ 200厘米×250厘米的红色印花衬布

准备

如图所示，成品床罩的尺寸为180厘米×230厘米，由12块蓝心小木屋拼布、6块红心小木屋拼布和17块正方形的蓝色素布组成，床罩的外侧有3层边条。分别从蓝色和红色灯芯绒布上裁下12块和6块边长为10厘米的正方形布块，作为小木屋拼布的中心布。将印花碎布和红色、蓝色灯芯绒布裁成4厘米宽的布带，作为小木屋拼布的外层布。再裁下17块边长为32厘米的正方形蓝色素布。从红色印花碎布、蓝色灯芯绒布上分别裁下4条8厘米宽的布带，作为床罩的边条。拼缝小木屋拼布时，应从内向外拼接各块布料。

1 两布正面相对，将一条印花布带机缝到一块蓝色中心布的右边，剪去超出蓝色布边的印花布。将一条红色灯芯绒布带放到蓝色布和印花布带的顶边上，用剪刀修剪绒布带，使其和顶边对齐，机缝固定。同样，再取一条红色印花布带，修剪后，拼缝到蓝色布的左侧。

2 在蓝色布的底边上放一条红色印花布带，修剪布边，机缝固定，形成一片小木屋拼布的中心。完成后熨平。

收尾

将8块边条缝接到拼布的外侧。再将拼布放到红色印花衬布上，从中心向外疏缝固定两层布。下层的衬布向上卷折13厘米，包住床罩的边条。衬布边向下折少许，盖住毛边，机缝固定折边，为床罩打造出三色边条。喜欢斜接边条的话，可将衬布的四边剪成斜角，采用藏针缝缝合斜接边条。

3 依照逆时针方向，在拼布中心外侧添加各层布带。第1层为蓝色印花布带，第2层为红色印花布带，第3层为蓝色灯芯绒布带。烫平缝份，将拼布修剪为边长32厘米的正方形。依此方法，共拼缝出12块中心为蓝色的小木屋拼布，再拼缝出6块中心为红色的小木屋拼布（各层布带的颜色搭配与蓝色的小木屋拼布恰好相反）。

4 采用旗帜连缝法，将中心为蓝色的小木屋拼布和等大的蓝色素布缝合到一起，使得每4块中心为蓝色的拼布间夹杂有3块蓝色素布，共形成3条蓝色拼布带。同理，将中心为红色的小木屋拼布和蓝色素布缝合到一起，使得每4块蓝色素布间夹杂有3块中心为红色的拼布，形成两条红色拼布带。搭配花色，缝合5条拼布带，形成一大块拼布。

花篮拼布靠垫

Cherry Basket Patchwork Cushion

红色拼布巧妙组合，在白色靠垫上化作别具一格的经典花篮造型，营造了强烈的视觉冲击力和超凡的艺术美感。制作时，除了红色布，也可选用靓丽的素色布和印花布。

材料

- 描图纸、铅笔
- 卡纸
- 美工刀
- 红色、白色碎棉布
- 裁衣剪
- 38 厘米 ×90 厘米的府绸
- 边长为 38 厘米的正方形铺棉
- 针、疏缝线
- 珠针
- 手缝针、手缝线
- 边长为 25 厘米的正方形黏合衬
- 熨斗
- 底布
- 缝纫机、配色线
- 正方形的靠垫芯

准备

参看 P500 的三角形图样，扩印后，在卡纸上描下 18 个三角形，裁下作为纸样。依据纸样，预留出 0.5 厘米的缝份，从红色碎棉布上裁下 12 块三角形，从白色碎布上裁下 6 块三角形。从府绸上裁下两块边长为 38 厘米的正方形布块。将一块铺棉疏缝到一块正方形府绸的背面，作为靠垫面。

1 取珠针，将 4 组红、白色三角形布块固定在一起缝合，形成一块正方形拼布。参看下图靠垫上的拼布组合，在拼布的左、右顶角处，分别拼缝上 4 块三角形（3 块红色和一块白色），形成一块倒立的三角形拼布，作为花篮拼布。

2 用珠针将花篮拼布固定到正方形府绸的中心，拼布的缝份向下折，采用藏针缝缝合拼布边。采用藏针缝将另两块红色三角形布缝到花篮底部的两侧，形成梯形的篮底。

3 在黏合衬上画一个半圆形（直径为 25 厘米），沿着圆弧线裁下一条宽 1 厘米的黏合衬带，熨烫粘贴到红色碎布的背面，预留 0.5 厘米的缝份，从布上裁下作为红色提手。提手的缝份向下折，采用藏针缝缝合到花篮拼布的上方。

收尾

采用刺针绣在每小片拼布和提手的布边上绣出装饰线。参看信封式靠垫套的制作方法，将两块府绸缝到一起，作为靠垫套。最后，填入靠垫芯。

六瓣花拼布针插

Hexagon Pin Cushion

这款造型别致的针插取材于印花布和素色的蓝色碎布，制作起来比较简单，不妨一试！

材料

- 各种蓝色素布、印花布
- 描图纸、铅笔
- 卡纸
- 美工刀
- 珠针
- 针、疏缝线
- 配色线
- 铺棉

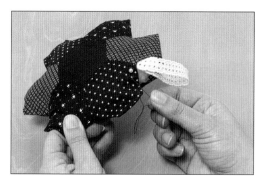

1 用珠针将 14 块六边形布块拼接成两大块六瓣的花朵，花心选用深蓝色素布，六块花瓣均为印花布。沿着缝份线缝合每块花朵拼布。同样方法再制作一块花朵拼布。

2 将两块花朵拼布正面相对叠放，疏缝固定。采用藏针缝沿着花边缝合两层布，并留一段返口暂不缝合。从返口处将拼布翻到正面，填入铺棉，采用藏针缝缝合返口，六瓣花拼布针插制作完成。

准备

扩印本页图样，描到卡纸上，裁下 14 个六边形作为模板。依据模板，预留 0.5 厘米的缝份，从蓝色素布上裁下两块六边形布块，从 3 种花色的蓝色印花布上各裁下 4 块六边形布块。然后，用珠针将各个模板固定到这些六边形布块的背面。

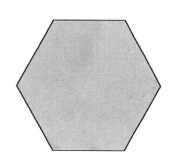

50%

不规则拼布家居鞋

Crazy Patchwork Bootees

这款蓝色调的家居鞋令人眼前一亮，鞋面为蓝色的不规则拼布，鞋里为素雅的蓝色方格布，脚踝处则由可伸缩自如的皮筋束口。送给小宝宝穿，温暖舒适自然不在话下，不失为一件贴心的小礼物。

材料

- 纸、铅笔
- 裁纸剪
- 20厘米×90厘米的蓝色牛仔布
- 20厘米×90厘米的蓝色方格布
- 裁衣剪
- 铺棉
- 各种蓝色碎布
- 珠针
- 针、疏缝线
- 缝纫机、配色线
- 橡皮筋
- 长50厘米的滚边条

准备

参看本页和P500的图样，扩印后，裁下作为纸样。从蓝色牛仔布上裁下两块鞋面、两块鞋底和两块鞋帮。从方格布上裁下两块鞋底和4块里布。裁下两块铺棉鞋底。

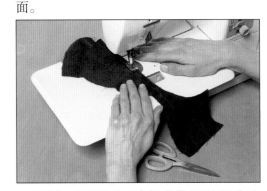

1 从蓝色碎布上裁一些布块，布边下折少许，疏缝到两块蓝色鞋面上。再采用Z形线迹机缝固定，形成不规则拼布鞋面。

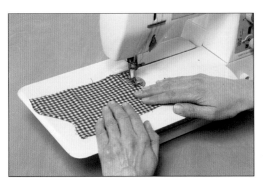

2 沿着短边缝合每两块方格里布。

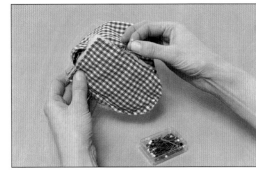

3 两布正面相对，将拼布鞋面的弧线边卡在蓝色牛仔布鞋帮的弧形内，用珠针固定后缝合。用珠针将橡皮筋固定到后侧鞋帮的顶边下并缝合。缝合鞋子后部的接缝处。两布正面相对，用珠针将方格里布固定在鞋帮的外侧，缝合顶边，留下返口，修剪整齐后将鞋子翻到正面。

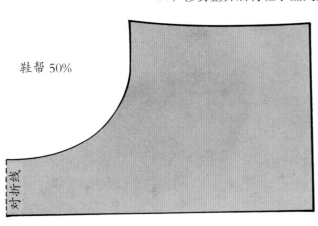

4 将铺棉鞋底夹到蓝色牛仔布、方格鞋底间疏缝固定。将鞋底与装饰有拼布鞋面的鞋帮缝接到一起。最后，环绕鞋身在两布的接缝线上添加滚边条。

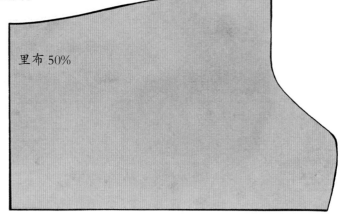

鞋帮 50%

对折线

里布 50%

婴儿拼布靠枕

Baby's Appliqué Pillow

这款婴儿小靠枕上贴缝有星星、小鸟等趣味图案，方格和条纹布围绕在贴布外层，形成了动感十足的双层边条，打盹儿的小鸟仿佛也被唤醒了呢！

材料

- 纸、铅笔
- 热烫式黏合衬
- 各色碎布
- 熨斗
- 裁衣剪
- 36厘米×90厘米的白棉布
- 缝纫机、配色线
- 蓝色、红褐色绣花线
- 双线绣针
- 小纽扣（可选）
- 蓝色方格碎布
- 蓝色条纹碎布
- 边长为25厘米的靠枕芯
- 手缝针、配色线

准备

参看P500的图样，将其描绘到纸上，裁下作为纸样。将这些图案描绘到黏合衬上，裁下，并热烫到各色碎布的背面，裁下作为贴布块。从白棉布上各裁下一块边长为25厘米的小正方形布块和边长为36厘米的大正方形布块。将缝纫机调整为Z形针法，将贴布机缝到小块的正方形白棉布上。采用双线绣针和绣花线，为图案的边缘绣上装饰线。喜欢的话，可以在星星上添加纽扣。裁下4条6厘米×25厘米的方格边条和4条6厘米×36厘米的条纹边条。

1 将各条方格边条的两端剪成斜角，各边条正面相对，用珠针固定，形成斜接的方格边条。

2 用珠针将方格边条固定到带贴布的小正方形棉布上，缝合。用珠针将4条条纹布条固定到方格边条的外侧，斜剪布角，缝合后形成条纹边条。

收尾

两块白棉布正面相对叠齐，缝合各边，并留一段返口。斜剪布角，熨平缝份，从返口处将靠枕套翻到正面。塞入靠枕芯，用藏针缝缝合返口。

拼布立方体布玩

Patchwork Cube

这款五彩缤纷的立方体布玩制作简单，适合初学拼布者尝试。制作时不妨大胆尝试，为立方体缝制 6 块各不相同的拼布面。

材料

- 5 条花色各异的 7 厘米 ×90 厘米布带
- 裁衣剪
- 珠针
- 缝纫机、配色线
- 铺棉
- 手缝针、配色线

准备

　　将布带裁剪成 13 块边长为 7 厘米的正方形布块。依据下方的图示，将一些布块裁剪为三角形，搭配花色，斜拼成正方形的拼布块，另一些布块对折后裁开，搭配花色，两两结合拼成正方形的拼布块。每 9 块拼布块摆放在一起，用珠针固定，形成一块正方形拼布区块，共需 6 块。建议为每个拼布面设计不同的花色搭配和拼接方式。

1 使用缝纫机和配色线，采用旗帜连缝法将摆放好的布块拼缝到一起，形成 6 块各不相同的正方形拼布区块。

2 各块拼布区块正面相对，在一块拼布四周用珠针固定 4 块拼布，四边缝合后，将外侧拼布竖立起来，缝合各边，形成无盖的正方形布盒。用珠针将最后一块拼布固定到盒盖上，缝合 3 条顶边，留一边作为返口。从返口处将拼布翻到正面，填入铺棉，采用藏针缝缝合返口。取一条布带对折后缝到立方体的一个布角，作为立方体布玩的吊环。

弧形拼布行李袋

Patchwork Duffel Bag

这款色彩绚丽的行李袋由三种色调的弧形布交错拼接而成。相接的弧形走势上下相对，形成一条条上下起伏的波浪纹。

材料

- 边长为50厘米的正方形蓝绿色棉布
- 裁衣剪
- 100厘米×90厘米的黑色棉布
- 100厘米×90厘米的黑色里布
- 纸、铅笔
- 卡纸
- 边长为40厘米的正方形印花棉布
- 珠针
- 缝纫机、配色线
- 熨斗
- 长80厘米窄窄的滚边绳
- 热烫式黏合衬
- 长60厘米的滚边胶带
- 针、疏缝线
- 7个铜环（直径约1厘米）
- 长200厘米的线绳

准备

这款行李袋50厘米宽、75厘米深，由24块长方形拼布块组成，每块拼布则由上、中、下3块拼布块组成。先裁下8厘米×80厘米的蓝绿色布，作为袋顶的布带。从黑色棉布、里布上各裁下一块直径为30厘米的圆形布，作为袋底的表布和里布，裁下一条和圆周等长的滚边条。再裁下一块55厘米×85厘米的黑色里布，作为袋体的里布。

收尾

拼布、里布袋体背面相对叠齐，疏缝固定。把窄滚边绳夹在黑色的滚边条里，然后和袋底一起缝合在袋体上。将黏合衬热烫到蓝绿色布带的背面，布带的两条长边折向背面，用珠针固定到顶边上。将滚边胶带裁成6段，分别套进铜环，将胶带对折，粘在袋顶的蓝绿色边条上，缝合边条。将最后一个铜环缝到袋底。线绳从袋顶的6个铜环内穿过，拉紧线绳封合袋口，再将线绳穿过袋底的铜环，系成蝴蝶结。

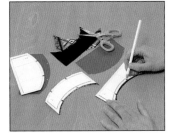

1 用铅笔将P501的上、中、下图样描到卡纸上，裁下作为纸样。从黑色布、印花布和蓝绿色布上均裁下24块上、中、下拼布块。依据纸样上的凹口位置，在拼布块上做标记，并剪出V形凹口。

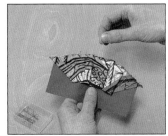

2 将上、中、下3层拼布块摆放到一起，使各个V形凹口恰好重叠，用珠针固定，形成24块长方形的拼布块。缝合各块拼布，烫平缝份。

3 如图所示，将各块长方形拼布摆放到一起，注意，应使拼布的弧形走向上下相反，形成起伏的波浪纹。采用旗帜连缝法将每4块拼布块缝合在一起，形成6条拼布带。缝合各条拼布带，形成一大块纵、横向为6×4块布块的拼布区块，作为拼布袋体。

自由风棉布收纳袋

Calico Bag

这款白棉布收纳袋简单大方，底部和插袋上饰有纫缝的花纹，牢固耐用，特别适合旅行时使用，外层的插袋内可放入小香皂、毛巾、牙刷等洗漱用品。

材料

- 300 厘米 ×90 厘米的白棉布
- 50 厘米 ×90 厘米的灯芯绒布
- 长 100 厘米的铺棉
- 裁衣剪
- 水消笔
- 珠针
- 针、疏缝线
- 缝纫机、配色线
- 7 粒金属扣眼（直径约 1 厘米）
- 长 200 厘米的棉绳

1 将圆形铺棉夹在圆形白棉布、灯芯绒布中间，疏缝固定。将缝纫机调整为 Z 形针法，在棉布袋底上从内向外机缝出螺旋线。疏缝夹有铺棉的白棉布插袋，用缝纫机在棉布上压出平行线。完成后拆去疏缝线。

2 用珠针将滚边条固定到袋底的布边上，仔细缝合为袋底包边。将短布带放置到长布带的一端，长布带上形成 5 厘米 ×8 厘米的双层布，疏缝后缝合两层布，在双层布上固定一粒金属扣眼。

准备

从白棉布、灯芯绒布上各裁下一块直径为 43 厘米的圆形布，裁下一块等大的圆形铺棉，作为袋底。测量袋底的周长，从白棉布上裁下一块等长的布，布宽为 45 厘米。纵向对折该布，中间夹入铺棉，用珠针固定，作为袋子的插袋。从白棉布上裁下一块和袋底圆周等长的布，布宽为 60 厘米，作为袋体。从白棉布上裁下 5 条 8 厘米 ×55 厘米的中等长度布带、一条 8 厘米 ×65 厘米的长布带和一条 5 厘米 ×8 厘米的短布带，再裁下一条和袋底圆周等长的滚边条。

3 用珠针将 6 条布带竖直固定在插袋上，各条布带间距均匀，带金属扣眼的长布带位于中心，且伸出插袋的底部 4 厘米，插袋和袋体的底边对齐后固定。将插袋和布带机缝固定到袋体上。

收尾

袋体的顶边向外折 1 厘米，卷折 5 厘米，再卷折 5 厘米，烫平折边，机缝固定。将袋底和袋体缝合到一起并滚边。在 6 条布带的顶部各固定一粒金属扣眼，穿入棉绳，拉紧后封合袋口。

莫拉拼布隔热垫

San Blas Oven Mitts

这款隔热垫的小鸟图案是由多层颜色艳丽的布料层层叠加而成的。制作时，剪开上层的布，让下层的彩色布露出来，再手工缝合镂空框外的布边，显示出色彩斑斓的鸟形。这种手法即为莫拉拼布（Mola）。它为巴拿马海域圣布拉斯群岛的土著印第安人所常用，其作品图案多以大自然的景象和鸟类或其他动物图案为主。

材料

- 布用复写纸
- 裁衣剪
- 90厘米×45厘米的红色棉布
- 90厘米×45厘米的蓝色棉布
- 90厘米×45厘米的白色不织布
- 水消笔
- 40厘米×23厘米的黄色棉布
- 40厘米×23厘米的绿色棉布
- 纸、铅笔
- 珠针
- 绣花剪
- 双线绣针
- 红色、蓝色、绿色绣花线
- 熨斗
- 25厘米×2.5厘米的红色滚边条

准备

　　裁下一张75厘米×18厘米的布用复写纸，两条短边剪成半圆形，作为隔热垫的纸样。从红、蓝色棉布和白色不织布上裁下等大的布带。纸样的圆边向内量取20厘米，画一条标记线，沿线裁开，这块20厘米×18厘米的半圆形纸即为拼布图案所在区域。依据该纸样，从红、黄、绿色棉布上裁下两块半圆形布，从蓝色棉布和白色不织布上裁下4块半圆形布。

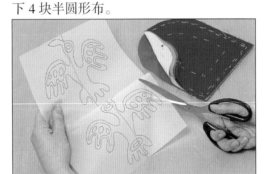

1 将各块半圆形棉布叠加，成为两块多层布，布层从下向上依次为：蓝、黄、绿、蓝和红色。用珠针将底层蓝布上的3层布固定在一起。参看 P501 的小鸟图样，扩印后，描绘到两张纸上，描摹时，使两只小鸟的鸟头朝向恰好相反。

2 裁一块小鸟纸样，放置到叠加的红色布上。用铅笔在布上描出小鸟轮廓。在轮廓线外 0.5 厘米处缝上疏缝线，作为小鸟轮廓的标示线。

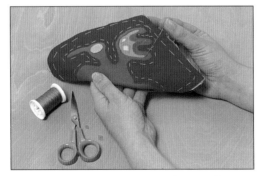

4 在蓝色布上描出翅膀、鸟头和鸟尾。裁去这些部位的蓝色布，露出下层的绿色布，用蓝色线缝合绿色框外的蓝色布。然后，依据纸样上绿色布区域内的装饰框，裁去相应区域的绿色布，露出下层的黄色布，用绿色线缝合黄色框外的绿色布。同法，完成另一块小鸟拼布。拆去疏缝线，熨平布料。将底层的蓝色布疏缝到上层黄色布上，作为小鸟拼布的里布。使用滚边条为两块小鸟拼布滚边。

5 对齐半圆布边，将各块白色的半圆形布疏缝到白色不织布带的两端，将蓝色布带放置在上层，疏缝固定。沿着蓝色布的长边每隔 4 厘米画竖线，沿线机缝出多条红线，拆去疏缝的线迹。将红色布带疏缝到白色不织布带上。对齐半圆布边，将两块小鸟拼布摆放到蓝色布带的两端，疏缝后，沿着拼布边缝合，取滚边条为接缝线滚边。然后，将滚边条绕成一个环形，机缝到隔热垫的布边上。

3 依据标记线裁去线内的红色布，露出下层的蓝色布。红色布边向下折少许，用红色线以藏针缝将红色布边和下层布缝合到一起。

莫拉拼布靠垫

San Blas Cushion

这款作品上的莫拉拼布由多层色调鲜亮的布料叠加、镂空剪裁而成，以剪裁成流苏边的黄麻粗布做底，再缝到黄麻粗布靠垫的中心。整款靠垫充满原始、神秘的民俗风情，令人浮想联翩。

材料

- 50厘米×90厘米的红色棉布
- 50厘米×90厘米的黄色棉布
- 50厘米×90厘米的绿色棉布
- 50厘米×90厘米的蓝色棉布
- 裁衣剪
- 纸、铅笔
- 针、疏缝线
- 双线绣针
- 黄色、红色、绿色和亚麻色绣花线
- 80厘米×90厘米的黄麻粗布
- 珠针
- 缝纫机、配色线
- 边长为40厘米的正方形靠垫芯

准备

　　裁下多块边长为20厘米的正方形布：3块红色、两块黄色、一块绿色和一块蓝色。将各布块层层叠加在一起，从下向上依次为红、黄、绿、红、黄、蓝、红，取针线疏缝固定。扩印小鸟图样，描到顶层的红色布上。参看P414隔热垫的莫拉拼布手法，并依据靠垫上的颜色排列，剪裁各层布，制作成小鸟拼布。拼布边向内量取1厘米，机缝一圈线，裁去机缝线外的布边。裁下两块边长为43厘米的正方形黄麻粗布，作为靠垫套用布。再从黄麻粗布上裁下一块边长为28厘米的小正方形布块。

1 取珠针将小鸟拼布固定到小块黄麻粗布的中心。将缝纫机调整为Z形针法，在拼布边上机缝出缎纹绣线迹。用珠针将拼布四边外的黄麻粗布挑散，形成流苏边条。将两块边长为43厘米的正方形黄麻粗布缝合成信封式靠垫套，将小鸟拼布贴缝到靠垫套的中心，填入靠垫芯。

50%

莫拉拼布拉绳袋

San Blas Drawstring Bag

这款色彩鲜艳的拉绳袋的前片是由9块拼布拼接而成的，5块布块为精心打造的莫拉拼布，展现了充满南美洲民俗风情的蝴蝶、孔雀和小鱼等动物造型。

材料

- 45厘米×71厘米的红色棉布
- 缝纫机、红色机缝线
- 25厘米×90厘米的红色棉布
- 25厘米×90厘米的黄色棉布
- 25厘米×90厘米的蓝色棉布
- 25厘米×90厘米的绿色棉布
- 裁衣剪
- 描图纸、铅笔
- 珠针
- 双线绣针
- 红色、黄色、蓝色、绿色绣花线
- 绣花剪
- 长100厘米的粗绳带

准备

将大块红色棉布的一条长边向下折5厘米，折边的毛边向内压，用缝纫机缝合折边，作为袋子的拉绳通道。将各色棉布裁成边长为11厘米的正方形布块，作为拉绳袋正面的拼布块。组合搭配颜色，将一些正方形布叠加成5块多层布，疏缝固定。扩印右侧的动物图样，分别描摹到5块多层布上，采用莫拉拼布手法剪裁各层布，形成5块动物拼布。

1 另取4块正方形布块，如图所示与5块动物拼布交错搭配，用珠针固定，形成3个区块，将各个区块拼缝成一块正方形拼布。

收尾

将拼布平铺在带折边的红色棉布上，沿两边对齐后用珠针固定。将缝纫机调整为Z形针法，缝合两布。红色棉布正面相对，沿着长边的中线对折，形成袋体，缝合袋子的底边和侧边。将袋子翻到正面，将绳带穿入顶边的拉绳通道内，绳带的两端打结，封合袋口。

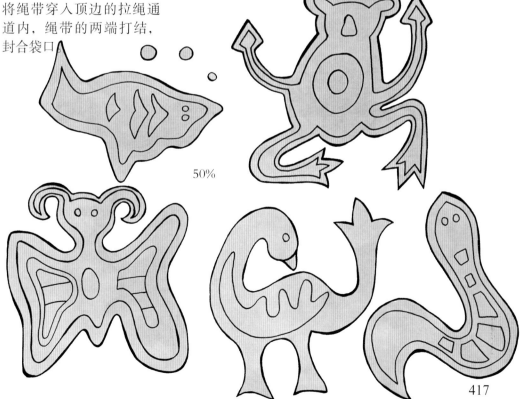

50%

花样彩衣笔记本
Notebook Cover

笔记本的封面罩上了用彩色卡纸剪裁而成的塞米诺（菱格）拼布图案。制作时，可将卡纸斜向裁剪，然后拼接在一起形成五彩菱形。喜欢的话，可为电话本、日记本装饰上同样绚丽的花样彩衣。

材料

- ◆ 笔记本
- ◆ 卡纸
- ◆ 各色彩纸
- ◆ 铅笔
- ◆ 美工刀
- ◆ 裁纸剪
- ◆ 缝纫机、配色线
- ◆ 胶水
- ◆ 纸用清漆

准备

将笔记本展开，平铺在一张卡纸上，沿着笔记本的轮廓在纸上画线。取直尺和美工刀，沿线裁下长方形卡纸。将卡纸从中间对折，用力压紧折线，形成清晰的折痕。

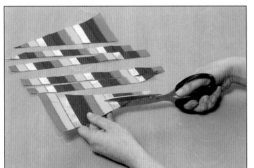

1 将彩纸裁成2厘米宽的纸条。将缝纫机调整为Z形针法，纸边对齐后，机缝拼接成一大张彩色条纹纸。如图所示，从该纸上斜裁出宽2厘米的纸带，纸带上呈现菱形的塞米诺图案。

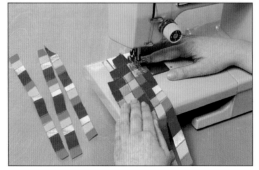

2 将各条纸带竖直排列摆放到一起，纸带的端点上下错开，拼成竖直的菱格图案，再机缝拼接到一起，形成一张菱格彩纸。

收尾

将彩纸裁剪成长方形，用胶水粘贴到与笔记本等大的卡纸上。晾置待胶水风干，再沿着卡纸的轮廓裁剪该彩纸。在彩纸上喷一层清漆，晾干后粘到笔记本的封皮上。

菱格拼布衣架

Padded Coat Hanger

在这款布艺衣架内部塞入填充棉，外部裹以柔软光滑的菱格丝绸拼布，造型美观，经久耐用。收纳衣物时，可保持衣物的自然形态。

材料

- 木质衣架，长37厘米
- 胶带
- 铺棉
- 裁衣剪
- 针、疏缝线
- 3种颜色的绸带，5厘米×50厘米
- 缝纫机、配色线
- 水消笔
- 丝带

准备

测量木质衣架的尺寸，裁剪相应大小的铺棉，绕着衣架包裹一周。将铺棉的两边疏缝到一起，衣架外形成棉层。

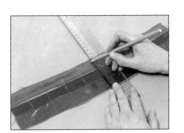

1 3条绸带的长边对齐并排摆放到一起，机缝拼接成三色拼布。拼布的长边上每隔5厘米做个标记，并裁成多条拼布块。

2 如图所示，各条拼布块部分重叠摆放到一起，每两条布块的两端上下交错，且相邻拼布块的颜色上下倒置，缝合成一块色彩斑斓的菱格拼布。再拼缝一块等大的拼布。两块拼布正面相对叠齐，沿四边缝合到一起，顶边的中心留个较长的返口。

3 从返口处将拼布翻到正面，将裹着铺棉的衣架塞入拼布内。返口的布边向下折少许，采用藏针缝缝合。

收尾

取一段丝带，包裹在衣架的金属挂钩上，采用藏针缝缝合丝带，让挂钩也穿上丝绸衣。

五彩拼纸礼品签

将彩纸剪成纸带，有序拼接在一起就形成了这款五彩缤纷、极具创意的礼品签。若采用有印花图案的礼品包装纸，图案会更加丰富有动感。

材料

- ◆ 多张彩纸
- ◆ 裁纸剪
- ◆ 缝纫机、配色线
- ◆ 卡纸
- ◆ 纸艺胶水
- ◆ 纸用清漆
- ◆ 打孔机
- ◆ 丝带

准备

　　裁下两条颜色不同的纸带，宽 2 厘米，再从另两色的彩纸上各裁下一条宽 1 厘米的窄纸带。宽、窄纸带长边对齐后交错摆放，将缝纫机调整为 Z 形针法，缝合后形成一张四色拼纸。裁下 3 条颜色不同的纸带，宽度分别为 3 厘米、2 厘米和 1 厘米。将 1 厘米宽的纸带放置在另两条纸带中间，机缝拼接成一张三色拼纸。

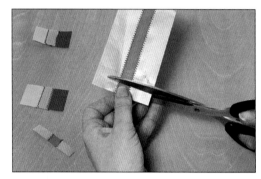

1 将双色拼纸竖直裁切成多条 1 厘米宽的纸带，再将三色拼纸竖直裁切成 2 厘米宽的纸带。

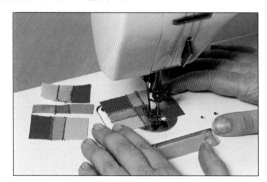

2 如图所示，将窄纸带摆放到两条宽纸带中间，且两条宽纸带的颜色呈斜角对称，采用 Z 形针法，机缝固定各条纸带，形成一张多色拼纸。

准备

　　从 A 色彩纸上裁两条 2 厘米宽的纸带，从 B 色彩纸上裁一条 1 厘米宽的纸带。将 B 色纸带摆放在两条 A 色纸带中间，各边略微重叠，将缝纫机调整为 Z 形针法，缝合形成一张双色拼纸。裁下两条 2 厘米宽、颜色不同的宽纸带和一条宽 1 厘米的 A 色窄纸带，窄纸带放在两条宽纸带中间，机缝拼接成一张三色拼纸。

收尾

　　裁剪两张和拼纸大小对等的卡纸，用胶水分别粘贴到对应拼纸的背面。为两张拼纸分别喷上一层纸用清漆，晾置等待风干，做成两张彩色礼品签。使用打孔机，在每张礼品签的一角打孔，并在孔内穿入丝带。

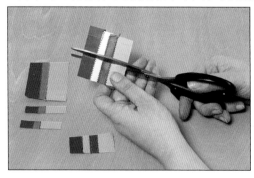

1 将四色拼纸裁剪成 2 厘米宽的纸带，将三色拼纸裁剪成 1 厘米宽的纸带。

2 如图所示，将两条窄纸带摆放在两条宽纸带中间，纸带的颜色分别呈斜角对称，采用 Z 形针法缝合 4 条纸带，形成一张多色拼纸。

日本刺绣拼布被

刺绣拼布源于18世纪的日本。它的表现形式为：白色线＋平针绣＋靛蓝土布，其中铺棉夹在两层靛蓝土布之间，布上的白色线迹越密集，拼布越耐用。当时，这种拼布广泛用作消防员的防护服。

材料

- 卡纸
- 铅笔
- 美工刀
- 多块200厘米×90厘米的蓝色素布、印花布
- 裁衣剪
- 130厘米×160厘米的铺棉
- 缝纫机、配色线
- 熨斗
- 珠针
- 130厘米×160厘米的棉质里布
- 水消笔
- 白色绗缝线
- 双线绣针

准备

从卡纸上裁剪3张正方形纸，边长分别为11厘米、5厘米和3厘米。取最大的正方形卡纸作为纸样，从各块蓝色素布、印花布上裁下180块等大的正方形布块。

1 使用中、小正方形卡纸作为对照，在每块素色布块的中心描3个正方形：一个为中号菱形，菱形内描绘一个小菱形和一个小正方形。

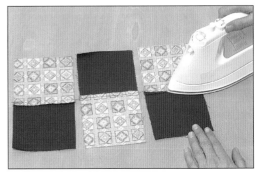

2 搭配素色、印花布块，拼接成一块纵、横向分别由15、12块布块组成的拼布。采用旗帜连缝法机缝每组布块。烫平缝份，使其左右分开倒向两侧。机缝各条拼布带，形成一大块拼布。

3 将铺棉夹在棉质里布和拼布之间，用珠针固定后疏缝。采用平针缝，以素色布上的菱形、正方形边线为依照，在布上用白色绗缝线机缝。

收尾

裁剪超出布边的铺棉，将里布的各边向内裁剪，使其比拼布边宽2厘米，里布向上折，盖住拼布边。将边角裁成斜线，采用藏针缝缝合拼布和里布。

双色镂空长枕

Bolster Cushion

这款长枕由两层布叠加而成，内、外层分别为彩色丝绸和白棉布。制作时，在白棉布上裁出多个排列工整的剪口，剪口处的棉布向下折，与下层丝绸缝合到一起，形成色调交错、立体感强的镂空花式长枕。喜欢的话，还可以为长枕添加浪漫温馨的流苏。

材料

◆ 描图纸、铅笔
◆ 70 厘米 ×90 厘米的白棉布
◆ 70 厘米 ×90 厘米的丝绸
◆ 裁衣剪
◆ 水消笔
◆ 锋利的剪刀
◆ 熨斗
◆ 针、疏缝线
◆ 缝纫机、配色线
◆ 填充棉

准备

参考本页枕套主体和枕侧的图样，扩印后描绘到纸上，裁下作为纸样。依据纸样，从丝绸和白棉布上各裁下一块长方形布块，作为主体的内、外层用布，再从这两布块上各裁下两块圆形布，作为枕侧用布。从白棉布上裁下两条5厘米×55厘米的布带，用于制作流苏饰带。

收尾

枕套主体正面向内对折，缝合两条短边，并在布边上留10厘米长的返口，形成一个圆筒状枕套。将两条白棉布带分别疏缝到两侧圆边上。三布正面相对，用珠针将两片枕侧固定到枕套两侧，缝合3块布，形成双层的枕套。从返口处将枕套翻到正面，用针挑散布带的布边，形成流苏。填入足量填充棉，使长枕内部饱满，再采用藏针缝缝合返口。

1 参照纸样，使用水消笔在各块白棉布上描绘出斜线，沿线用锋利的剪刀裁出剪口。

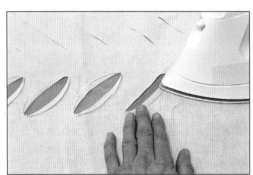

2 将剪口处的布边折向布的背面，取熨斗烫平折边，在白棉布上形成多个枣核形镂空。各块白棉布放置到对应形状的丝绸上，将镂空的折边疏缝到下层绸布上。

3 沿着枣核形镂空处的折边用藏针缝缝合两层布，形成一片枕套主体和两片圆形枕侧。反面熨平。

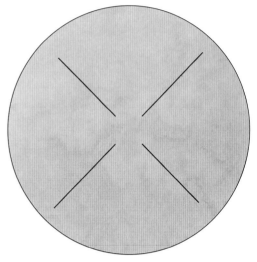

侧片直径为 18 厘米

50 厘米

40 厘米　　　主体

镂空贴布书皮

Book Cover

这款布艺书皮色调绚丽，各色布带令人联想到雨后彩虹的五彩斑斓。制作时，可在布上裁出一排长方形镂空框，再将各色布带镶嵌入镂空框内。嵌布手法虽然简单，但效果不同凡响。

材料

- 书
- 黑色绸布（尺寸比书略大5厘米）
- 水消笔
- 裁衣剪
- 橘黄色绸布（尺寸为黑色丝绸的两倍）
- 针、疏缝线
- 锋利的剪刀
- 珠针
- 各色鲜艳的绸布块
- 缝纫机
- 配色线

准备

将书打开，放到黑色绸布上，描下书的轮廓线，在轮廓线外预留2.5厘米的缝份并裁剪绸布。再裁下一块等大的橘黄色绸布。将剩下的橘黄色绸布对折，把合上的书放到布上，用铅笔描下书的轮廓线，轮廓线外预留缝份，裁下这两块绸布，作为书皮的内层口袋用布。

收尾

将书皮的左、右侧边向内折少许，机缝折边。用珠针将两块小块的橘黄色绸布左、右分开放置到书皮的内层，采用藏针缝缝合内、外书皮的三边，位于书皮中线附近的布边不用缝合，形成口袋式书皮。最后，将书插入书皮内层的左、右口袋内。

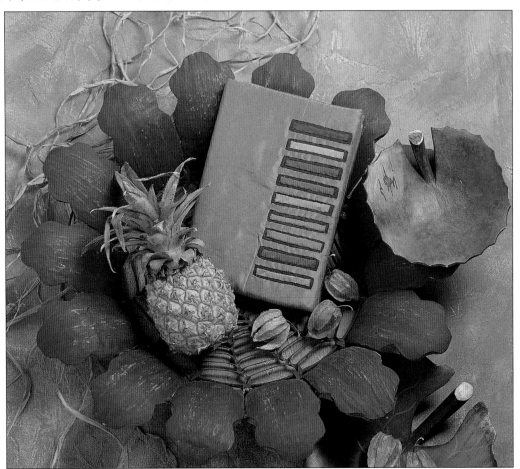

1 将大块橘黄色绸布放到黑色绸布上，各边对齐后疏缝，作为封面、封底书皮。用铅笔在封面书皮的右侧从上向下绘制几个等大的长方形。沿线疏缝两层布，在橘黄色绸布上剪出各个镂空框。镂空处的布边向下折，用珠针固定，缝合到下层黑色绸布上。

2 将各色绸布裁成与镂空框等大的布带，放置到各个镂空的中心并疏缝。布带的毛边向下折少许，使彩色布带外露出黑边，采用藏针缝将各条布带和底层黑色绸布缝到一起。

不规则剪口收纳袋

Slashed Silk Bag

这款收纳袋的制作方法和外观一样疯狂：各色绸布层层叠加，裁出多个竖直的剪口，剪口两侧的布层外翻，多条平行线迹压住剪口外超出的线头，使整款袋子色彩缤纷，层次丰富，令人过目不忘。袋口用绸布环和绸布结扣固定。

材料

- 25 厘米 ×90 厘米的白棉布
- 裁衣剪
- 熨斗
- 15 厘米 ×90 厘米的热烫式黏合衬
- 6 块颜色不同的绸布
- 珠针
- 缝纫机、配色线
- 绣花剪

准备

从白棉布上裁下 10 块边长为 12.5 厘米的正方形布块。将黏合衬裁成等大的正方形，在每一块白棉布背面热烫上黏合衬，黏合每两块棉布，形成 5 块加厚的白棉布。将绸布裁剪成多块等大的正方形，每块棉布上叠加 6 块颜色不同的绸布，并用珠针固定。

1 取一块多层布，各布边向内 1 厘米处机缝一条线，形成正方形的线迹。在正方形线迹内每隔 1 厘米机缝一条竖线。用剪刀除去底层的白棉布，裁开竖线间的各层布，使布上形成多条竖直的剪口。

2 将剪口处的布边向外翻，从一侧布边开始向着对侧机缝出一条水平线迹，向下挪动 1 厘米，再反向机缝另一条线。依此类推，在布上机缝多条水平线，压住剪口处的毛边。同法裁剪、缝合其余 4 块多层布。

3 取两块多层布，底层的白棉布相对摆放整齐，一布边向内移 1 厘米缝合该边。将另外 3 块布缝到一块布的其余各边上。

收尾

将中心的布作为袋底，缝合外围的 4 块布，形成无盖的立方形袋子。将丝带绕成环形，缝合到袋子的一条顶边上。取绸布做一个结扣，缝在对侧的顶边上，绸布环搭上即可封合袋口。

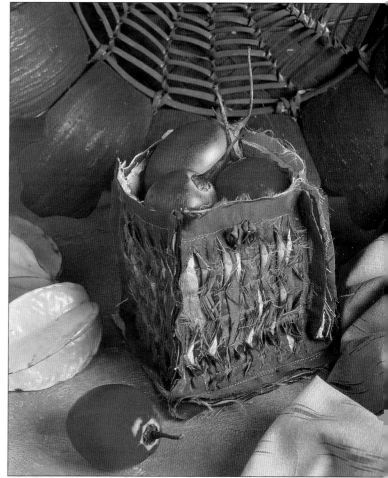

镂空贴布婴儿毯

Baby Blanket

这款婴儿毯上的图案也是采用镂空贴布方式制作而成的。小鸟的身体采用了色调不一的贴布，轮廓则由颜色鲜艳的绣线勾勒而成。整个图案立体生动、栩栩如生。

材料

- 羊毛毯
- 裁衣剪
- 纸、铅笔
- 卡纸
- 美工刀
- 各色毛毯碎布
- 珠针
- 水消笔
- 针、疏缝线
- 锋利的剪刀
- 缝纫机、配色线
- 熨斗
- 各色绣花线
- 双线绣针

准备

　　裁剪羊毛毯，使其和摇篮、婴儿床的大小相称。将右侧的小鸟图样扩印后描绘到卡纸上，裁下各部分作为纸样。依据纸样，并预留2厘米的缝份，从各色毛毯碎布上裁下小鸟的头部、翅膀、身体和尾部贴布。将各片纸样放到羊毛毯的正面，沿着纸边在布上描绘出小鸟各部分的轮廓线，拿去纸样，沿线在毯上疏缝出小鸟轮廓。

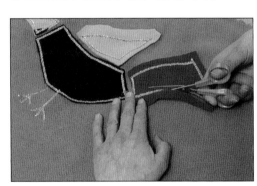

1 以羊毛毯背面的疏缝线为依据，将各块贴布正面向下，用珠针将其固定到羊毛毯背面的相应位置，疏缝固定。

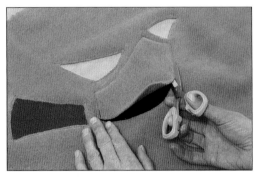

2 将羊毛毯翻到正面，沿着疏缝线裁出小鸟各部分，镂空处露出下层的贴布。

3 将羊毛毯翻到反面，用珠针将纸样固定到对应贴布上，将缝纫机调整为Z形针法，在纸边压上缎纹绣线迹，再在腹部下方绣两条鸟腿。拆除纸样，剪去超出线外的布边。

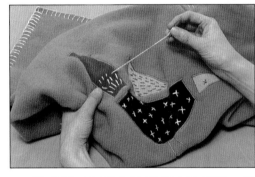

4 将毛毯正面的布边下折少许熨平，取手缝针和对比色的手缝线，用锁边缝针法为毛毯锁边。使用绣花线和双线绣针，如图所示，在小鸟上绣一些花样线条，让小鸟图案更加丰富生动。

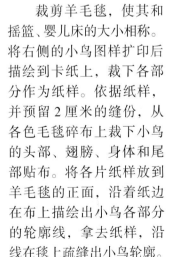

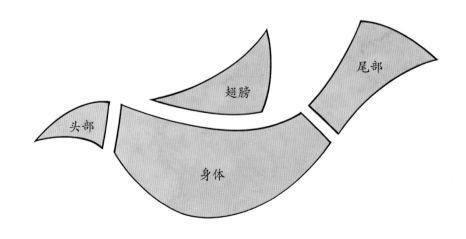

头部　翅膀　尾部　身体

塞米诺拼布边浴巾

Seminole Towel

将塞米诺拼布的菱格图案一裁为二，成为双拼三角形的多条布带，装饰在这款浴巾的底边上，令普通浴巾魅力倍增。洗浴间仿佛也蓬荜生辉了呢！

材料

- 两块颜色不同的棉布，12 厘米 ×90 厘米
- 水消笔
- 裁衣剪
- 熨斗
- 热烫式黏合衬
- 缝纫机、配色线
- 20 厘米 ×90 厘米的底布
- 珠针
- 浴巾

准备

从两块彩色棉布上各裁下 3 条 6 厘米 ×40 厘米的布带，交错搭配，将 6 条布带热烫到一大张黏合衬上。采用 Z 形针法，将其机缝成一块条纹拼布。

1 将拼布裁剪成多条2厘米宽的布带。如图所示，各条布带以统一的斜角摆放在底布上，各布带的两端上下交错，使同色的菱形位于一条水平线上，然后热烫固定。采用Z形针法，将各条布带缝成一块拼布。

2 在每一行菱形的中心画线，沿线裁开，形成由双色三角形拼接而成的窄布带。

3 展开浴巾，在浴巾的每条短边上水平放置 3 条窄布带，注意使布带间距均匀，形成浴巾的边条，用珠针固定后机缝。

鸡蛋保温罩

Quilted Egg Cosy

保温罩采用了温暖的红色棉布，上面饰有多条白色的纴缝线，顶部还有毛线扎成的流苏。这款可爱的保温罩酷似迷你型的尼泊尔纴缝帽，为鸡蛋打造了一个温暖的布艺小家。

材料

- 卡纸、铅笔
- 美工刀
- 裁衣剪
- 18 厘米 ×24 厘米的素色棉布
- 18 厘米 ×24 厘米的里布（对比色）
- 15 厘米 ×20 厘米的铺棉
- 针、疏缝线
- 水消笔
- 白色纴缝线
- 双线绣针
- 刺绣线
- 缝纫机、配色线
- 各色毛线

准备

　　将右侧的保温罩图样扩印后描绘到卡纸上，裁下作为纸样。依照纸样，预留 1 厘米的缝份，从棉布、里布上均裁下两块等大的布。裁下两块与纸样等大的铺棉，分别夹在里布和棉布之间，取针线疏缝固定，作为两块罩体布。用铅笔在罩体的棉布上随意画一些几何图形和线条。

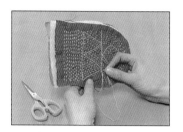

1 使用双线绣针和纴缝线，采用小针脚沿着铅笔线在两片罩体棉布上用平针缝缝出几何图形和花式线条。

2 裁剪棉布，使其和铺棉等大。里布的底边向上折，包住上层的棉布，机缝折边。两块罩体棉布叠放整齐，沿着缝份线缝合各边（除了底边外），将罩体翻到正面。

3 裁下一张 1 厘米 ×2.5 厘米的卡纸，取几条不同颜色的毛线，沿卡纸的两侧多绕几次。绕的次数越多，流苏顶越大。

50%

收尾

　　抽去毛线环内的卡纸，取一小段毛线，扎紧毛线环的顶部。用剪刀剪开毛线环的底部，使毛线散开呈绒球状。最后，将毛线流苏缝在保温罩的顶部。

苗族镂空贴布相框

Pa Ndau Appliqué Frame

这款镂空贴布相框上展示的迷宫图案源自东南亚地区的苗族，俗称"蜻蜓路"或"青蛙腿"。迷宫中的线密集交错，是采用一种复杂的镂空贴布手法制作而成的。

材料

- 裁衣剪
- 45 厘米 ×90 厘米的黑色棉布
- 30 厘米 ×60 厘米的白色棉布
- 边长为 45 厘米的正方形方格纸
- 铅笔
- 粗头的黑色钢笔
- 烫衣剂
- 熨斗
- 水消笔
- 珠针
- 手缝针、配色线
- 绣花剪
- 2 个边长分别为 17.5 厘米和 16.5 厘米的正方形磁性框
- 布用胶水
- 双面胶带
- 铜质窗帘环

准备

将黑色棉布对折，裁成两块边长为 45 厘米的正方形布块。将白色棉布对折，裁成两块边长为 30 厘米的正方形布块。

1 参看 P502 的迷宫图样，扩印后描绘到方格纸上，使用粗头的黑色钢笔，将图样内的黑色部分涂黑。取一块正方形白色棉布，布的两面均喷上烫衣剂，熨烫布料使棉布更加挺括。将该布放到方格纸上，用水消笔在布上标记出迷宫图案中的拐角点。

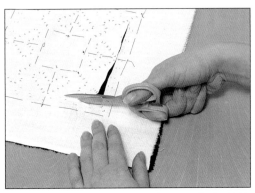

2 取一块黑色棉布，夹在两层白色的棉布之间，使带有标记的白棉布位于顶层。用珠针固定迷宫的内、外层布边，并取针线疏缝。再沿着迷宫框的中线纵、横向疏缝，将迷宫均分为四部分。依据布上各标记点在纵、横向形成的虚线框内（每两条虚线形成一框）从外向内操作：在框内紧贴外侧虚线裁出剪口，注意不要剪破下层的黑布。

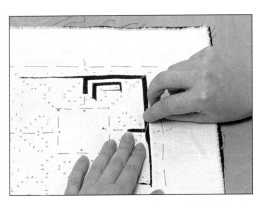

3 借助针尖，将剪口两侧的白色布边向下折少许，采用藏针缝将折边与下层的黑布缝合到一起。缝到拐角时，将布边压紧，形成直角边，然后缝合。依此类推，以标记点作为指导，必要时可参考纸样上的黑白区域分布，在布上裁出相应的剪口，并将布边下折，采用藏针缝缝合到底层黑色布上，使布上形成黑白分明的迷宫图案。

4 迷宫贴布的外侧布边向下折少许，用珠针固定折边。取大号的磁性框，在框中心裁出一个边长为 6 厘米的正方形镂空框。迷宫贴布正面向下放置，将镂空的磁性框放置在布上，贴布的中心裁出等大的镂空框，边上粘一些双面胶带，与磁性框黏合成一体。将另一块黑色棉布粘贴到小号的磁性框上。将大、小号磁性框叠放在一起，大框的贴布和小框的黑布均朝向一侧，用藏针缝缝合两层磁性框的布边。最后，将一个铜环缝到相框的顶边上。

贴布饰边羊毛帽

Wool Hat

这款羊毛帽的设计从上到下透着几分独特，顶部的帽带交错打结后自然下垂，卷折式的帽檐上装饰了多片可爱的镂空贴布，并留下了规则的卷针缝线迹。别样的暖帽在下雪的天气里也是一道亮丽的风景呢！

材料

- 40厘米×90厘米的羊毛毯布
- 裁衣剪
- 描图纸、铅笔
- 卡纸
- 美工刀
- 水消笔
- 两块颜色不同的毛毯碎布
- 60厘米×5厘米的热烫式黏合衬
- 熨斗
- 手缝针、手缝线（对比色）
- 缝纫机、配色线

准备

从毛毯布上裁下一块40厘米×60厘米的长方形布块，布边向下折两次，宽2厘米，机缝固定，作为帽体。从毛毯布上裁下两条23厘米×5厘米的布带。将本页图样描绘到卡纸上，裁下作为纸样。

1 将纸样交错摆放在帽体的底边上，描下轮廓线，沿线裁切挖空，在帽檐上形成一排镂空图形。

2 将纸样摆放到两块毛毯碎布上，描出轮廓线，分别裁下相同数量的心形、四角星贴布。将贴布摆放到对应的镂空位置，黏合衬摆放到这排贴布上，取熨斗加热后将其黏合到这些贴布上。

3 取对比色的手缝线，在贴布边上添加卷针缝线迹。将帽体正面向内纵向对折，机缝顶边和侧边。

4 将布带的长边和一条短边向下折少许，烫平，布带纵向对折，宽度减半，采用Z形针法机缝固定折边，作为帽带，两帽带的毛边端分别放到帽顶的布角，取针线缝合固定，将帽带打结。最后，将帽子的贴布饰边向上折，采用藏针缝缝合到位。

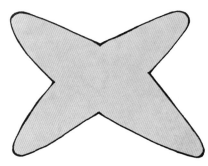

童趣贴布小毛衣

Baby's Appliqued Cardigan

这款婴儿毛衣的贴布不同寻常：各色布块拼接成小鸟、小鱼贴布，贴布边上饰以锁边缝线迹，莫拉拼布手法和贴布在此相遇，使整款毛衣别具一格！擅长编织的话，可用棒针编织毛衣；怕麻烦的话，也可以购买成品毛衣，再添加装饰贴布即可。

材料

- 3 团 25 克的染色红纱线
- 两种颜色的纱线团，均为 25 克
- 8 号（4 毫米）棒针
- 白色、红色、蓝色的不织布
- 裁衣剪
- 针、疏缝线
- 纸、铅笔
- 绣花剪
- 珠针
- 白色、红色、蓝色的绣花线
- 双线绣针

适合胸围：50 厘米

毛衣胸围：58 厘米

衣长：29 厘米

袖长：23 厘米

准备

密度：使用 8 号棒针，采用平针编织（上、下针隔行交错），在边长 10 厘米的正方形内可编织 24 行，每行 20 针。

后片：左右宽度为 52 针，上下衣长约为 32 厘米。由 16 片织块纵、横向 4×4 拼接而成，每片织块宽为 13 针，高为 7 厘米，下侧拼缝有 2 厘米宽的织边。

前片：由左、右片组成，每片宽为 26 针，由 8 片织块拼接而成。当织到衣长为 15 厘米时，靠近领口的织块需逐渐减针，最后一排减少到 4 针，使左、右片形成 V 形领口。

袖子：袖口起针为 39 针，织成 2 厘米宽，两个袖身由 9 片织块组成。前、后片沿着肩线拼接到一起，再将衣袖摆放到两肩位置。最后，沿腰线拼接前、后片，缝合衣袖，形成完整的毛衣。

将各色不织布裁成 10 厘米宽的正方形布块。各色布块叠加成多片三层布，从下向上依次为红、白、红色，以及蓝、白、蓝色，取针线疏缝三层布，裁下在两个前片和两个袖子上使用。

1 将 P501 的图样描到纸上，再转印到各片三层布上，沿线将布裁成小鸟、鱼和蛇的造型，参看毛衣上的贴布颜色搭配，从相应的顶层布上裁下蛇、鱼的眼睛、鸟喙、鸟的下腹及鱼鳞等。用珠针将小鸟固定到毛衣的一侧前片上，疏缝。用小针脚的锁边缝针法和对比色的缝线，将小鸟的每层布边锁缝到毛衣上。将其余的贴布也缝到毛衣相应部位。

2 从白色不织布上裁下 4 块宽 2.5 厘米的正方形，每块布斜向对折，形成三角形。如图所示，将三角形布块摆放到毛衣左、右前片的相接处，使每组布处于同一水平线上，用珠针固定，用红纱线在各块布的直角边锁边缝。

3 裁下 3 条 28 厘米长的红色绣花线，辫成牢固的线绳，裁成 4 段，缝到三角形贴布下。线绳两两打结，形成毛衣前侧的系带。

七彩格儿童毛衣
Child's Patchwork Sweater

这款色彩斑斓的毛衣是由多片带有图案的织块拼接而成的。白色的装饰线为毛衣间隔出纵横交错的彩色方格，底边上还饰以一串彩色的小绒球。整款毛衣透着无限童趣，暖暖的色调交错搭配，很让人喜欢。

材料

- 6 种颜色的纱线团，各 25 克
- 8 号（4 毫米）棒针
- 铅笔、方格纸
- 手缝针、配色线
- 小段的白色纱线
- 双线绣针
- 长 70 厘米的绒球串

适合胸围：61 厘米
毛衣：68.5 厘米
衣长：33 厘米
袖长：23 厘米

准备

密度：使用 8 号棒针，采用平针在边长 10 厘米的正方形内编织 28 行，每行 26 针。若编织出的密度与此不符，可更换针号。

将 P502 的图样描绘到方格纸上，便于在织块上织出这些造型。每片织块的宽度为 26 针，高度为 28 行平针。毛衣的前、后片均需要 3 条织带，每条织带由 3 片织块组成。编织前片的领口织块时，可依据领口的弧形相应改变每行的针数。

1 每侧的衣袖需要两条织带，每条织带由两片织块组成。从织物的背面入手，用珠针将两条织带固定到一起，并拼织成一整片。

2 将该片织物翻到正面，使用白色的纱线，采用卷针缝在接缝线上添加装饰线。同理，每两片织块间也缝上白色的装饰线。

3 将前、后片拼织到一起，衣袖拼接到位。在毛衣的领口和袖口位置使用棒针加织两排线，作为饰边。最后，将绒球绕毛衣下摆缝一圈，形成可爱的绒球边。

葵花贴布儿童背带裤

Appliqué Sunflower

小女孩天生爱美，那就为她们的吊带裙、背带裤缀上五彩葵花吧。走在太阳下，花瓣也熠熠发光呢！

材料

- 描图纸、铅笔
- 卡纸
- 美工刀
- 热烫式黏合衬
- 锋利的剪刀
- 熨斗
- 各色绸布块
- 珠针
- 手缝针、配色线

1 将黏合衬上剪下的造型热烫到各色绸布的背面。预留 0.5 厘米的缝份，裁下各片花瓣和花心。

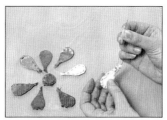

2 将花瓣、花心的布边向下折少许，用珠针固定折边，并疏缝固定。

3 将花瓣、花心摆放到背带裤上，用珠针固定，采用藏针缝缝合。

准备

将下方的图样描绘到卡纸上，裁下作为纸样。在黏合衬上描下花心和8片花瓣。取锋利的剪刀裁下这些图样。

花心、花瓣图样

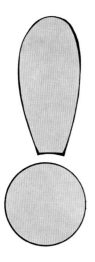

夏威夷贴布壁挂

Hawaiian Appliqué Hanging

早在 19 世纪，传教士即将拼布、贴布技艺引入夏威夷，此后，经过当地人的代代传承和大胆创新，形成了独具特色的夏威夷贴布。它与雪花剪纸的制作手法类似，将布料进行折叠和裁剪，就可得到这张造型独特的雪花贴布。

材料

- 100 厘米 ×90 厘米的绿色棉布
- 边长为 43 厘米的正方形米色棉布
- 裁衣剪
- 烫衣剂
- 熨斗
- 边长为 30 厘米的正方形纸
- 铅笔
- 裁纸剪刀
- 水消笔
- 手缝针、配色线
- 绣花剪
- 边长为 46 厘米的正方形铺棉
- 珠针
- 绣花绷
- 纫缝线
- 双线绣针

准备

从绿色棉布上裁下两块边长为 43 厘米的正方形布块和一条宽 10 厘米的布带。在一块正方形布的正、反面喷上烫衣剂，取熨斗烫平布料。裁下 3 条 10 厘米宽的布带，沿着长边对折，取针线缝合，翻到布料的正面，作为壁挂的挂带。扩印 P502 的雪花图样。

1 将正方形纸对折成 1/4 大小的正方形，再沿斜角对折形成三角形。将扩印后的雪花图样描到三角形纸上。用剪刀剪去轮廓线外的纸边，将纸展开，即为雪花纸样。

3 在绿色棉布上描下的线条外 0.3 厘米处裁开绿色布，可分段裁剪，弧线处仔细裁剪。

5 从下向上依次放置绿色棉布、铺棉和带雪花图案的双层拼布。将 3 条绿色的挂带对折，夹到一条布边内，用珠针固定 3 层布料，并疏缝固定。

2 将纸样放置在绿色棉布上，取水消笔在布上描下雪花的内、外轮廓线。将米色棉布放置在该绿色棉布下，在雪花轮廓内 0.5 厘米处和饰框外 0.5 厘米处分别疏缝固定上、下两层布。

4 取熨斗反面熨烫。将绿色布边向下折少许，烫平折边，取针线，采用藏针缝将绿色布边和下层的米色布缝合到一起。

收尾

将 3 层布料铺开，卡在绣花绷上。从布边入手，使用纫缝线和双线绣针，在绿色的雪花上缝出轮廓线，用平针缝在白色的饰框内、外缝出装饰线。用剪刀修剪正方形的布边。再裁剪 4 条绿色的棉布带，两条为 10 厘米 ×38 厘米，另两条为 10 厘米 ×46 厘米。将 4 条布带放置在正方形拼布的外侧，取针线缝合到位，作为拼布壁挂的边条。

双色拼布衣夹收纳袋

Peg Bag

两种色彩的三角形布块交错搭配，为这款收纳袋打造出动感十足的风车图案。制作时，可依据个人喜好，选取一些色调对比鲜明的绚丽布料，营造出阳光明媚的家居氛围。

材料

- 40 厘米 ×90 厘米的印花棉布
- 裁衣剪
- 纸、铅笔
- 卡纸
- 美工刀
- 100 厘米 ×90 厘米的绿色棉布
- 50 厘米 ×90 厘米的黄色棉布
- 珠针
- 缝纫机、拉链压脚
- 配色线
- 100 厘米 ×90 厘米的滚边绳
- 长 37 厘米的木质晾衣架

准备

扩印 P503 的图样，裁下各部分作为纸样。依照纸样，预留 1 厘米的缝份，从印花布上裁下两片侧边、一片拱形顶边和一片袋身后片。将图样中的三角形扩印到卡纸上，裁下。依照该纸样，并预留 0.5 厘米的缝份，从绿色、黄色棉布上分别裁下 4 块三角形布块。从黄色棉布上裁下一条 8 厘米 ×90 厘米的布带，将布带两端缝接到一起，形成环形布带，熨平缝份，用于制作滚边绳的通道。

1 如图所示，黄色、绿色的三角形布块交错搭配，缝接成一块正方形拼布。修剪布角，取熨斗将缝份熨向一侧。

2 将两块侧边印花布摆放到正方形拼布的两侧，注意各块布正面相对，机缝两侧布边，将缝份分向两边熨烫平整。同样，将拱形顶边摆放到位，缝合后熨烫缝份，使其倒向顶边。

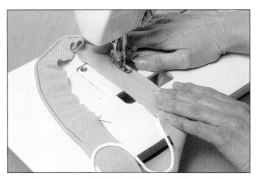

3 将环形的黄色布带纵向对折，滚边绳放置在折边内，为缝纫机换上拉链压脚，锁缝滚边绳，形成黄色滚边带，再疏缝到印花布的椭圆开口处。注意，转动滚边带，使其接缝线和印花布的缝份相接。将滚边带的缝份向下折少许，采用藏针缝缝合到袋口上。

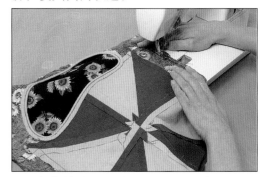

4 袋身前片和后片正面相对叠齐，机缝各条布边。注意，在袋子顶边的中间留一开口。

收尾

修剪布角，将袋子翻到正面。将衣架套进袋子内，挂钩从顶边的开口处穿出。一款色彩亮丽的衣夹收纳袋制作完成。

PVC 双肩包

PVC Rucksack

这款双肩包的设计非常人性化，包体的 PVC 布防水耐磨，色泽明快亮丽，小孩子尤其喜欢。注意到黄色的包带了吗？在寒冬季节，孩子们傍晚放学回家穿行马路时，闪光的黄色能引起过路司机的注意呢！

材料

- 纸、铅笔
- 卡纸
- 美工刀
- 50厘米×90厘米的蓝色 PVC布
- 50厘米×90厘米的黄色 PVC布
- 10厘米×90厘米的红色 PVC布
- 裁衣剪
- 100厘米×90厘米的里布
- 珠针
- 4厘米宽的黑色胶带，长 132厘米
- 缝纫机、配色线
- 针、疏缝线
- 7枚大号孔眼
- 锤子
- 长100厘米的尼龙绳

准备

扩印本页方格拼布图样，裁下各部分作为纸样，依据大、中、小三角形的纸样，预留 0.5 厘米的缝份，从黄、红、蓝色 PVC 布上各裁下 4 块三角形布块。裁下一块 66 厘米 ×32.5 厘米的蓝色 PVC 布，作为袋身。再裁下一块 33 厘米 ×14 厘米的黄色 PVC 布，作为袋底。从黄色 PVC 布上裁下两条 10 厘米 ×90 厘米的布带，用于制作包带。再从里布上裁出相应大小的袋身和袋底。

1 用珠针将蓝色的三角形布块固定到黄色布块的四周，机缝对应布边。

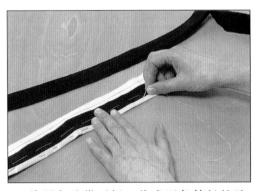

3 将黑色胶带对折，裁成两条等长的胶带，放到黄色包带的背面中心。两侧的黄色布向中心卷折，形成 0.5 厘米的黄色布边，用珠针固定折边。用缝纫机在黄色折边上缉线固定。参看图样中的包带位置，用珠针将包带固定到蓝色袋身上。缝合袋身的两条侧边，转动袋身，使接缝线位于后片袋身的中线。用珠针将黄色袋底固定到袋身的下侧，再用针线缝合。缝合袋身、袋底的里布，将顶边处的里布和蓝色布缝合到一起，留一返口，将里布翻到正面，藏针缝缝合返口。

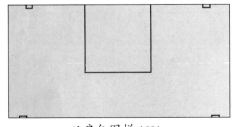

双肩包图样 10%

2 参考 P445 双肩包的拼布图样，将红色的三角形布块拼接到蓝色布块外，再将黄色的三角形布块拼接到外层。将这块拼布贴缝到蓝色袋身的中心，使拼布作为袋子的前片。

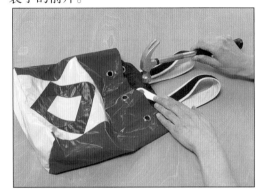

4 将孔眼摆放到袋子顶边下方 3 厘米处。注意各个孔眼间距均匀，位置满意后，用锤子固定孔眼。在孔眼内穿入黑色尼龙绳并在两端打结，作为袋口的拉绳。

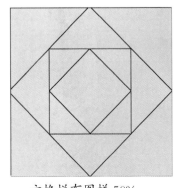

方格拼布图样 50%

雏菊贴布儿童贝雷帽

Child's Beret

这款贝雷帽采用了防水 PVC 布。雨天出门时，帽顶的雏菊也是一道亮丽的风景呢！想要省事的话，可购买一款现成的贝雷帽，帽顶缝上雏菊贴布即可。

材料

- 描图纸、铅笔
- 裁纸剪
- 描图纸
- 裁衣剪
- 10 厘米 ×90 厘米的热烫式黏合衬
- 熨斗
- 各色碎布
- 50 厘米 ×90 厘米的红色 PVC 布
- 50 厘米 ×90 厘米的小圆点布
- 珠针
- 绣花线
- 双线绣针
- 缝纫机、配色线

准备

　　扩印本页雏菊图样，裁下作为纸样。在描图纸上描出雏菊，再转印到黏合衬上。裁下雏菊各部分造型，热烫粘贴到各块碎布的背面，裁下作为贴布。从红色 PVC 布上裁下一块直径为 40 厘米的圆布，作为帽体的表布。再裁下一块等大的小圆点布，作为帽体的里布。从两布上均裁下一条宽 5 厘米的布带，其长度应比圆形布的周长多出 4 厘米，作为外层、内层帽檐。

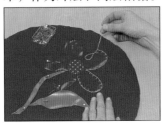  

1 将各块雏菊贴布摆放到红色圆形布的中间，用珠针固定，用锁边缝针法锁缝贴布边。再用斜针绣为圆形的花蕊添加装饰线。

2 两条布带的两端分别拼缝到一起，形成两条环形的帽檐带。帽体的表布、里布反面相对叠齐，用手在帽边上压出自然的褶皱，调整褶皱的大小，使帽边和帽檐大小相当，用珠针固定褶皱。

3 将红色的外层帽檐缝合到褶皱的帽边上，再添加内层帽檐并缝合。修剪缝边，并取熨斗烫平。最后，将帽檐向内对折，取针线缝合固定。

25%

小狗贴布 T 恤衫

Scottie Bog T-shirt

原本为一款普普通通的儿童 T 恤衫，有了这只贴布小狗的点缀，顿时趣味横生。喜欢的话，为裤子也缝上小狗贴布吧！两只小狗来做伴，孩子定然喜欢。

材料

◆ 熨斗
◆ 热烫式黏合纸
◆ 碎布
◆ 描图纸、铅笔
◆ 裁衣剪
◆ 儿童 T 恤衫
◆ 手缝针、配色线
◆ 长 13 厘米的苏格兰花格呢缎带
◆ 玻璃珠
◆ 绣花线

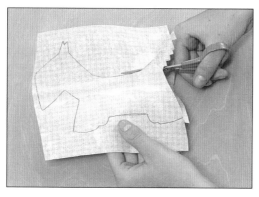

1 取熨斗，将黏合纸热烫到碎布的背面。扩印小狗图样，并描绘到布背面的黏合纸上。裁下小狗贴布。

2 撕去小狗贴布的黏合纸层，放到 T 恤衫的前襟上，取熨斗热烫黏合。再以藏针缝将小狗贴布缝到 T 恤衫上。

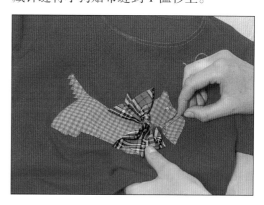

3 将打结的缎带缝到小狗图案的脖子位置。在小狗的头部适当位置添加玻璃珠，作为眼睛。最后用绣花线绣出嘴巴。

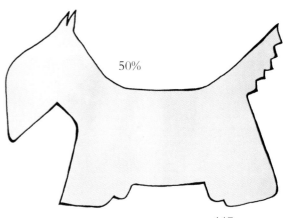

50%

趣味贴布沙滩袋

Beach Bag

这款沙滩袋的设计非常巧妙，平铺在地上即为一款别致的沙滩垫！透过透明的袋身，袋底一览无遗，展现出湛蓝的海水和游弋的小鱼，清新的海滩气息扑面而来。

材料

◆ 200 厘米 ×90 厘米加厚的透明塑料纸
◆ 裁衣剪
◆ 边长为 66 厘米的正方形蓝色绸布
◆ 描图纸、铅笔
◆ 裁纸剪
◆ 热烫式黏合纸
◆ 熨斗
◆ 各色碎布
◆ 记号笔
◆ 缝纫机、配色线
◆ 宽 2 厘米的白色胶带，长 100 厘米
◆ 宽 2 厘米的红色胶带，长 100 厘米
◆ 长 350 厘米的白色滚边条
◆ 长 300 厘米的粗绳带

准备

　　裁下两块直径为 90 厘米的圆塑料纸，从蓝色绸布上裁下直径为 60 厘米的圆布，并将圆边剪成起伏的波浪边。参看 P503 的图样，将各条小鱼描绘到纸上，按不同比例扩印后，裁下 10 片大小不一的小鱼纸样。

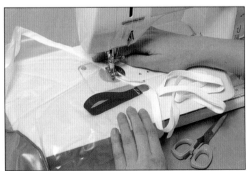

1 将 10 条小鱼描绘到黏合纸上。裁下，取熨斗将其热烫到各块碎布的背面，裁下作为小鱼贴布。撕去贴布背面的黏合纸层，将各块小鱼贴布热烫粘贴到蓝色的圆布上。用记号笔为每条小鱼画上鱼鳍和鱼眼。

2 将蓝布放在一张圆塑料纸的中间，在蓝布的波浪边上机缝一条曲折线迹，将另一张塑料纸盖在蓝布上。将红、白色胶带均裁成 6 段，绕成环形，如上图所示，用珠针固定在两层塑料纸边上，将滚边条机缝在塑料纸边上，以固定胶带。将绳带穿进各个胶带环中，绳带的两端打结。

趣味贴布沙滩巾

Beach Towel

喜欢动手的话，不妨裁剪家中的浴巾、毛巾，再贴缝上趣味图案，即可打造出一款洋溢着海滩风情的沙滩巾。

材料

◆ 纸、铅笔
◆ 裁纸剪
◆ 各色碎棉布
◆ 熨斗
◆ 裁衣剪
◆ 旧毛巾或浴巾
◆ 缝纫机、配色线
◆ 水消笔
◆ 珠针

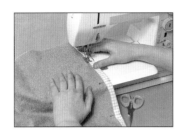

1 用珠针将滚边条固定到毛巾的两端，盖住毛边，再机缝固定。

2 用珠针，将各个纸样固定到各色碎布的背面，从布上裁下各个造型，作为趣味贴布。

3 将各块贴布放置到毛巾底边的上方，摆放时，可将园艺铲叠放到水桶上方，用珠针固定各块贴布。将缝纫机调整为Z形针法，在贴布的边缘缉线固定。

准备

参看 P504 的趣味图样，扩印，裁下作为纸样。选取一块和毛巾颜色对比鲜明的布料，裁下两条 100 厘米 ×7.5 厘米的布带，布带的长边向下折 1 厘米，熨平折边，作为滚边条。

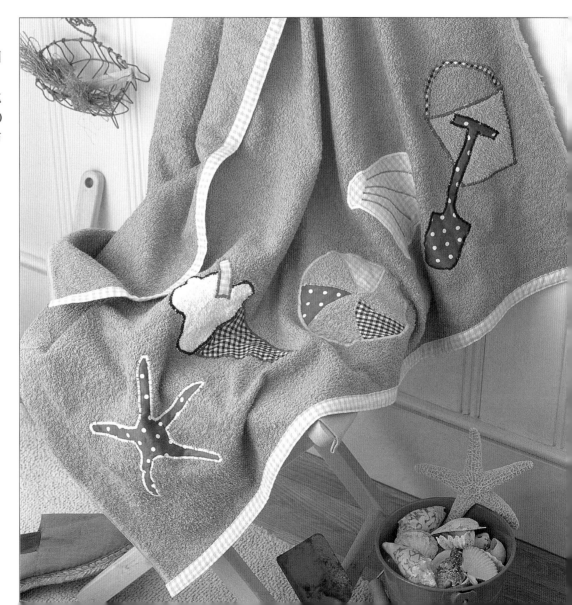

丝绸拼布圣诞卡

Silk Christmas Cards

卡片上的圣诞树色彩缤纷，酷似层层叠叠的金字塔，其制作方法也是别具一格：取各种色调的方格图案绸布，裁剪成布带后拼接在一起，再裁剪成多个三角形，层层叠加起来即可。

材料

- ◆ 铅笔、直尺
- ◆ 各色方格图案的碎绸布
- ◆ 裁衣剪
- ◆ 缝纫机、对比色机缝线
- ◆ 珠针
- ◆ 布用胶水
- ◆ 卡纸
- ◆ 裁纸剪

 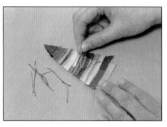 

1 将各色绸布裁成2.5厘米×36厘米的布带。各条布带部分重叠摆放在一起，使用和布料颜色对比鲜明的机缝线，将其机缝成一大块色彩缤纷的拼布。

2 将拼布裁剪成多个大小递增的三角形布，层层叠加摆放在一起。用珠针将三角形底部的布边挑散，形成自然下垂的流苏边。拼布圣诞树制作完成。

3 用布用胶水将拼布圣诞树粘在一块绸布上。将绸布粘到卡纸上，布边外留出纸框，裁下作为拼布框。取一张卡片，对折，作为贺卡。将拼布框粘贴到贺卡的封面，一款色彩缤纷的圣诞卡便做成了。喜欢的话，可多做几个备用。

果酱罐布艺罩

Jam Jar Cover

草莓贴布位于布艺罩的中心，四周绣上了别致的十字形，这样的果酱瓶定能勾起你的食欲。喜欢的话，可将各式水果贴布装饰在布艺罩上，为家中的瓶瓶罐罐打造一个温馨的家！

材料

- ◆ 浅碟
- ◆ 粉色、绿色的碎布料
- ◆ 裁衣剪
- ◆ 热烫式黏合纸
- ◆ 熨斗
- ◆ 描图纸、铅笔
- ◆ 刺绣线
- ◆ 双线绣针
- ◆ 缝纫机、配色手缝线
- ◆ 长 40 厘米的粉色丝带

准备

　　将盘子分别放置在粉色、绿色布上，用铅笔沿着盘边绘出圆形，沿线裁下两块圆形布块。将黏合纸热烫粘贴到粉色、绿色碎布的背面。将草莓图样描绘到纸上，再转印到黏合纸上。沿线裁下草莓贴布，撕去贴布背面的黏合纸，摆放到绿色圆形布的中心，取熨斗热烫黏合。

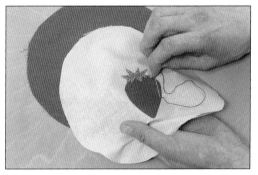

1 取双线绣针和配色手缝线，在草莓贴布的边缘添加装饰线。再环绕贴布绣出十字形图案。粉色、绿色的圆形布块正面相对叠齐，机缝两层布边，并留一个返口暂不缝合。

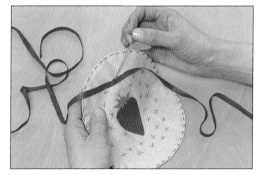

2 从返口处将布料翻转到正面。用平针缝在圆形布边上添加一圈装饰线，并将丝带缝在距离布边约 5 厘米处。最后，将布艺罩放置在果酱罐上，将丝带套在罐口，系成蝴蝶结。

印度拼布壁挂

Toran Hanging

拼布壁挂在古印度十分盛行，可悬挂在寺庙门口，也可悬挂在门口作为传统的挂饰。如这款作品所示，这些壁挂色彩明快亮丽，图案造型奇异，令人叹为观止。

材料

- 纸、铅笔
- 白棉布
- 裁衣剪
- 铺棉
- 各色碎布：真丝、绸布、天鹅绒、棉布等
- 绣花剪
- 绣花绷
- 各色绣花线
- 双线绣针
- 珠子、珠片、纽扣
- 绗缝线
- 针、疏缝线
- 缝纫机、机缝线
- 各色滚边条、丝带
- 窗帘钩

准备

确定壁挂的大小和形状，在纸上绘出图样，并标示出壁挂的拼布方案，从各色碎布上裁下造型各异的拼布块。依据成品壁挂的尺寸，预留缝份，裁下相应大小的白棉布。再依据图样裁下铺棉（无需预留缝份）。

1 规划各块拼布块的贴布图案，剪裁各色碎布。用珠针将各色碎布固定在一片素色拼布上，疏缝，再将该布套在绣花绷上。可在一些碎布下塞入铺棉，以打造立体效果。使用绗缝线，将各条布边和下层素布缝合在一起，形成一块贴布。依据拼布方案，将各块拼布块和贴布缝合在一起，形成拼布壁挂主体，将珠子、珠片和纽扣零星点缀在拼布上。

2 如图所示，将一些拼布块缝在一起，形成起伏的壁挂边条。边条和拼布正面相对，边条放在拼布的顶边上，用珠针固定后机缝。

收尾

铺棉夹在白棉布和拼布面之间，用珠针固定后疏缝。沿着壁挂的布边机缝一条线。使用丝带或者滚边条，缝在壁挂的布边上以隐藏毛边。在壁挂的顶边缝几个窗帘钩，用于悬挂。

3 将边条回折，使其在拼布壁挂的顶边自然下垂。用丝带包裹住拼布壁挂的布边，取针线缝合。再将滚边条或者丝带包裹在边条的毛边上，取针线缝合固定。

怀旧贴布餐具垫

1950s Bistro Placemat

这款餐具垫上有贴布缝的番茄、胡萝卜、洋葱等果蔬造型，生动再现了20世纪50年代流行的厨房装饰元素。

材料

- 纸、铅笔
- 裁纸剪
- 珠针
- 红色、橘色、黄色的碎布块
- 裁衣剪
- 20厘米×50厘米的红绿条纹布
- 10厘米×27厘米的黄色格子布
- 针、疏缝线
- 水消笔
- 绿色、褐色的绣花线
- 双线绣针
- 缝纫机、配色机缝线
- 熨斗
- 5厘米×36厘米的红色棉布
- 30厘米×36厘米的绿色格子布
- 33厘米×42厘米的单面绗缝底布

准备

扩印P504的果蔬图样，从纸上裁下各个纸样。用珠针将纸样固定到各色碎布块的背面，预留0.5厘米的缝份，裁下各片果蔬贴布。从红绿色条纹布上裁下两条5.5厘米×9厘米的短布带，再裁下一条7厘米×36厘米的长布带。

1 在贴布的布边上剪几个牙口，布边的缝份向下折，取针线疏缝折边。再裁下3块10厘米×9厘米的黄色格子布块。

2 将3块贴布分别疏缝到3块黄色格子布的中心，用藏针缝缝合贴布边。用水消笔在贴布上描出一些装饰线，作为果蔬的叶茎。用绣花线绣出这些叶茎。

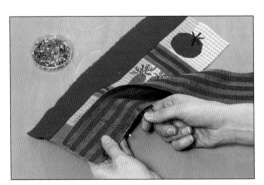

3 各块布正面相对，将两条短布带放在每两块贴布的黄色格子布之间，取针线拼缝各块布，熨平拼布边。将红色棉布缝合到拼布的左侧，再将长的红绿条纹布带缝合到右侧。

4 绿色格子布与拼布的红色布边对齐，两布正面相对，取针线缝合，作为餐具垫的表层拼布。将绗缝底布的一条短边和拼布的条纹布边缝合到一起，疏缝两层布。用剪刀修剪布边，使拼布垫的尺寸为32厘米×42厘米。裁下3条红绿条纹布带，包裹在餐具垫的其余三边上，作为条纹边条。

不织布贴布圆帽

Appliqué Felt Hat

这款帽子采用了各种颜色的针织不织布：帽顶的外围为蓝、绿色等冷色布，热情的粉色、橘色、红色布占据了帽顶的中心位置，冷暖色的激情邂逅，造就出一款五彩缤纷、别具风情的贴布圆帽。

材料

◆ 纸、铅笔
◆ 裁纸剪
◆ 裁衣剪
◆ 各色针织不织布
◆ 20 厘米 ×90 厘米的衬布
◆ 珠针
◆ 缝纫机、配色机缝线
◆ 罗纹丝带
◆ 针、疏缝线

准备

　　扩印本页帽顶、帽檐图样，裁下作为纸样。裁下帽顶、帽檐的衬布。从各色不织布上裁下足够数量的正方形布块，用于拼接帽檐。在纸上描出帽顶的拼布图案，从不织布上裁下各色拼布块。

1 用珠针将各块正方形布块固定到帽檐的纸样上，采用Z形针法机缝各块布，作为帽檐。将最底层的拼布块放到帽顶的纸样上，用针线缝合。

2 从各色不织布上裁下一些趣味造型，装饰在帽檐的布块上，用针线缝合这些贴布。将剩余的拼布块放到帽顶的相应位置，用针线缝合。

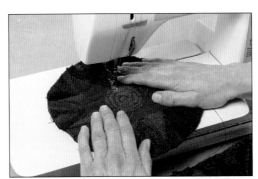

3 在拼布帽顶、帽檐上机缝出一些几何图形和线条，作为装饰线。

收尾

　　缝合拼布帽檐的两条短边，形成圆筒形帽檐，帽檐和帽顶正面相对，取针线缝合。将帽檐和帽顶的衬布拼缝到一起，衬布套进拼布帽体内。裁剪罗纹丝带，使其比帽子的周长大出 3 厘米，再留出 1 厘米的缝份。将丝带的两条短边缝到一起，疏缝到帽檐的底边上，作为帽檐的边条。丝带的毛边向下折，紧贴着帽檐的底边机缝固定。

帽顶图样 25%

帽檐图样 25%

黑白镂空贴布马甲

Black and White Appliqué Waistcoat

这款马甲并未采用整块布缝制，而是在白棉布上规则地点缀了黑色的贴布，打造出黑白相间的波浪纹。制作时，可先在白布上手绘花纹，再将裁剪好的黑棉布缝合到位即可。

材料

◆ 马甲图样
◆ 裁衣剪
◆ 90厘米×150厘米的白棉布
◆ 50厘米×90厘米的黑棉布
◆ 水消笔
◆ 珠针
◆ 缝纫机、黑色机缝线
◆ 锋利的剪刀

1 使用水消笔，在两片白马甲前片的背面手绘出装饰花纹。

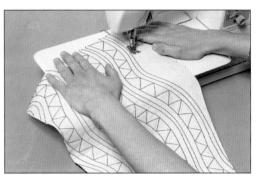

2 黑马甲前片正面向上，分别摆放在两片白马甲前片上，用珠针固定两层布。沿着白色前片背面的花纹，用黑色机缝线在两层布上机缝出黑色花纹。

准备

依据马甲图样，从黑、白棉布上分别裁下马甲的前片。从白棉布上裁下马甲的后片。

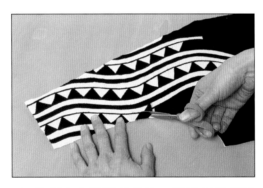

3 依照布上的黑色花纹，用锋利的剪刀紧贴着黑色线迹裁下前片马甲顶层的部分黑棉布，露出下层的白棉布。

4 使用缝纫机，以 Z 形针法在马甲上新裁出的黑棉布边上缉线，将两层布料固定到一起。为了确保花纹规则分布，可以边裁剪黑棉布，边用缝纫机缉线。

收尾

最后，将前、后片马甲拼缝到一起。

棋盘格拼布行李袋

Satin Duffel Bag

这款行李袋采用了颜色对比鲜明的黄、黑色绸布，交错在一起打造出棋盘格拼布图案。绸布下则以白棉布做底，若用黏合衬做底，袋子看起来会更加挺括。

材料

- 50 厘米 ×90 厘米的白棉布
- 裁衣剪
- 100 厘米 ×90 厘米的黑色绸布
- 50 厘米 ×90 厘米的黄色绸布
- 针、疏缝线
- 缝纫机、配色线
- 50 厘米 ×90 厘米的棉质里布
- 熨斗
- 珠针
- 8 枚金属孔眼
- 锤子
- 长 150 厘米的丝绸绳带

1 从黑色绸布上裁下两条 7 厘米 ×38 厘米的布带，布带的侧边向下折 1 厘米，用珠针将拼布的上、下边固定到一起，机缝固定。将这块拼布的左、右侧短边缝合到一起，形成圆筒形的拼布袋身。

2 黑色袋底放到袋身的下侧，用珠针固定后缝合。里布和拼布袋身正面相对，用珠针将两布的顶边固定到一起，沿顶边缝合，并留一个返口。裁剪布边，熨平缝份，将袋子从返口处翻到正面。藏针缝缝合返口，用缝纫机在顶边下 0.5 厘米处缉线固定内、外层袋身。

准备

从白棉布上裁下 36 块边长为 5 厘米的正方形布块，一半疏缝到黑色绸布的背面，另一半疏缝到黄色绸布的背面，作为绸布的底布。从黄、黑色绸布上分别裁下18 块正方形布块。采用旗帜连缝法，交错搭配黄、黑色的布块，将其机缝成 3 条布带，每条布带由 12 块布块组成。缝合 3 条布带，形成一块黄、黑色交错的方格拼布，熨平缝份。从黑色绸布上裁下一块直径为 22 厘米的圆布，作为袋底。从白棉布上裁下一块和拼布等大的长方形布块，再裁下一块与袋底等大的圆形布，将这两块白棉布和对应的拼布、黑色袋底布疏缝到一起。

3 将 8 枚金属孔眼均匀摆放到袋子顶边的下方，取锤子固定孔眼。沿着袋身的底边机缝，固定内、外层袋底。将丝绸绳带穿进孔眼内，拉紧绳带并打结，封合袋口。

菱格拼布手袋

Diamond-in-a-square Satin Purse

这款晚装手袋造型独特，色泽华美，由各色绸布拼接而成，制作时可参看 P505 的拼布图样。

材料

- ◆ 纸、铅笔
- ◆ 4 块 20 厘米 ×90 厘米颜色不同的绸布
- ◆ 裁衣剪
- ◆ 热烫式黏合衬
- ◆ 熨斗
- ◆ 珠针
- ◆ 缝纫机、配色线
- ◆ 20 厘米 ×30 厘米的里布
- ◆ 长 50 厘米的丝绸绳带
- ◆ 金色（大孔）珠子

准备

　　裁剪拼布块时，需额外留出 0.5 厘米的缝份。从 A 色绸布上裁两块边长为 8 厘米的正方形布块。扩印 P505 的图样中的三角形，裁下作为纸样。依照纸样，从 B、C 色绸布上各裁下 16 块三角形布块。从 D 色绸布上裁下 8 块边长为 4 厘米的小正方形布块。在各块绸布的背面热烫上黏合衬加固。依照书后的拼布图样，将 4 块 B、C 色三角形布块交错花色，拼缝成短布带，并在该布带的两侧各缝上一块小正方形布块。同法再拼缝一条拼带。取 4 块 B、C 色三角形布块交错花色，拼缝成一条短布带，再拼缝一条相同的短布带。两条短布带拼缝到 A 色正方形布块的两侧，形成一块长方形拼布。裁下一条 32 厘米 ×7 厘米的 D 色布带。再裁下一块直径为 11.5 厘米的圆形布块，作为袋底。

1 两条拼布带摆放到长方形拼布的两侧，用珠针固定后缝合，形成一大块正方形拼布。同样，将剩余的各色三角形、正方形布拼缝到一起，形成另一大块正方形拼布。两块拼布正面相对沿一边缝合，作为拼布袋身。

2 将 D 色布带缝合到拼布袋身的顶部，烫平缝份。将拼布袋身的两条侧边缝合到一起，再缝合袋底与袋身。裁剪出袋身、袋底的里布，缝合后插入袋子内部。用缝纫机在袋子顶边下 0.5 厘米处缉线，再下移 0.5 厘米缉线，两线之间形成拉绳通道。将丝绸绳带穿入通道内，拉紧绳带，将珠子穿入绳带的两端，绳带打结，再将绳带的末端打散。

波浪拼布靠枕

Purple Zig Zag Cushion

这款靠枕采用了双色调的三角形拼布，巧妙拼接成了起伏的波浪纹。喜欢的话，不妨发挥创意，拼接出各种别具一格的几何图案。

材料

◆ 纸、铅笔
◆ 卡纸
◆ 100 厘米 ×90 厘米的深紫色绸布
◆ 100 厘米 ×90 厘米的浅紫色绸布
◆ 裁衣剪
◆ 珠针
◆ 缝纫机、配色线
◆ 熨斗
◆ 50 厘米 ×90 厘米的底布

准备

参看右下方图样，从卡纸上裁下两块大小不一的三角形作为纸样。预留0.5 厘米的缝份，从深、浅色的绸布上各裁下 21 块大三角形布块和 6 块小三角形布块。

1 将各块大三角形布块花色交错搭配，摆放成 6 排。每排布的两侧各摆放一块小三角形布块，使各排布的两边对齐成直线。

2 每两块深、浅色大三角形布块正面相对，用珠针固定一边后机缝，形成双色的菱形布块。取熨斗熨平缝份。将各块菱形布块拼缝到一起，形成 6 条布带，布带的两侧各缝上一块小三角形布块，熨平缝份。

3 每两条布带正面相对叠放，沿一边缝合，将各条布带拼缝成一大块正方形拼布，取熨斗熨平缝份。

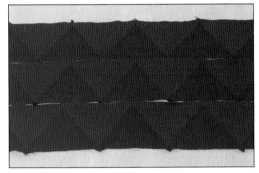

4 如图所示，这块拼布上的深、浅色三角形交错搭配，形成上下起伏的波浪纹，又好似绵延的群山。

收尾

拼布和底布正面相对叠放到一起，卷下折边，用针线缝合各边，制作成一款信封式靠枕套。

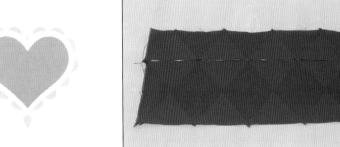

5 如图所示，也可将各块深、浅色布块拼缝成双色的菱格拼布。

50%

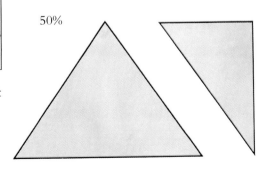

蛇梯贴布游戏垫

Snakes and Ladders

这款色调绚丽的游戏垫非常实用，小孩子坐在上面不会受凉，还可作为蛇梯游戏的布艺棋盘。喜欢的话，可缝制一款同主题的婴儿盖被。

材料

- 卡纸、铅笔
- 30厘米×90厘米的红色棉布
- 裁衣剪
- 各色零碎不织布
- 水消笔
- 美工刀
- 缝纫机、配色线
- 黑色绣花线
- 双线绣针
- 50厘米×90厘米的蓝色底布
- 珠针

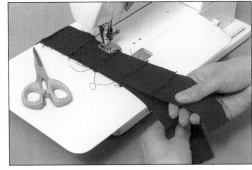

1 将每10块正方形布块缝到一起，共形成10条布带，拼缝各条布带，形成一块正方形的拼布。

2 使用黑色的刺绣线和双线绣针，在拼布上的每个小方格内依次绣出1到100这些数字。将各块蛇、梯图案贴布缝到拼布上。

准备

　　裁下一块边长为3厘米的正方形卡纸，作为纸样。预留0.5厘米的缝份，从棉布上裁下100块正方形布块。取水消笔，在各块不织布上画出蛇和梯子图案，裁下作为贴布。

收尾

　　裁剪底布，使其比拼布的各边长出3厘米。底布和拼布背面相对叠齐，用珠针固定布边。将超出拼布边的底布向上折，盖住拼布的毛边，斜剪布角，缝合拼布和底布，使红色拼布垫的四边呈现漂亮的蓝色边条。

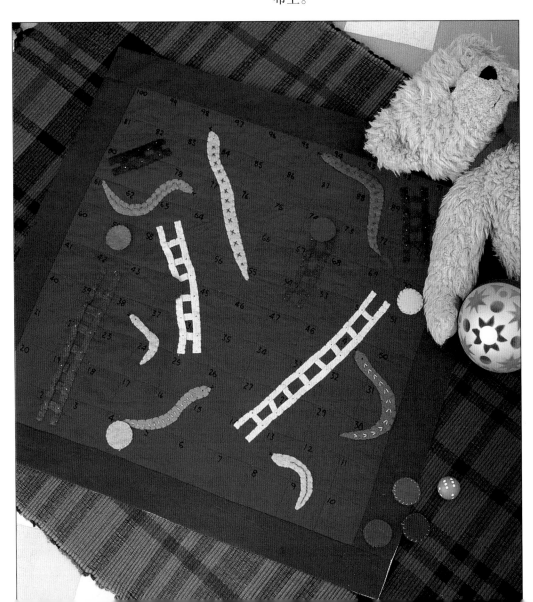

五彩儿童贴布毯

Child's Blanket

这款毯子上零落点缀有颜色多样的圆形贴布，贴布的中心还装饰有别致的圆扣，看起来无比可爱、充满童趣。小孩子抱着它睡觉，定能美梦甜甜。

材料

- 毛毯布
- 裁衣剪
- 羊毛挂毯
- 双线绣针
- 浅碟
- 布用记号笔
- 各种颜色的羊毛、毛毯碎布
- 多粒大纽扣

1 将毛毯裁成所需的尺寸，毯边向下折少许，采用各色手缝线为毛毯边锁缝出各色装饰线。

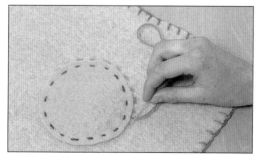

2 将浅碟放在各种颜色的碎布上，沿边描绘出圆形，裁下各块圆形布块。采用平针缝和对比色的手缝线，将圆形布块贴缝到毛毯上。每片贴布的中心装饰一粒纽扣。

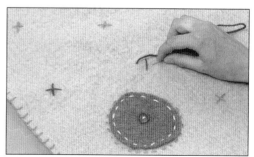

3 使用各色手缝线和双线绣针，在毛毯上的空白位置零落缝出多个十字形图案。

趣味贴布鞋收纳袋

Shoe Bag

这款收纳袋采用拉绳封口，袋上的鞋形贴布非常可爱。追求趣味效果的话，可在袋子上添加芭蕾舞鞋、体操鞋等贴布造型。

材料

- ◆ 裁衣剪
- ◆ 50 厘米 ×90 厘米的棉布
- ◆ 缝纫机、配色线
- ◆ 65 厘米 ×7 厘米的对比色布
- ◆ 熨斗
- ◆ 描图纸、铅笔
- ◆ 布用记号笔
- ◆ 各色碎布块
- ◆ 热烫式黏合纸
- ◆ 珠针
- ◆ 窄丝带
- ◆ 50 厘米 ×2.5 厘米的宽丝带
- ◆ 小号纽扣

准备

　　裁下一块45厘米×70厘米的长方形棉布，一条长边向布正面的中心回折6.5厘米的布条，机缝该边。该布正面向内对折，折后尺寸为38.5厘米×35厘米，形成双层袋体。缝合两条侧边，将袋子翻到正面。将配色布的两条长边均向下折0.5厘米，取熨斗熨平折边，作为装饰带。扩印本页的鞋子图样，描绘到各色碎布上。将黏合纸热烫到这些碎布的背面，沿轮廓线裁下鞋子贴布。

1 将装饰带摆放到袋子顶边下方 5 厘米处，上、下边用珠针固定到袋子上。手工缝合带子的上、下边，左、右侧的短边不用缝合，作为拉绳通道的开口。

2 撕去鞋子贴布背面的黏合纸，热烫粘贴到袋子的前片上。在贴布上手工绣一些装饰线条，将窄丝带系成蝴蝶结，缝在鞋面上点缀。

3 将宽丝带穿入拉绳通道内。丝带的两端对齐叠放，毛边均向内折。针线穿过底层的袋子，将一粒小号纽扣缝到两层丝带的中心固定。

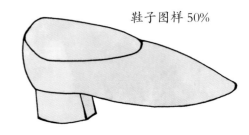

鞋子图样 50%

彩虹拼布玩具袋

Patchwork Toy Bag

将色彩缤纷的正方形布块有序地摆放在一起，在对角线方向形成七彩台阶。如此绚丽的彩虹拼布袋，为谁家的玩具打造出了一个温馨之家？

材料

- 纸、铅笔
- 卡纸
- 美工刀
- 6种颜色（彩虹的组成色）的碎布
- 热烫式黏合衬
- 熨斗
- 缝纫机、配色线
- 长30厘米的木质晾衣架
- 水消笔
- 红色颜料（可选）

准备

从卡纸上裁出边长为10厘米的正方形，作为拼布块的纸样。裁下72块与纸样等大的黏合衬，热烫粘贴到各色碎布的背面，并预留0.5厘米的缝份，裁下各块布，作为拼布块。将这些拼布块摆放到一起，斜角方向的布块颜色一致，形成彩虹拼布。用旗帜连缝法将36块拼布块缝成两个拼布区块，每块为3排，每排由6块拼布块组成。用熨斗烫平缝份。将剩余的36块缝成一块6排拼布，每排由6块拼布块组成，作为袋子的后片。

收尾

留出1厘米的缝份，缝合袋子前、后片，斜剪布角，将袋子从开口处翻到正面。用红色颜料为晾衣架染色，再从开口处放入袋内，即为一款可悬挂的拼布玩具袋。

1 将两小块拼布正面相对叠放整齐，沿一条长边缝合，注意只需缝到该边的中心即可，另一半布边作为袋子的开口。烫平开口处的折边。取针线疏缝折边，并机缝固定，使毛边隐藏在布的背面。这块布将作为袋子的前片。

2 袋子的前、后片正面相对叠齐，用珠针固定四边。如图所示，将晾衣架放在袋子的顶部，在拼布袋上画线，标记出晾衣架的轮廓，并沿轮廓线裁下。

马赛克拼布靠垫

Mosaic Cushion

这款靠垫上的拼布呈现出明快随意的马赛克效果。制作时，可依据 P469 的拼布图样，先裁剪各块碎布，静下心来手缝拼接到一起，一块搭配和谐的马赛克拼布就完成了。

材料

◆ 纸、铅笔
◆ 美工刀
◆ 珠针
◆ 50 厘米 ×90 厘米的红色棉布
◆ 黑色、灰色、白色的碎棉布
◆ 裁衣剪
◆ 针、疏缝线
◆ 配色线
◆ 绣花剪
◆ 缝纫机、配色线
◆ 铺棉

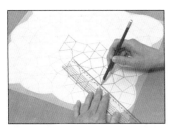

1 扩印 P469 的马赛克拼布图样，裁剪下各块拼布的纸样。确定拼布图案的色彩搭配，在每块拼布的纸样上标记出编号和颜色。

2 用珠针将各片纸样固定到对应颜色布块的背面，预留 0.5 厘米的缝份，裁下各块拼布块。

3 取针线，将拼布块和对应的纸样疏缝到一起。

4 依据拼布图样，采用卷针缝缝接各块拼布块。缝制时，可将拼布图分为几部分，先缝出小块的拼布，再拼缝成一整块拼布。

马赛克拼布图样 50%

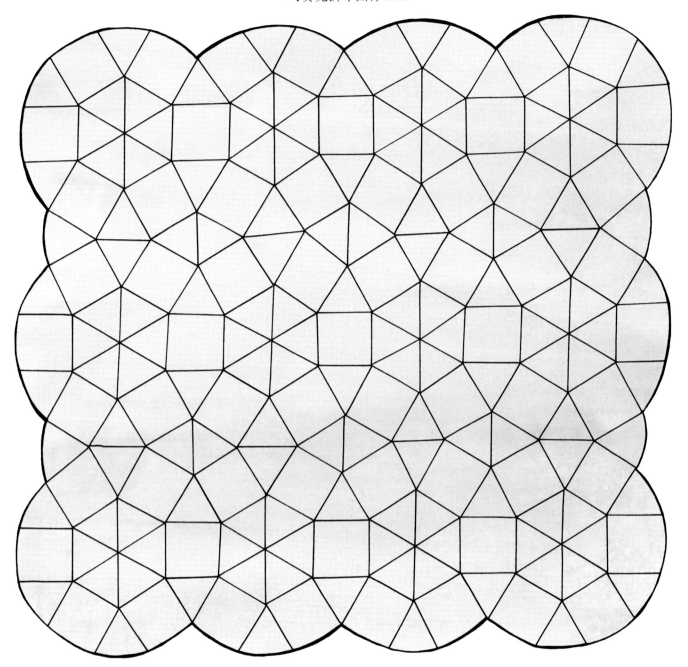

收尾

　　拆除拼布上的疏缝线，拿下布背面的纸样。取熨斗熨烫缝份。测量完工后的马赛克拼布尺寸，裁出等大的红色棉布（作为靠垫的后片）。红色棉布和拼布正面相对叠齐，用机缝各边，并留一个返口。用剪刀斜剪布的四角，从返口处将布料翻到正面。将铺棉塞入靠垫内，用藏针缝缝合返口。

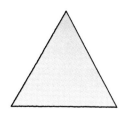

刀叉贴布围裙

Kitchen Apron

绚丽温暖的色彩，温馨的刀叉贴布，浪漫的波浪裙边，可爱的彩色手缝线，有了这些装饰元素的点缀，这款贴布围裙俨然是一道令人一饱眼福的"美味"呢！

材料

◆ 纸、铅笔
◆ 卡纸
◆ 美工刀
◆ 各色碎布
◆ 热烫式黏合衬
◆ 熨斗
◆ 75 厘米 × 90 厘米的棉布
◆ 裁衣剪
◆ 75 厘米 × 90 厘米的对比色棉布
◆ 水消笔
◆ 绣花线
◆ 双线绣针
◆ 珠针
◆ 缝纫机、配色线
◆ 熨斗
◆ 100 厘米 × 8 厘米的宽丝带

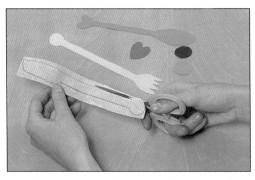

1 将刀、叉、汤匙的纸样放到碎布背面的黏合衬上，裁下各块色彩各异的贴布。

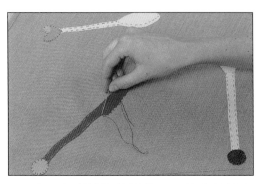

2 选用色彩鲜艳的缝线，以较大的针脚将各块贴布手缝到前片围裙上。

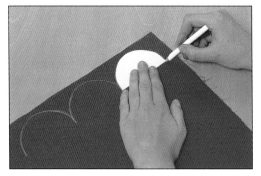

3 将围裙的前、后片正面相对叠齐，用珠针固定各边。将半圆形的卡纸放到围裙的底边上，沿着纸边在布上画出波浪线。用缝纫机将前、后片围裙的侧边和底边缝合到一起，暂不缝合顶边。斜剪布角。

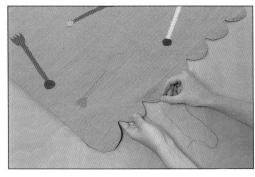

4 从顶边的开口将围裙翻到正面。用平针缝沿着裙底的波浪边手缝一条装饰线。

准备

扩印右侧的刀、叉、汤匙图样，从卡纸上裁下作为纸样。再裁下一张半圆形的卡纸。将黏合衬热烫到各色碎布的背面。从主棉布上裁下一块 60 厘米 × 50 厘米的长方形布块，作为围裙的前片。再裁下一块等大的对比色棉布，作为围裙的后片。

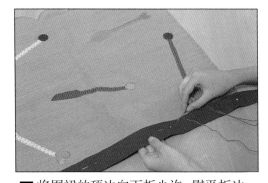

5 将围裙的顶边向下折少许，熨平折边。丝带沿着长边对折，包裹在围裙的顶边上并熨平，取针线疏缝，再机缝一条线固定丝带。

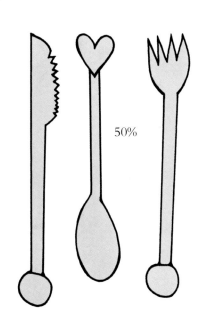

50%

星星贴布枕套

Appliqué Pillowslip

床上用品用过一段时间，颜色就会黯淡，不妨为枕套添加星星、心形等五彩贴布，再在贴布上绣一些可爱的装饰线。有了这番妙手装扮，定会令卧室焕然一新！

材料

- 纸、铅笔
- 裁纸剪
- 布用记号笔
- 热烫式黏合纸
- 熨斗
- 各色碎布
- 裁衣剪
- 枕套
- 各色绣花线
- 双线绣针

1 扩印本页星星、心形图样，裁下作为纸样。将这些图案描绘到黏合纸上，热烫粘贴到各色碎布的背面，并裁下彩色的星星、心形贴布。

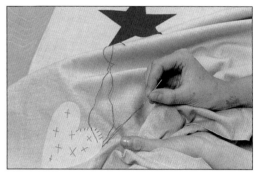

2 撕去贴布背面的黏合纸层，用熨斗将这些趣味贴布热烫到枕套的四个角。采用彩色的绣花线在贴布边缘进行毛毯绣，并在贴布上绣一些装饰线。

3 选用和枕套颜色对比鲜明的缝线，采用平针缝在枕套的四边各缝一条装饰线。

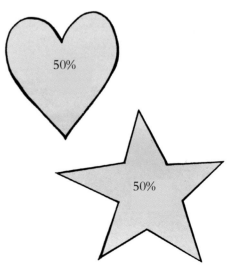

50%

50%

三色拼布盥洗袋

Wash Bag

这款盥洗袋用防水防潮的 PVC 布拼接而成，三角形、方形、菱形等几何造型拼接在一起，使拼布图案自然随意又不失现代美感，其设计沿袭了起源于法国并且曾风靡全球的艺术装饰风格，不妨一试哦！

材料

◆ 纸、铅笔
◆ 卡纸
◆ 美工刀
◆ 裁衣剪
◆ 30 厘米 ×90 厘米的白色 PVC 布
◆ 30 厘米 ×90 厘米的红色 PVC 布
◆ 30 厘米 ×90 厘米的蓝色 PVC 布
◆ 珠针
◆ 缝纫机、配色线
◆ 长 71 厘米的白色粗绳带

准备

扩印本页拼布图样，从卡纸上裁下各个造型作为纸样。纸样放在各块 PVC 布上，预留 0.5 厘米的缝份，裁下以下各块拼布块：1、6、13、14 和 15 号为白色，2、3、8、10、12 号为红色，4、5、7、9、11 号为蓝色。裁下一块 38 厘米 ×30 厘米的白色 PVC 布作为里布。再从蓝色 PVC 布上裁下一块边长为 18 厘米的正方形布块，作为袋子的后片。

收尾

袋子的前片（拼布）和后片正面相对叠齐，沿着侧边、底边缝合两布。将白色 PVC 布缝到前片的顶部，修剪缝份。将该布纵向对折，与后片的顶边缝到一起。将袋子从顶部的开口处翻到正面，将上侧的白布向袋内回折，拼布的上侧形成宽 6 厘米的白边，内折的白布即为袋子的里布。用缝纫机在顶边下 0.5 厘米处压 1 条线，再下移 1 厘米压 1 条平行线，形成拉绳通道。将绳带穿入通道内拉紧，两端打结后封合袋口。

1 袋子的前片由两片拼布组成。依据拼布图样，首先缝合 4 号与 2 号布，再与 6 号布缝合。将 5 号布和 3 号布缝到一起，再与 6 号布的另一边缝合。将 1 号布缝合到已缝拼布的左下角，形成第 1 块拼布。

2 依据拼布图样，缝合 9 号与 10 号布，再与 14 号布缝合。将 11 号布缝到 10 号布的一边上。再将 13 号布的两边分别与 10、11 号布缝在一起。将 12 号布缝到 11 号布的一边上。将 8 号布和 9 号布沿一边缝合，再与 15 号布缝合。最后，将 7 号布缝到 8 号布的一条边上，形成第 2 块拼布。缝合这两块拼布。

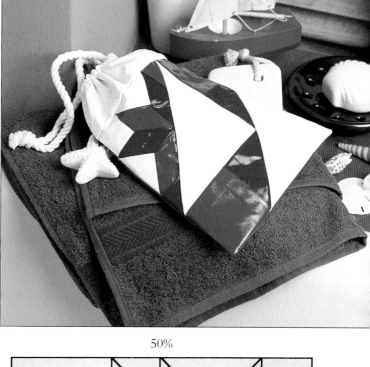

50%

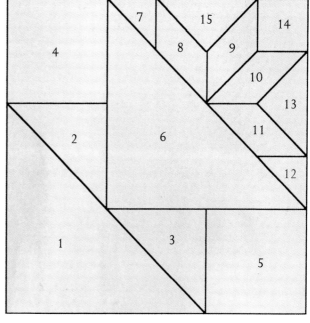

黑白拼布暖水袋罩

Hot Water Bottle Cover

黑白色的布带交错搭配,形成了色差鲜明的条纹拼布,饰以菱形、椭圆形等缝缝线条,打造出一款简雅大方的暖水袋罩。罩内的铺棉非常实用,既增加了热水的保温时间,又平添了柔软、温暖的触感。

材料

- 描图纸、铅笔
- 100 厘米 ×90 厘米的白色棉布
- 裁衣剪
- 50 厘米 ×90 厘米的黑色棉布
- 缝纫机、配色线
- 热水袋
- 水消笔
- 50厘米 ×90厘米的铺棉
- 红色机缝线
- 200厘米 ×2.5厘米宽的黑色滚边条
- 珠针
- 熨斗
- 3 对按扣

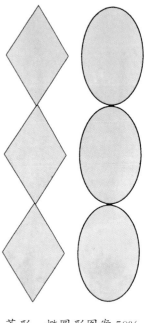

菱形、椭圆形图案 50%

准备

从白、黑色棉布上分别裁下 4 条、6 条 50 厘米 ×7.5 厘米的布带。交错搭配颜色,将每 5 条布带沿长边缝合成一块拼布。暖水袋分别放到两块拼布上,取铅笔描出袋子的轮廓线,线外预留 1 厘米的缝份,裁剪两块拼布,作为拼布罩的前、后片。裁下两块与拼布罩等大的白色棉布,作为里布。将右上方的菱形、椭圆形图案描到拼布罩上。

1 将铺棉夹在每片拼布罩和里布之间,各块布的正面向外,取针线疏缝,机缝固定布边,形成相连的前、后片罩体。用缝纫机和红色的机缝线,在罩体上缝缝出菱形、椭圆形等装饰图案。

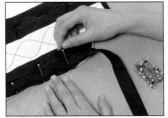

2 裁剪长度合适的滚边条,为罩体的顶边包边。两块拼布相对,对折罩体,用珠针将一段滚边条包裹到一条侧边上,针缝到位。取另一段滚边条,缝合到罩体的底边和另一条侧边上。沿着缝份线缝合两片袋体的侧边和底边,并在一个侧边的顶部留出 15 厘米长的返口。裁剪布边,熨平缝份。

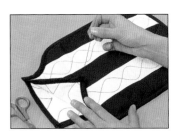

3 将拼布罩从返口处翻到正面,用藏针缝缝合返口。将按扣固定到顶边的开口,封合袋口。

心形贴布胸徽
Heart Brooch

这款布艺胸徽娇小玲珑，中心为一片金色的心形贴布，贴布上方绣有金色的装饰线，四周有蓝色、金色的双层边条，整体做工颇为讲究。胸徽的背部缝有别针，可作为装饰胸花佩戴，还可以缝到口袋、衣领的一角，都是颇为别致的饰品呢！

材料

- 描图纸、铅笔
- 金色的天鹅绒、丝绸碎布
- 锋利的绣花剪
- 蓝色、灰色的羊毛料碎布
- 热烫式黏合衬
- 熨斗
- 缝纫机、金色机缝线
- 米色的欧根纱
- 珠针
- 胸针

准备

将下方心形图案描到纸上，再描到金色天鹅绒或丝绸布上，裁下作为心形贴布。裁下一块 3 厘米 ×4 厘米的蓝色布块和一块 5 厘米 ×4 厘米的灰色布块。将黏合衬热烫粘贴到灰色布块的背面。使用金色的机缝线，在灰色布块的各边内侧机缝出多条线，为灰色布块打造金边。

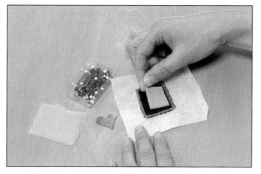

1 将蓝色布块放到灰色布块的金边内，蓝色布块的中心放置金色的心形贴布，在贴布上方的灰色布块上绣出金色的装饰线，再在贴布上盖一层欧根纱，用珠针固定各层布。用缝纫机沿着最下层布的金边缉线，固定各层布料。紧贴着布边裁剪多余的欧根纱，形成布艺胸徽。

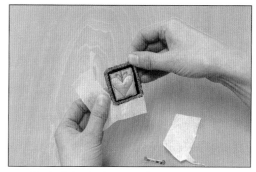

2 撕去胸针的表层，将胸针后的别针缝到布艺胸徽的背面。

绚丽拼布儿童围裙

Child's Apron

这款儿童围裙由各色布带拼接而成，口袋顶边上饰有一串绒球，整体造型非常可爱。大口袋容量超大，可放置颜料笔、画刷等绘画用具，还能防止颜料弄脏衣服，小孩子画画时戴最好不过了！这款作品选用了丝光棉布，也可用防水耐脏的 PVC 布。

材料

◆ 裁衣剪
◆ 各色碎布
◆ 描图纸、铅笔
◆ 50 厘米 ×90 厘米的红色丝光棉布
◆ 缝纫机、配色线
◆ 熨斗
◆ 长 25 厘米的绒球带
◆ 珠针
◆ 针、疏缝线
◆ 宽 2.5 厘米的松紧带，长 150 厘米

1 将 5 条布带拼缝成一块五彩拼布。裁下一块等大的红色棉布。拼布和红色棉布正面相对叠齐，用珠针固定各边，沿缝份线缝合，并在一边上留返口。斜剪布角，熨平缝份，从返口处将布料翻到正面。

2 采用藏针缝将绒球带缝到拼布口袋的顶边上。

准备

从各色碎布上裁下 5 条 6 厘米 ×20 厘米的布带，用于制作围裙的大口袋。将右侧的围裙图样描绘到纸上，扩印成适合孩子身高的纸样，裁下等大的红色丝光棉布，作为裙身。将红色裙身的各边向下折少许，机缝固定各条折边。

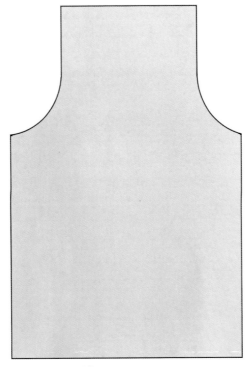

围裙图样

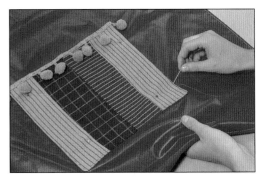

3 将拼布口袋疏缝到红色围裙上，机缝固定口袋的侧边和底边。

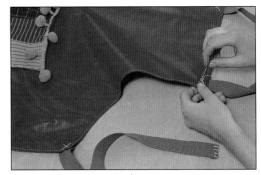

4 裁下一条长 61 厘米的松紧带，缝到围裙顶边的两端。将剩余的松紧带裁成等长的两段，分别缝到两侧的裙腰位置。修剪两端。

创意拼布手提包

PVC Bag

这款 PVC 手提包的配色比较简单，红白色交错搭配，但是拼接方式独辟蹊径，打造出一款别有特色、典雅大方的精品靓包。制作时，需仔细裁剪各条弧形布边，以确保拼出的图案线条流畅。

材料

- 纸、铅笔
- 卡纸
- 美工刀
- 裁衣剪
- 长100厘米的铺棉
- 100厘米×90厘米的蓝色PVC布
- 50厘米×90厘米的红色PVC布
- 50厘米×90厘米的白色PVC布
- 珠针
- 缝纫机、配色线
- 熨斗
- 针、疏缝线
- 棒针

收尾

前、后片拼布包体正面相对叠齐，缝合两侧边，形成圆筒形的包体。用珠针将红色包底和包体的底边固定到一起，修剪边角，再取针线缝合。用珠针将两条包带固定到拼布包体的上侧。将蓝色的里布与拼布包体沿着顶边缝到一起，包带即可牢固地夹在中间。缝合时，预留7.5厘米的返口。从返口处将包翻到正面，藏针缝缝合返口。包上放置一张厚纸，取熨斗熨平包体。

准备

扩印 P505 的图样，从纸上裁下拼布包体、包底的纸样。预留 1 厘米的缝份，裁下 2 块蓝色 PVC 布，作为包体的里布，再裁下一片铺棉包体。依据包体的图样和颜色搭配，预留 0.5 厘米的缝份，从红、白色 PVC 布上各裁剪一套包括所有图案的 12 块拼布块。预留 1 厘米的缝份，裁下红、蓝色的包底和铺棉包底。裁剪 2 条 36 厘米 ×10 厘米的红色布带，作为提手。

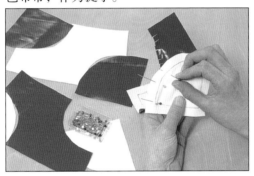

1 分别将 1、2、3 号布，4、5、6 号布，7、8、9 号布，10、11、12 号布缝到一起，形成 4 小块拼布区块。修剪布边，将缝份向下折，用冷熨斗压平缝边。将 4 小块拼布区块两两拼缝，成为一大块拼布。同样，缝合剩余的拼布块，修剪边角，熨平缝份，形成另一块拼布。这 2 块拼布将作为包体的前、后片。

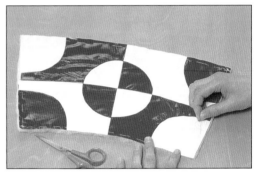

2 在两块拼布包体和红色包底下放置相应大小的铺棉，取针线疏缝各边，固定下层的铺棉。

3 将蓝色的前、后片包体和包底缝合到一起，作为手提包的里布。

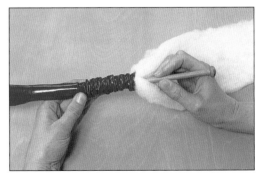

4 2 条红色的布带分别纵向对折，缝合形成圆筒状的包带。将包带翻到正面，用棒针将铺棉塞入包带，使包带饱满丰盈，末端的 2 厘米处不用填塞。

作品图样

Templates

这里展示了分步制作各款作品时所需的图示、表格和图样。大部分图样的尺寸已缩小，使用时需依据作品的实际大小，用复印机按比例扩印后使用。当然，也可采用方格纸转印法，将小方格纸上的图案转印到大方格纸上备用。采用方格纸转印时，先将图案描到一张方格长度为2.5厘米的小方格纸上；再取一张所需尺寸的大方格纸，将小方格内的图案、线条临摹到对应的大方格内，即可得到所需尺寸的图样。

P32 字母绣图

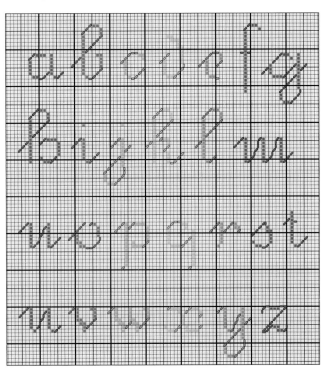

P36 火箭图案提包

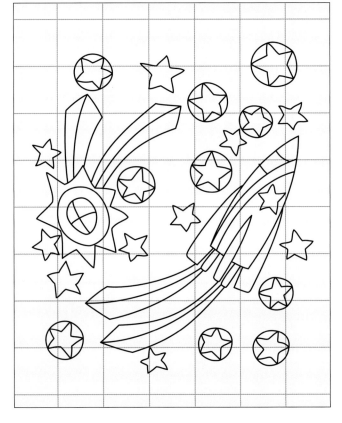

P33 干花香袋

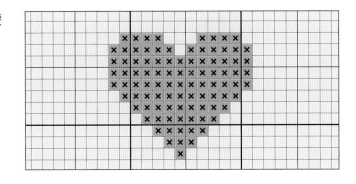

P34、35 布艺书套

P38、39 农舍和园子

P37 杯具图案茶巾

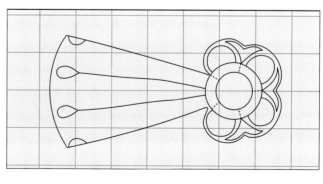

P40、41 民间工艺手套

P42 缎面发夹

P44、45 圆帽

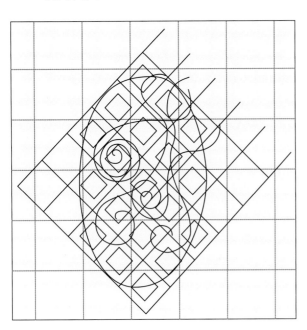

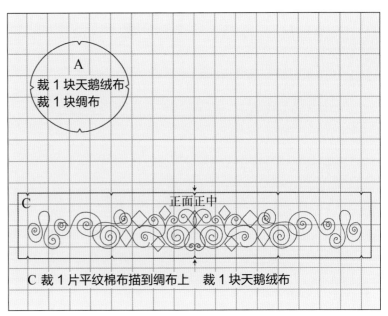

P48、49 相框

P43 拉绳小袋

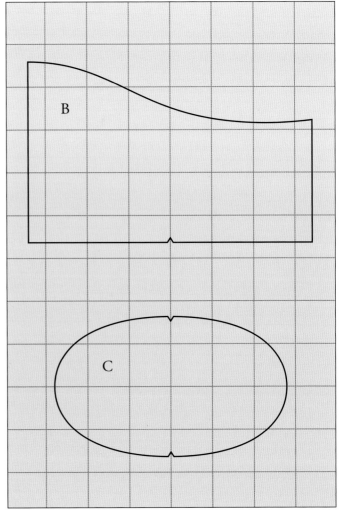

P44、45 圆帽

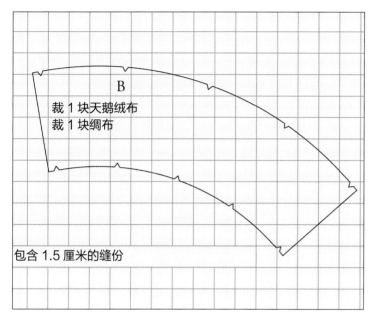

P46 餐具垫

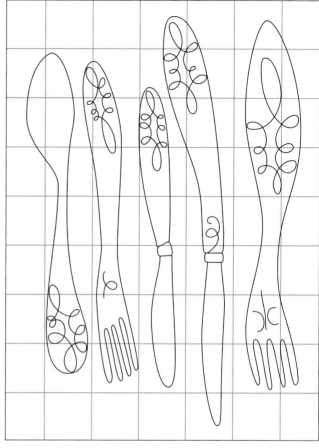

P43 拉绳小袋

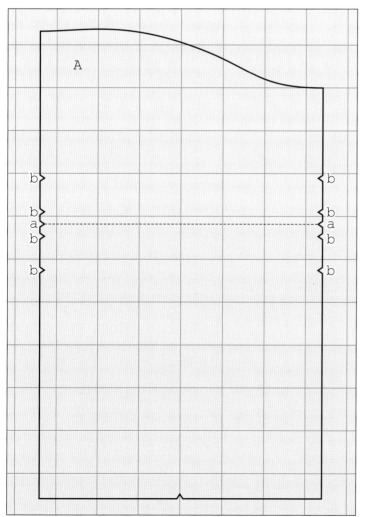

P47 睡猫图

P50、51 活动鱼吊饰

P52、53 镂空绣桌布

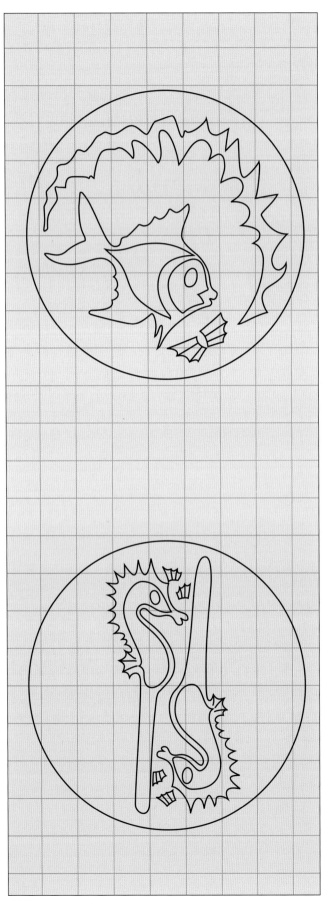

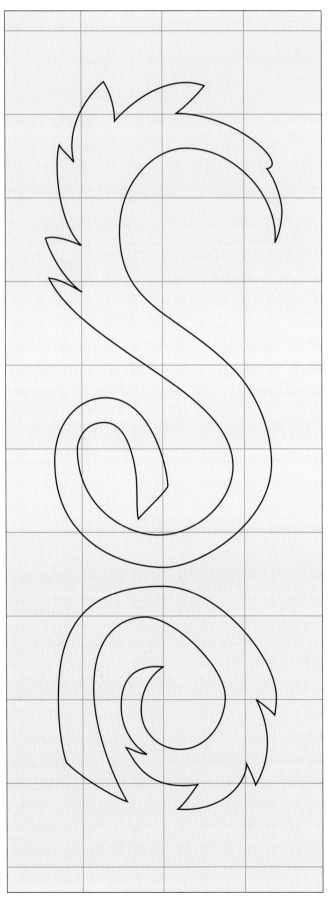

P70、71 首饰盒

P72 单星靠垫

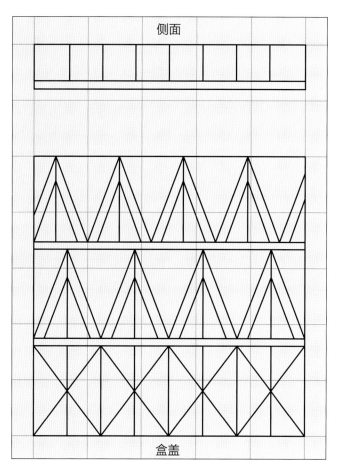

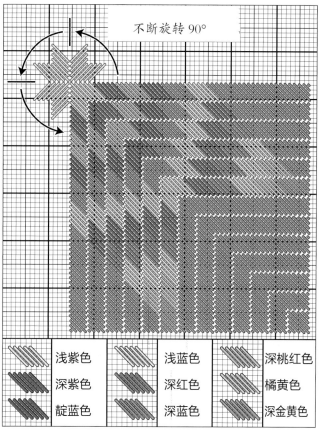

	浅紫色		浅蓝色		深桃红色
	深紫色		深红色		橘黄色
	靛蓝色		深蓝色		深金黄色

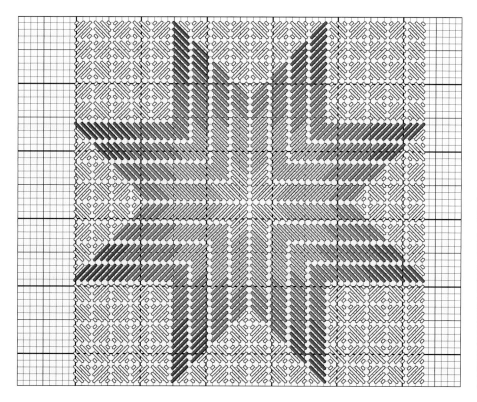

P73 九星靠垫

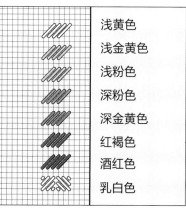

	浅黄色
	浅金黄色
	浅粉色
	深粉色
	深金黄色
	红褐色
	酒红色
	乳白色

P74 红心图

P75 圆盘星

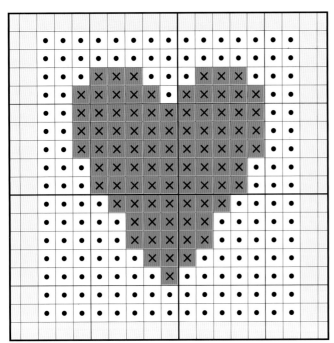

P76 杯碟图

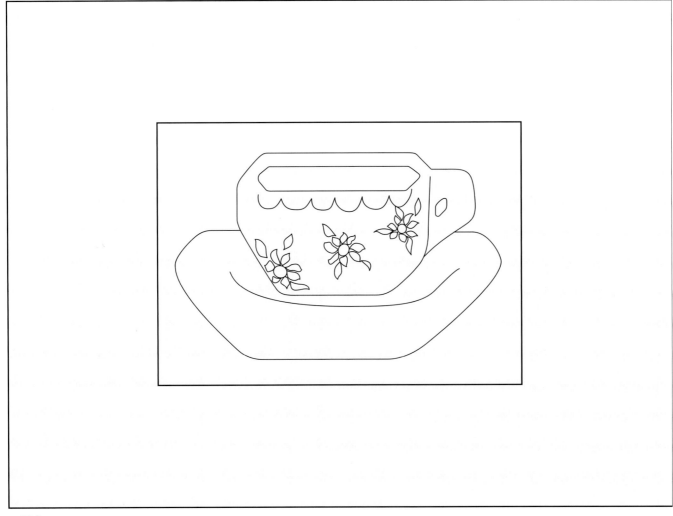

P77 太阳针插

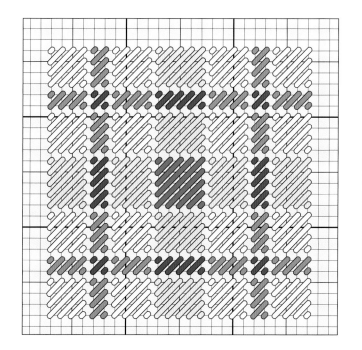

P78、79 胸针插垫

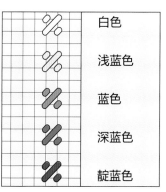

	白色
	浅蓝色
	蓝色
	深蓝色
	靛蓝色

P80、81 针包

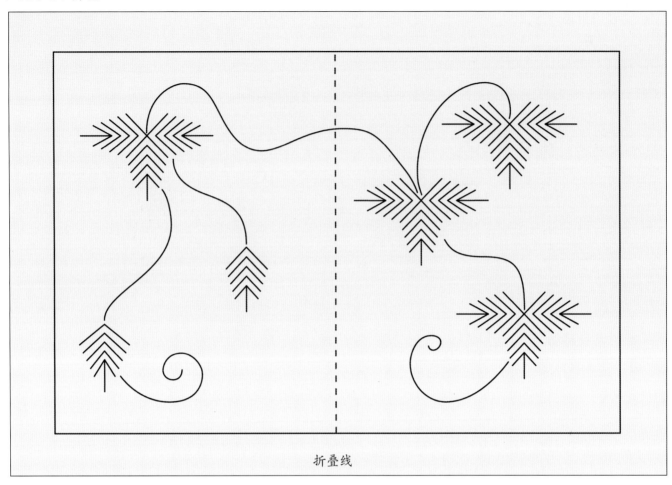

折叠线

P80、81 剪刀套

P104、105 婴儿外套

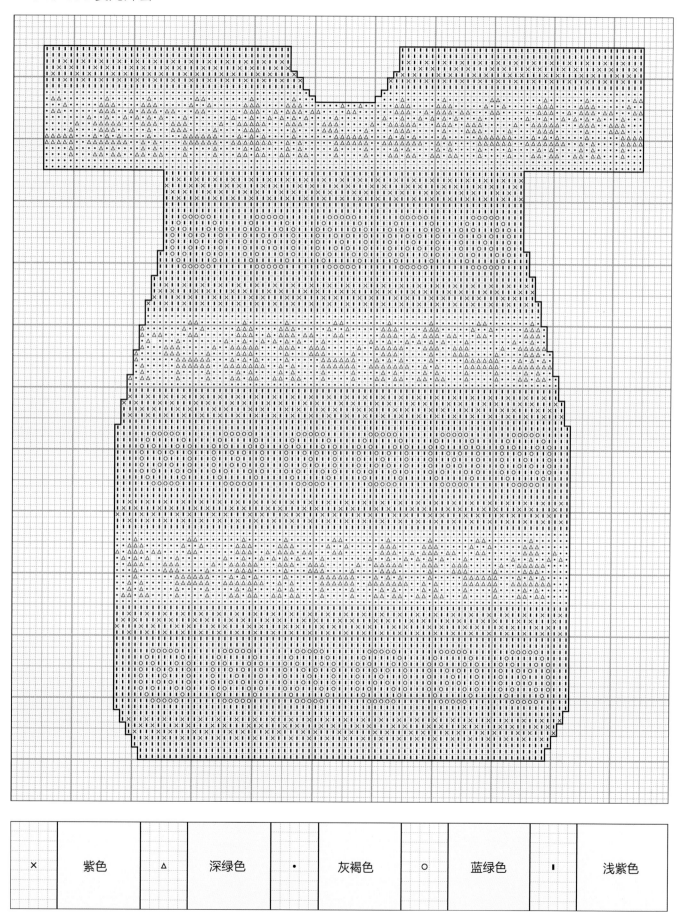

| × | 紫色 | △ | 深绿色 | · | 灰褐色 | ○ | 蓝绿色 | ∣ | 浅紫色 |

图案 3

图案 2

图案 1

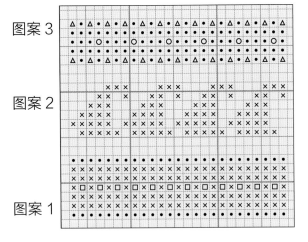

•	浅灰色	×	深绿色
○	米黄色	□	棕色
△	灰褐色		

P111 滑雪帽

P112、113 雪尼尔纱手袋

纽扣

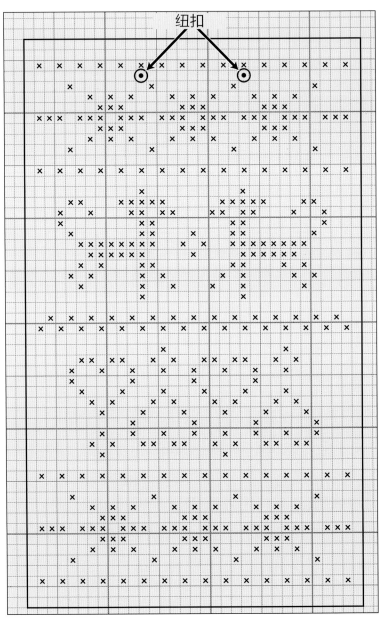

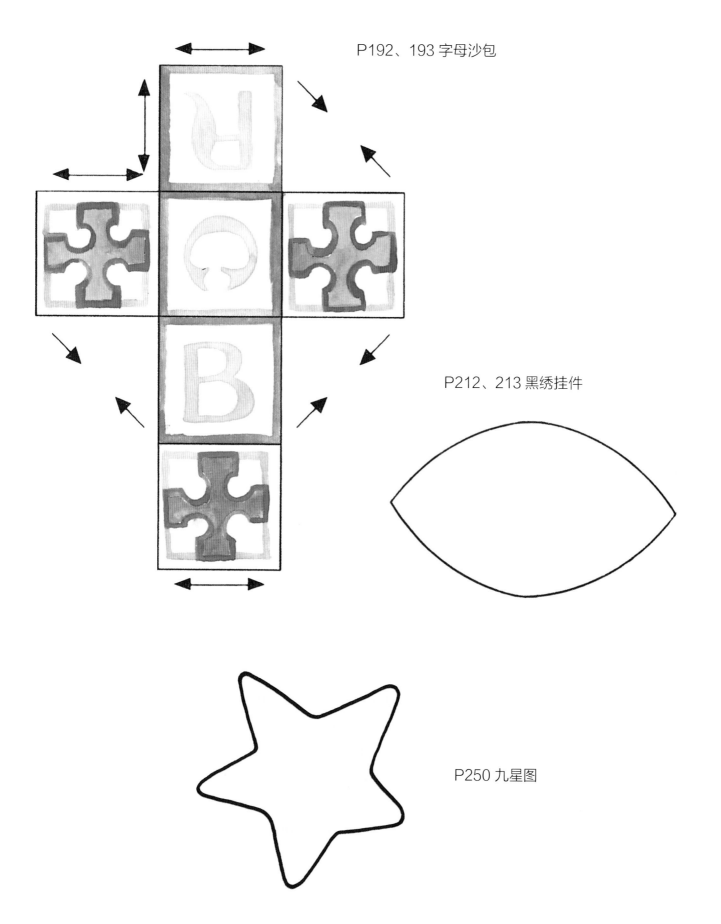

P192、193 字母沙包

P212、213 黑绣挂件

P250 九星图

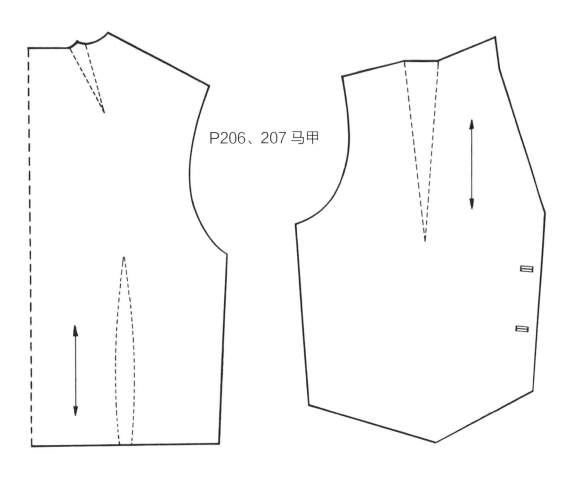

P206、207 马甲

P218、219 绣花绑带

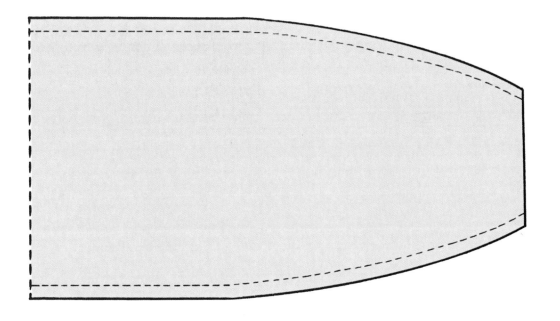

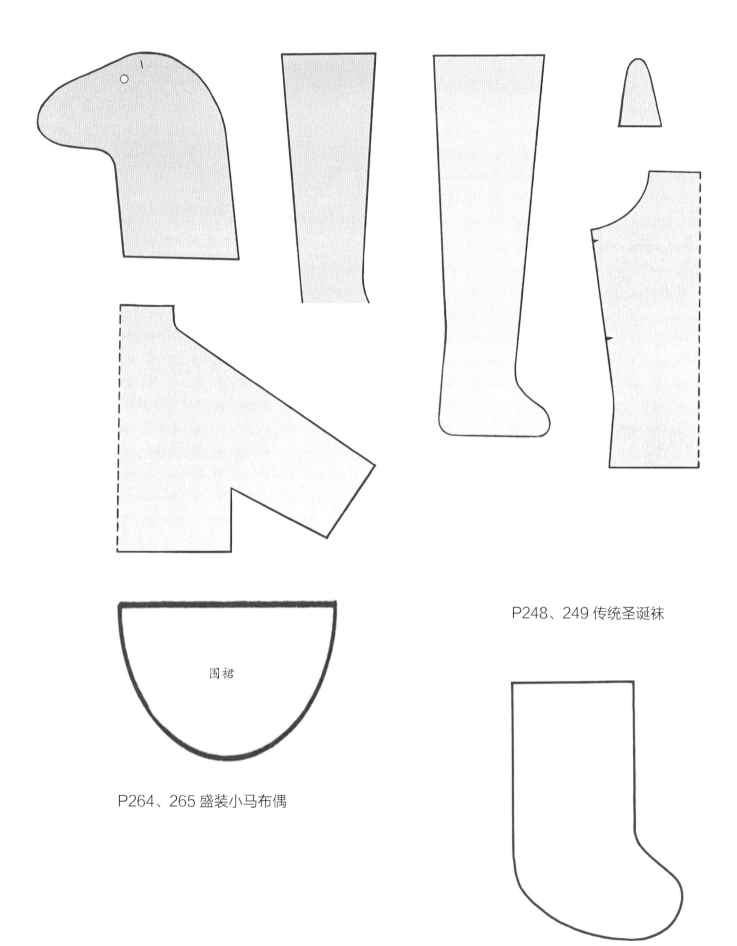

P248、249 传统圣诞袜

围裙

P264、265 盛装小马布偶

P290、291 十字绣书封

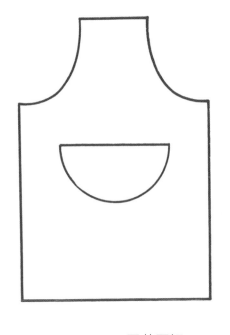

P296、297 园艺围裙

P310、311 儿童挂包

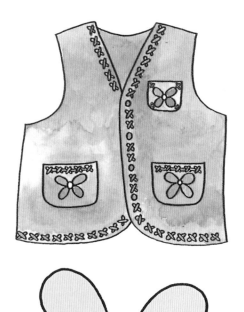

P309 儿童马甲

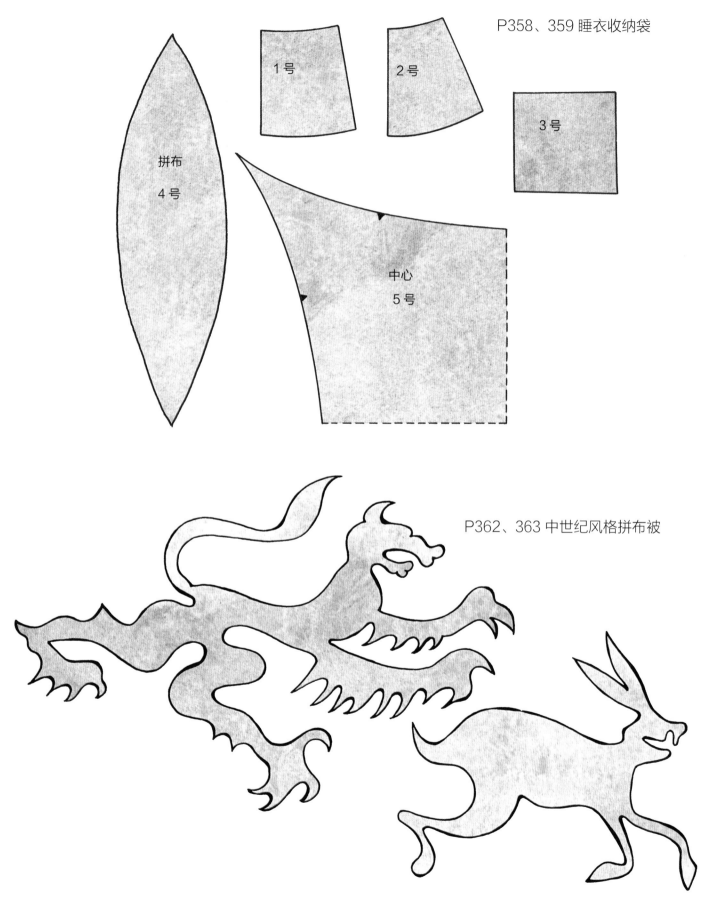

P358、359 睡衣收纳袋

1号

2号

3号

拼布

4号

中心

5号

P362、363 中世纪风格拼布被

P362、363 中世纪风格拼布被

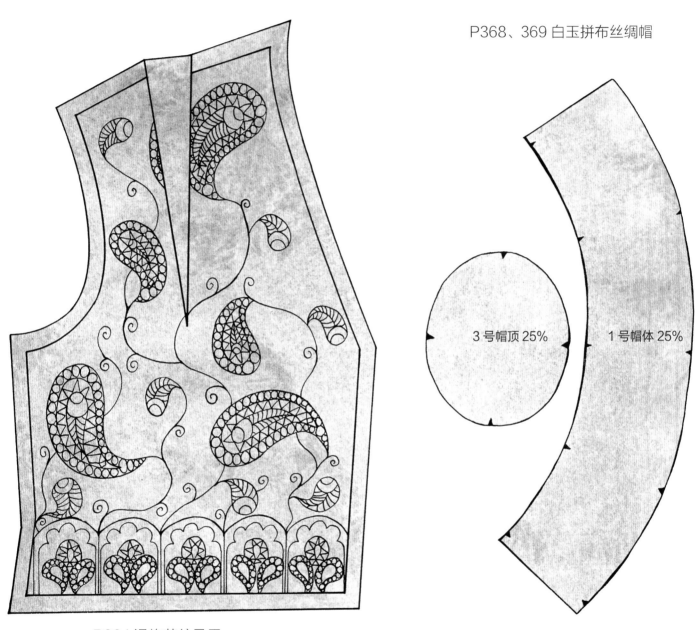

P368、369 白玉拼布丝绸帽

3号帽顶 25%

1号帽体 25%

P364 涡旋花纹马甲

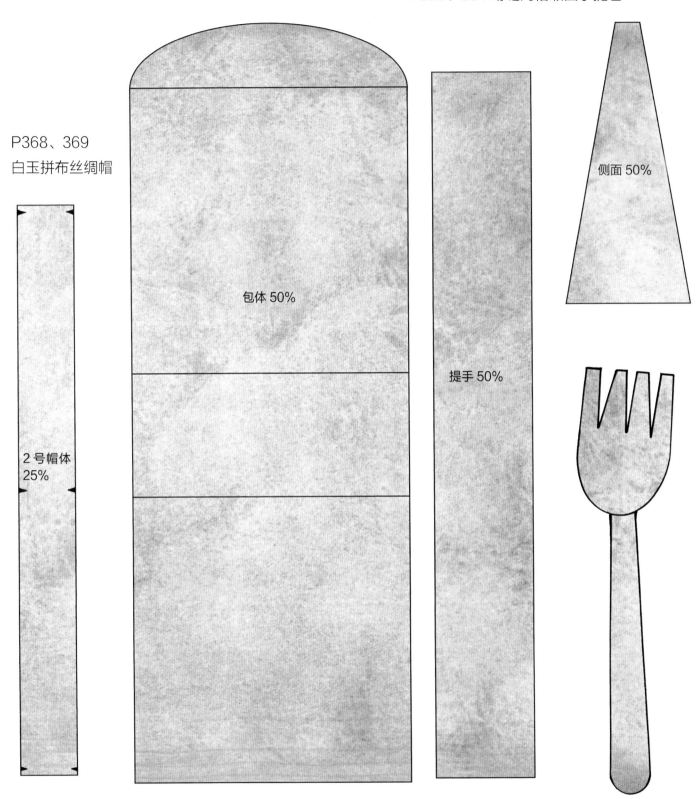

P380、381 绗缝网格缎面手提包

P368、369
白玉拼布丝绸帽

包体 50%

侧面 50%

2 号帽体
25%

提手 50%

P375 波斯风情贴布绣餐巾

P382、383 田园风拼布椅巾

心形

葡萄

手掌

梨

小鸟 2

小鸟 1

花朵

草莓

小鸟 3

尾巴

腿

P406 花篮拼布靠垫

星星

P408、409 不规则拼布家居鞋

鞋面 50%

鞋底 50%

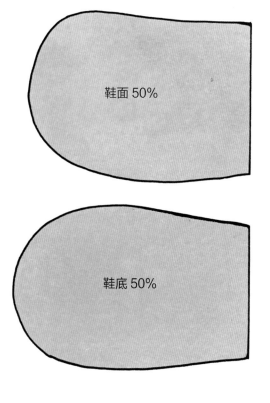

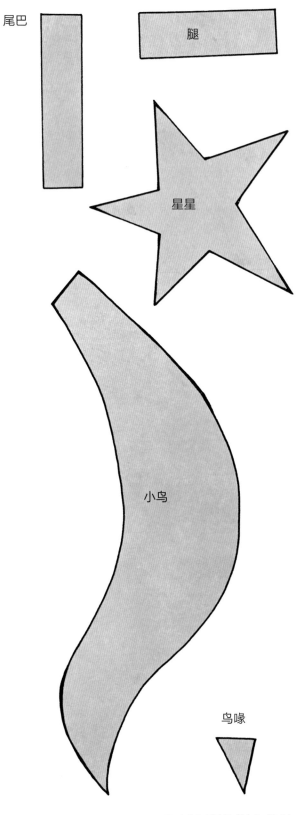

小鸟

鸟喙

P410 婴儿拼布靠枕

P412 弧形拼布行李袋

P414、415 莫拉拼布隔热垫

P436、437 童趣贴布小毛衣

P432、433
苗族镂空贴布相框

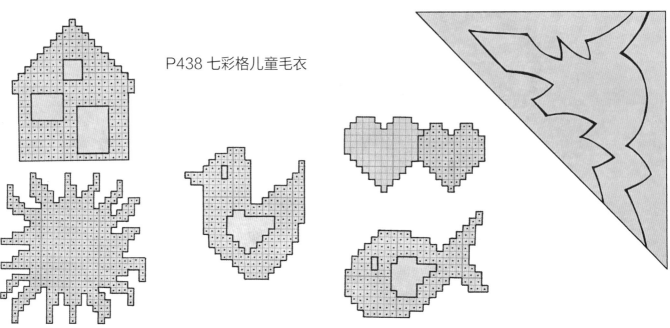

P440、441
夏威夷贴布壁挂

P438 七彩格儿童毛衣

P442、443 双色拼布衣夹收纳袋

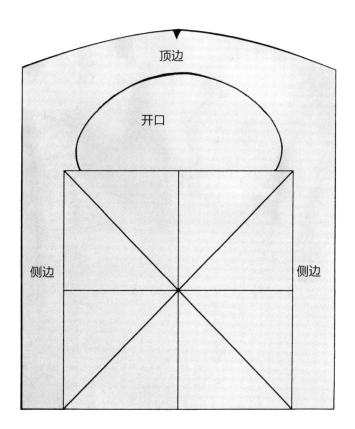

P448 趣味贴布沙滩袋

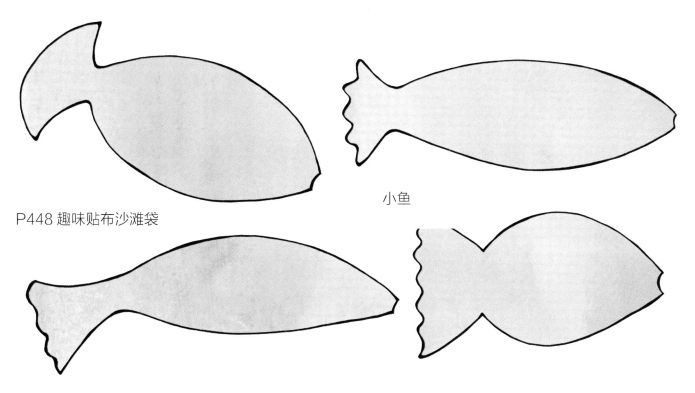

小鱼

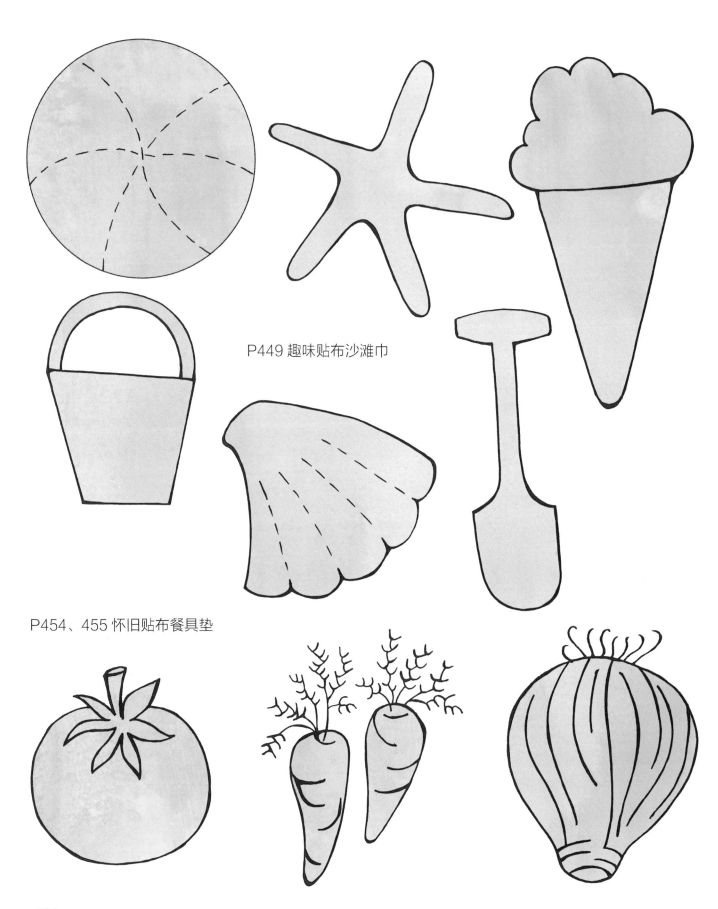

P449 趣味贴布沙滩巾

P454、455 怀旧贴布餐具垫

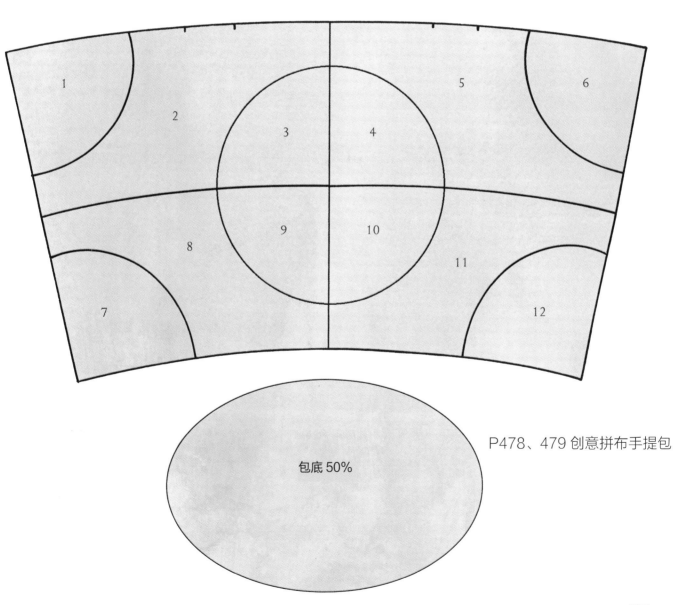

P461 菱格拼布手袋

P478、479 创意拼布手提包

包底 50%

定价: 198.00 元

定价: 68.00 元

定价: 168.00 元

定价: 68.00 元

定价: 68.00 元

定价: 36.00 元

定价: 98.00 元

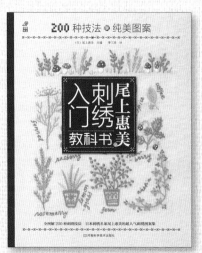

定价: 39.00 元

定价: 98.00 元